"十三五"普通高等教育本科规划教材

电 路 （下册）

DIANLU

第二版

主　编　王培峰

副主编　周芬萍　孟　尚

编　写　段辉娟　朱玉冉

主　审　赵玲玲

U0246645

中国电力出版社
CHINA ELECTRIC POWER PRESS

内 容 提 要

　　本书为"十三五"普通高等教育本科规划教材,是根据教育部新颁布的电路理论基础课程和电路分析基础课程的教学基本要求,并结合目前教学实际编写的。全书共分 8 章,主要内容包括含有耦合电感的电路、三相电路、非正弦周期电流电路、线性动态电路的时域分析、线性动态电路的复频域分析、电路方程的矩阵形式、二端口网络和非线性电路分析。每章设有"教学要求及目标""基本概念""引入"等环节,注意与以前所学知识的衔接,循序渐进;章末配有典型的习题,供学生巩固所学知识。同时,在每章设计了实际应用举例环节,与生活、生产实践相结合,体现了学以致用。为了便于教学与自学,本书配有免费电子课件及部分习题答案,读者可扫描封面二维码获取。

　　本书可作为高等院校电气类、电子类、自动化类专业"电路"课程教材,也可作为高等职业院校及成人函授相关专业教材,还可供相关工程技术人员参考。

图书在版编目 (CIP) 数据

电路. 下册/王培峰主编. —2 版 . —北京:中国电力出版社,2019.8(2020.8重印)
　"十三五"普通高等教育本科规划教材
　ISBN 978 - 7 - 5198 - 1651 - 3

Ⅰ.①电… Ⅱ.①王… Ⅲ.①电路—高等学校—教材 Ⅳ.①TM13

中国版本图书馆 CIP 数据核字 (2019) 第 173307 号

出版发行:中国电力出版社
地　　址:北京市东城区北京站西街 19 号 (邮政编码 100005)
网　　址:http://www.cepp.sgcc.com.cn
责任编辑:罗晓莉 (010—63412547)
责任校对:黄　蓓　王海南
装帧设计:王英磊
责任印制:钱兴根

印　　刷:三河市百盛印装有限公司
版　　次:2015 年 8 月第一版　2019 年 8 月第二版
印　　次:2020 年 8 月北京第六次印刷
开　　本:787 毫米×1092 毫米　16 开本
印　　张:13.75
字　　数:328 千字
定　　价:38.00 元

版 权 专 有　侵 权 必 究

本书如有印装质量问题,我社营销中心负责退换

河北科技大学电类基础课教材编写小组

组　长　王培峰

成　员　马献果　王冀超　吕文哲　曲国明

　　　　朱玉冉　任文霞　刘红伟　刘　佳

　　　　刘　磊　安兵菊　许　海　孙玉杰

　　　　李翠英　宋利军　张凤凌　张　帆

　　　　张会莉　张成怀　张　敏　岳永哲

　　　　孟　尚　周芬萍　赵玲玲　段辉娟

　　　　高观望　高　妙　焦　阳　蔡明伟

　　　　（以姓氏笔画为序）

序

　　电工、电子技术是计算机、电子、通信、电气、自动化、测控等众多应用技术的理论基础，同时涉及机械、材料、化工、环境工程、生物工程等众多相关学科。对于这样一个庞大的体系，不可能在学校将所有的知识都教给学生。以应用技术型本科学生为主体的大学教育，必须对学科体系进行必要的梳理。本系列教材就是试图搭建一个电类基础知识体系平台。

　　2013 年 1 月，教育部为加快发展现代职业教育，建设现代职业教育体系，部署了应用科技大学改革试点战略研究项目，成立了"应用技术大学（学院）联盟"，其目的是探索"产学研一体、教学做合一"的应用型人才培养模式，促进地方本科高校转型发展。河北科技大学作为河北省首批加入"应用技术大学（学院）联盟"的高校，对电类技术课程进行了试点改革，并根据教育部高等学校教学指导委员会制定的"专业规划和基本要求、学科发展和人才培养目标"，编写了本套教材。本套教材特色如下：

　　（1）教材的编写以教育部高等学校教学指导委员会制定的"专业规划和基本要求"为依据，以培养服务于地方经济的应用型人才为目标，系统整合教学改革成果，使教材体系趋于完善，教材结构完整，内容准确，理论阐述严谨。

　　（2）教材的知识体系和内容结构具有较强的逻辑性，利于培养学生的科学思维能力；根据教学内容、学时、教学大纲的要求，优化知识结构，既加强理论基础，也强化实践内容；理论阐述、实验内容和习题的选取都紧密联系实际，可培养学生分析问题和解决问题的能力。

　　（3）课程体系整体设计，各课程知识点合理划分，前后衔接，避免各课程内容之间交叉重复，使学生能够在规定的课时数内，掌握必要的知识和技术。

　　（4）以主教材为核心，配套出版学习指导、实验指导书、多媒体课件，提供全面的教学解决方案，实现多角度、多层面的人才培养模式。

　　本套教材由王培峰老师任编写小组组长。主要包括《电路》（上、下册，王培峰主编）、《模拟电子技术基础》（张凤凌主编）、《数字电子技术基础》（高观望主编）、《电路与电子技术基础》（马献果等编）、《电路学习指导书》（上册，朱玉冉主编；下册，孟尚主编）《模拟电子技术学习指导书》（张会莉主编）、《数字电子技术学习指导书》（任文霞主编）、《电路实验教程》（李翠英主编）、《电子技术实验与课程设计》（安兵菊主编）、《电工与电子技术实验教程》（刘红伟等编）等。

　　提高教学质量，深化教学改革，始终是高等学校的工作重点，需要所有关心高等教育事业人士的热心支持。为此，谨向所有参与本系列教材建设的同仁致以衷心的感谢！

　　本套教材可能会存在一些不当之处，欢迎广大读者提出批评和建议，以促进教材的进一步完善。

电类基础课教材编写小组

2014 年 10 月

前　言

为了适应教育教学改革的发展，培养高素质人才，根据《教育部关于"十二五"普通高等教育本科教材建设的若干意见》的要求，编写了本书。

"电路"课程是电类各专业学生接触的第一门专业基础课。作为入门课程，应该使学生领略进行科学研究的最基本、最一般的方法。通过本课程的学习，力求使学生不仅要掌握电路的基本理论，学会对电路进行分析计算，更重要的是提高分析问题、解决问题的能力。为此，本书在以下几个方面做了努力：

（1）注重经典电路理论和近代电路理论的发展，注意保持电类专业的特色。随着教学改革的深入，"电路"课程的教学时数总体下降。因此，删繁就简是电路理论教学的发展趋势。在保持经典电路理论体系的同时，部分内容的解算过程从简，突出重点、明确思路。

（2）突出应用。电路分析理论课程不仅理论严谨，而且具有广泛的实用性和工程应用性，所以，本书在重点章节设计了应用实例来讲述理论在实际中的应用，从而切实可行地使学生了解电路分析理论是如何与实际应用紧密相连的。

（3）为了便于学生更好地学习和把握"电路"课程的主要内容和重点，每一章均附有本章的"教学要求及目标"；在大部分节设置"基本概念"和"引入"模块，便于学生更好、更快地学习本课程。

（4）为使学生深入掌握所学理论知识，提高学生科学的思维能力和分析计算能力，本书设置了丰富的例题，部分例题给出多种解法，并且每章都有习题，以提高学生分析和解决实际问题的能力。

（5）为适应教学改革和目前课堂教学学时压缩的需要，在编写本书时，对电路分析的基本内容均给予系统和详细的讲解，既注重内容全面，又注意全书结构简单。在使用本书的过程中，可以根据各个专业的不同需要，适当删减章节，加"＊"的内容是扩展内容，可根据教学实际酌情选讲。

本书建议授课的学时为64学时，实验参考学时约为18学时。具体学时安排需依照各学校具体情况自主灵活地制定教学计划。

为配合本书教学，另外编写有《电路学习指导书》，可作为本书的教学和学习参考书。

本书由王培峰担任主编，周芬萍、孟尚担任副主编，参加编写的还有段辉娟、朱玉冉。具体编写分工如下：朱玉冉编写第1、3章，段辉娟编写第2章，周芬萍编写第4章，王培峰编写第5、7章，孟尚编写第6、8章。全书由王培峰负责编写提纲和统稿。

本书由赵玲玲精心审阅，提出了宝贵意见，谨致以衷心的谢意。

编者在编写本书时，查阅和参考了众多文献资料，获得了许多教益和启发，也得到许多老师的帮助，在此一并表示感谢。

由于编者水平所限，书中若有疏漏和不妥之处，恳请读者提出宝贵意见，以便修改。

编　者

2019年3月

目　录

序

前言

1　含有耦合电感的电路 ……………………………………………………………… 1

　1.1　耦合电感 ……………………………………………………………………… 1

　1.2　含有耦合电感电路的分析 …………………………………………………… 6

　1.3　空心变压器 …………………………………………………………………… 12

　1.4　理想变压器 …………………………………………………………………… 15

　1.5　实际应用举例——特殊变压器 ……………………………………………… 20

　小结 ………………………………………………………………………………… 22

　习题 ………………………………………………………………………………… 22

2　三相电路 ……………………………………………………………………………… 26

　2.1　三相电路的组成 ……………………………………………………………… 26

　2.2　线电压（电流）与相电压（电流）的关系 ………………………………… 29

　2.3　对称三相电路的计算 ………………………………………………………… 32

　2.4　不对称三相电路的概念 ……………………………………………………… 37

　2.5　三相电路的功率 ……………………………………………………………… 40

　2.6　实际应用举例——三相异步电动机的星形-三角形（Y-△）换接起动 …… 45

　小结 ………………………………………………………………………………… 45

　习题 ………………………………………………………………………………… 46

3　非正弦周期电流电路 ……………………………………………………………… 48

　3.1　非正弦周期信号及其傅里叶级数 …………………………………………… 48

　3.2　有效值、平均值和平均功率 ………………………………………………… 54

　3.3　非正弦电流电路的计算 ……………………………………………………… 58

　3.4　实际应用举例——矩形波发生器 …………………………………………… 62

　小结 ………………………………………………………………………………… 63

　习题 ………………………………………………………………………………… 64

4　线性动态电路的时域分析 ………………………………………………………… 67

　4.1　动态电路的方程及其初始条件 ……………………………………………… 67

　4.2　一阶电路的零输入响应和零状态响应 ……………………………………… 71

　4.3　一阶电路的全响应 …………………………………………………………… 79

　4.4　一阶电路的阶跃响应和冲激响应 …………………………………………… 84

　4.5　二阶电路 ……………………………………………………………………… 91

　4.6　实际应用举例——微分电路与积分电路 …………………………………… 100

小结 ……………………………………………………………………… 101

习题 ……………………………………………………………………… 103

5 线性动态电路的复频域分析 ……………………………………… 109

5.1 拉普拉斯变换及其性质 …………………………………………… 109

5.2 拉普拉斯反变换 …………………………………………………… 114

5.3 复频域中的电路定律与电路模型 ………………………………… 118

5.4 应用拉普拉斯变换法分析线性动态电路 ………………………… 122

5.5 网络函数 …………………………………………………………… 126

5.6 实际应用举例——化为零初始状态电路的计算 ………………… 133

小结 ……………………………………………………………………… 135

习题 ……………………………………………………………………… 137

6 电路方程的矩阵形式 ……………………………………………… 141

6.1 基本回路和基本割集 ……………………………………………… 141

6.2 网络矩阵 …………………………………………………………… 144

6.3 节点电压方程的矩阵形式 ………………………………………… 149

6.4 回路电流方程的矩阵形式 ………………………………………… 153

6.5 实际应用举例——电梯接近开关、同轴电缆 …………………… 157

小结 ……………………………………………………………………… 159

习题 ……………………………………………………………………… 160

7 二端口网络 ………………………………………………………… 163

7.1 二端口 ……………………………………………………………… 163

7.2 二端口的参数和参数方程 ………………………………………… 164

7.3 二端口的等效电路 ………………………………………………… 173

7.4 二端口的网络函数和特性阻抗 …………………………………… 175

7.5 二端口的连接 ……………………………………………………… 178

7.6 含有二端口电路的计算 …………………………………………… 183

7.7 实际应用举例——回转器和负阻抗变换器 ……………………… 188

小结 ……………………………………………………………………… 190

习题 ……………………………………………………………………… 191

8 非线性电路分析 …………………………………………………… 194

8.1 非线性元件特性 …………………………………………………… 194

8.2 非线性电路的方程 ………………………………………………… 198

8.3 非线性电路的分析方法 …………………………………………… 199

*8.4 电路中的混沌现象 ……………………………………………… 203

8.5 实际应用举例——非线性电路在自动生产线中的应用 ………… 204

小结 ……………………………………………………………………… 205

习题 ……………………………………………………………………… 205

参考文献 ………………………………………………………………… 207

1 含有耦合电感的电路

二端元件是用元件两端电压和流过元件的电流之间的关系表征的。例如，电阻、电感、电容元件均是二端元件。除了二端元件外，电路中还有一种元件称为耦合元件。耦合元件不止一条支路，其中一条支路的电压或电流与另一条支路的电压或电流相关联。受控源就是一种耦合元件。本章将介绍另两种耦合元件，即耦合电感和变压器，它们依靠线圈间的电磁感应现象而工作，在工程上有着广泛的应用。本章主要讨论这两种元件的伏安关系和含有这两种元件的电路的分析方法。

【教学要求及目标】

知识要点	目标与要求	相关知识	掌握程度评价
耦合电感	掌握	磁场、磁通链、电磁感应定律	
含有耦合电感电路的分析	理解和掌握	感应电压、去耦等效	
空心变压器	理解和掌握	自阻抗、输入阻抗	
理想变压器	理解和掌握	全耦合	

1.1 耦 合 电 感

【基本概念】

磁耦合：线圈之间通过彼此的磁场相互联系的物理现象，称为磁耦合。

耦合线圈：有磁耦合的两个或两个以上的线圈，称为耦合线圈。

耦合电感：假定各线圈的位置固定，并且忽略线圈本身所具有的电阻和匝间的分布电容，得到的耦合线圈的理想化模型，称为耦合电感。

【引入】

当给一个线圈通过电流时，线圈周围将建立磁场，磁场方向可用右手螺旋法则判定。图 1-1 所示为 N 匝的电感线圈，电感为 L，当通过电流 i 时线圈周围形成磁场，其磁通链 ψ、磁通 φ 与电流 i 的关系为

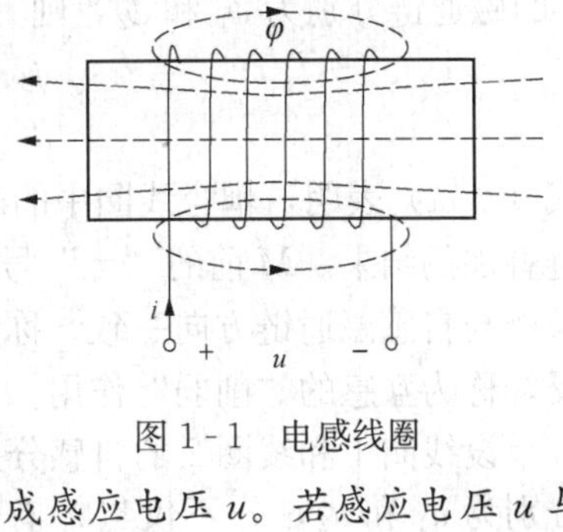

图 1-1 电感线圈

$$\psi = N\varphi = Li$$

当通过电感线圈的电流 i 发生变化时，电感线圈两端形成感应电压 u。若感应电压 u 与电流 i 取关联参考方向，则

$$u = \frac{\mathrm{d}\psi}{\mathrm{d}t} = L\frac{\mathrm{d}i}{\mathrm{d}t}$$

若两个或多个耦合线圈通入电流时，产生的磁耦合现象以及感应电压的情况又会是怎样的呢？

1.1.1 耦合电感的伏安关系

当周围空间为线性磁介质时，两个耦合的线圈 1 和 2，线圈匝数分别为 N_1 和 N_2，自感分别为 L_1 和 L_2，其中的电流 i_1 和 i_2 又称为施感电流。当电流 i_1 通过线圈 1 时，线圈 1 中将产生自感磁通 φ_{11}，方向如图 1-2 (a) 所示。φ_{11} 在穿越自身的线圈时，与线圈的各匝交链，所产生的磁通链为 ψ_{11}。ψ_{11} 称为自感磁通链，$\psi_{11}=N_1\varphi_{11}=L_1i_1$。$\varphi_{11}$ 的一部分或全部交链线圈 2 时，线圈 1 对线圈 2 的互感磁通为 φ_{21}，φ_{21} 在线圈 2 中产生的磁通链为 ψ_{21}。ψ_{21} 称为互感磁通链，$\psi_{21}=N_2\varphi_{21}=M_{21}i_1$。$M_{21}$ 是线圈 1 与线圈 2 的互感系数，简称互感。互感磁通链的方向由施感电流方向、线圈绕向及两线圈相对位置决定。当施感电流 i_1 发生变化时，电流与磁通符合右手螺旋法则，依据电磁感应定律，线圈 1 上自感磁通链 ψ_{11} 变化，形成自感电压 u_{11}

$$u_{11}=\frac{d\psi_{11}}{dt}=L_1\frac{di_1}{dt}$$

线圈 2 互感磁通链 ψ_{21} 变化形成互感电压 u_{21}

$$u_{21}=\frac{d\psi_{21}}{dt}=M_{21}\frac{di_1}{dt}$$

同样地，当线圈 2 中通以电流 i_2 时，在线圈 2 中产生自感磁通 φ_{22} 和自感磁通链 ψ_{22}，且 $\psi_{22}=N_2\varphi_{22}=L_2i_2$；在线圈 1 中产生互感磁通 φ_{12} 和互感磁通链 ψ_{12}，且 $\psi_{12}=N_1\varphi_{12}=M_{12}i_2$，这里 M_{12} 是线圈 2 与线圈 1 的互感。在线性条件下，有

$$M_{12}=M_{21}=M$$

因此，以后不再区分 M_{12} 和 M_{21}。互感 M 与自感 L 的单位相同，都是亨（H）。本书中 M 恒取正值。当施感电流 i_2 发生变化时，线圈 2 上自感磁通链 ψ_{22} 变化，形成自感电压 u_{22}

$$u_{22}=\frac{d\psi_{22}}{dt}=L_2\frac{di_2}{dt}$$

线圈 1 互感磁通链 ψ_{12} 变化，形成互感电压 u_{12}

$$u_{12}=\frac{d\psi_{12}}{dt}=M\frac{di_2}{dt}$$

两个线圈互相耦合如图 1-2 (b) 所示。

每个耦合线圈的磁通链等于自感磁通链和互感磁通链两部分的代数和。设线圈 1 和线圈 2 的磁通链分别为 ψ_1 和 ψ_2，则

$$\left.\begin{array}{l}\psi_1=\psi_{11}\pm\psi_{12}=L_1i_1\pm Mi_2\\\psi_2=\pm\psi_{21}+\psi_{22}=\pm Mi_1+L_2i_2\end{array}\right\}\qquad(1-1)$$

式 (1-1) 表明，耦合线圈中的磁通链与施感电流呈线性关系，是施感电流独立产生的磁通链叠加的结果。M 前的"±"号说明磁耦合中互感作用的两种可能性："+"号表示互感磁通链与自感磁通链方向一致，称为互感的"增助"作用，如图 1-2 (c) 所示；"−"号则相反，称为互感的"削弱"作用。

设线圈 1 和线圈 2 的自感分别为 L_1 和 L_2，互感为 M，施感电流分别为 i_1 和 i_2，端电压分别为 u_1 和 u_2，u_1 不仅与 i_1 有关也与 i_2 有关，u_2 也如此。端电压与施感电流取关联参考方向时，则有

$$\left.\begin{array}{l}u_1=\frac{d\psi_1}{dt}=u_{11}\pm u_{12}=L_1\frac{di_1}{dt}\pm M\frac{di_2}{dt}\\u_2=\frac{d\psi_2}{dt}=\pm u_{21}+u_{22}=\pm M\frac{di_1}{dt}+L_2\frac{di_2}{dt}\end{array}\right\}\qquad(1-2)$$

式（1-2）表示两耦合电感的电压电流关系，即伏安关系，表明耦合电感上的电压是自感电压和互感电压的代数和。自感电压总为正，互感电压可正可负：当互感磁通链与自感磁通链相互"增助"时，互感电压为正；反之互感电压为负。图1-2（c）中，互感电压为正，即伏安关系式的M前用"+"号。

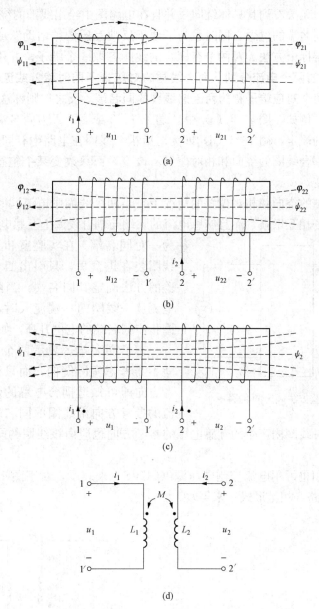

图1-2 两个线圈互相耦合

在正弦稳态激励下，耦合电感伏安关系式的相量形式为

$$\left.\begin{array}{l} \dot{U}_1 = \mathrm{j}\omega L_1 \dot{I}_1 \pm \mathrm{j}\omega M \dot{I}_2 \\ \dot{U}_2 = \pm \mathrm{j}\omega M \dot{I}_1 + \mathrm{j}\omega L_2 \dot{I}_2 \end{array}\right\} \tag{1-3}$$

式中，$\mathrm{j}\omega L_1$和$\mathrm{j}\omega L_2$分别为两线圈自感抗；$\mathrm{j}\omega M$为互感抗。

1.1.2　耦合电感的同名端

线圈电压等于自感电压和互感电压的代数和。自感电压与施感电流在同一线圈上，只要参考方向确定了，其数学描述便可容易写出，而无需考虑线圈的绕向。对互感电压，因产生该电压的电流在另一线圈上，因此，要确定其符号，就必须知道两个线圈的绕向。但实际的线圈往往是密封的，无法看到其具体绕向，并且在电路图中绘出线圈的绕向也很不方便。为解决这个问题引入同名端的概念。同时也为了便于反映互感的"增助"或"削弱"，简化图形表示，采用同名端标记方法。对两个有耦合的线圈各取一个端子，并用相同的符号标记，如"·"或"＊"。**当两个电流分别从两个线圈的对应端子同时流入或流出时，若产生的磁通相互增强，则这两个对应端子称为两互感线圈的同名端。**反之，则称这两个对应端子为两互感线圈的异名端。例如，图1-2（c）中，端子1、2或1′、2′为同名端，在图中用"·"表示。有了同名端的规定，图1-2（d）即为对应耦合线圈在电路中有同名端标记的电路模型表示。如果两个耦合线圈的绕向和相对位置不改变，而只改变某个施感电流的参考方向，则线圈的同名端不变。

在已知耦合线圈的绕向和相对位置的情况下，当两个线圈中电流同时由同名端流入时，两个电流产生的磁场相互增强，而且施感电流的入端与耦合线圈上互感电压的"＋"极性端

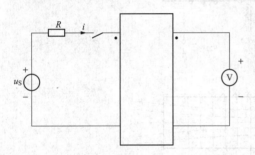

图1-3　实验方法确定同名端

为一对同名端。在实验室和工程实际中，两组线圈装在黑盒里，只引出四个端线，要通过实验的方法确定其同名端：当随时间增大的时变电流从一线圈的一端流入时，将会引起另一线圈相应同名端的电位升高，如图1-3所示。

有了同名端，表示两个线圈相互作用时，就不需考虑实际绕向，而只根据电压、电流参考方向即可知道耦合电感的伏安关系。如果电流的参考方向由线圈的同名端流入另一端，那么由这个电流在另一线圈内产生的互感电压的参考方向也应由该线圈的同名端指向另一端，如图1-4所示。

互感电压的作用也可用电流控制电压源（CCVS）来表示，对于图1-2（d）所示电路可用图1-5所示电路（相量形式）来等效。

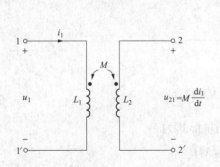

图1-4　利用同名端判定互感电压方向

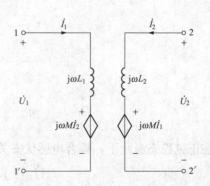

图1-5　图1-2（d）的受控源等效电路

【例 1 - 1】 如图 1 - 6 所示三对互感线圈，已知同名端和各线圈上电压电流参考方向，试写出每一互感线圈上的电压电流关系。

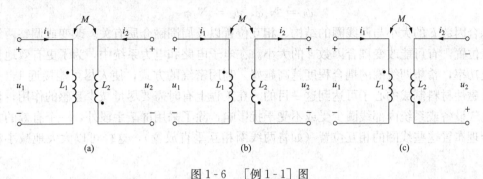

图 1 - 6   ［例 1 - 1］图

解 （a）两施感电流从异名端流入，互感"削弱"，两耦合线圈的电压与施感电流为关联参考方向。$u_1 = L_1 \dfrac{\mathrm{d}i_1}{\mathrm{d}t} - M \dfrac{\mathrm{d}i_2}{\mathrm{d}t}$，$u_2 = -M \dfrac{\mathrm{d}i_1}{\mathrm{d}t} + L_2 \dfrac{\mathrm{d}i_2}{\mathrm{d}t}$。

（b）两施感电流从同名端流入，互感"增助"，线圈 1 的电压与施感电流为关联参考方向，线圈 2 的电压与施感电流为非关联参考方向。$u_1 = L_1 \dfrac{\mathrm{d}i_1}{\mathrm{d}t} + M \dfrac{\mathrm{d}i_2}{\mathrm{d}t}$，$u_2 = -M \dfrac{\mathrm{d}i_1}{\mathrm{d}t} - L_2 \dfrac{\mathrm{d}i_2}{\mathrm{d}t}$。

（c）两施感电流从异名端流入，互感"削弱"，线圈 1 的电压与施感电流为关联参考方向，线圈 2 的电压与施感电流为非关联参考方向。$u_1 = L_1 \dfrac{\mathrm{d}i_1}{\mathrm{d}t} - M \dfrac{\mathrm{d}i_2}{\mathrm{d}t}$，$u_2 = M \dfrac{\mathrm{d}i_1}{\mathrm{d}t} - L_2 \dfrac{\mathrm{d}i_2}{\mathrm{d}t}$。

同名端总是成对出现的，如果有两个或两个以上的线圈彼此间都存在磁耦合时，同名端应一对一对地加以标记，每一对需用不同的符号标出。

1.1.3 耦合因数

工程上为了定量地描述两个耦合线圈的耦合紧疏程度，将两线圈的互感磁通链与自感磁通链比值的几何平均定义为耦合因数，用 k 表示，即

$$k = \sqrt{\left|\dfrac{\psi_{12}}{\psi_{11}}\right| \cdot \left|\dfrac{\psi_{21}}{\psi_{22}}\right|} \tag{1-4}$$

由于 $\psi_{11} = L_1 i_1$，$|\psi_{12}| = M i_2$，$\psi_{22} = L_2 i_2$，$|\psi_{21}| = M i_1$，代入式（1 - 4），有

$$k = \dfrac{M}{\sqrt{L_1 L_2}} \tag{1-5}$$

k 值在 0 与 1 之间。$k = 0$ 时，互感 $M = 0$，说明两线圈没有耦合。k 值越大，说明两个线圈之间耦合越紧密。$k = 1$ 时，称为全耦合，此时

$$M = \sqrt{L_1 L_2} \tag{1-6}$$

式（1 - 6）表示互感 M 达到最大值，意味着不存在只与一个线圈交链的磁通（称为漏磁通），而是一个线圈电流产生的磁通全部与另一线圈的每一匝相交链，即同一施感电流产生的互感磁通和自感磁通相同，有

$$\varphi_{11} = \varphi_{21}, \ \varphi_{12} = \varphi_{22}$$

则穿过两个线圈的总磁通（称为主磁通）相同，有

$$\varphi = \varphi_{11} + \varphi_{22}$$

两耦合线圈的磁通链分别为

$$\psi_1 = N_1\varphi, \quad \psi_2 = N_2\varphi$$

耦合因数 k 的大小与两线圈的结构、相互位置以及周围磁介质有关。改变或调整两线圈的相互位置，有可能改变耦合因数 k 的大小。在电子电路和电力系统中，为了更有效地传输信号或功率，希望两线圈的耦合程度越高越好，利用密绕的方式，使 k 尽可能接近 1，一般采用铁磁性材料制成的心子可达到这一目的。在工程上有时需要尽量减少互感的作用，使实际的电气设备或系统内部线圈少受或不受干扰影响，除了采用屏蔽手段外，一个有效的方法就是合理布置这些线圈的相互位置（如将两线圈相互垂直放置），这样可以大大地减小耦合作用。

1.2　含有耦合电感电路的分析

 【基本概念】

等效变换：将电路中的某部分用另一种电路结构与元件参数代替后，不影响原电路中未作变换的任何一条支路中的电压和电流。

去耦等效：对含有耦合电感的电路消去互感，用无耦合的等效电路去代替的过程，称为去耦等效。

去耦等效电路：将具有互感的电路化为等效的无互感的电路的处理方法，称为去耦法，将得到的等效无互感电路称为去耦等效电路。

【引入】

在分析含有耦合电感的电路（简称互感电路）的正弦交流电路时，可以采用两种分析方法。一种是带耦合直接分析法，这种分析方法和《电路（上册）（第二版）》中介绍的正弦稳态分析法一样，即采用相量法列写 KCL 和 KVL 方程。在列写 KVL 方程时，要注意耦合电感上的电压既有自感电压，又有互感电压；必要时可引入 CCVS 表示互感的作用。另一种分析方法是去耦等效分析法。如果能将耦合电感电路进行去耦等效得到去耦等效电路，就可不必计入由于互感的作用而引起的互感电压，最终可达到简化这类电路的目的。

分析含有两个线圈的耦合电感电路，一般先确定其以何种方式相互连接，基本的连接方式有串联、并联和三端（T 型）连接。本节主要介绍三种基本连接方式及其去耦等效分析法。

1.2.1　耦合电感的串联

耦合电感的串联有顺接串联和反接串联两种方式。电流从两个电感的同名端流进（或流出），两个互感相互增强，称为顺接串联。顺接串联是一对异名端相连接，如图 1 - 7 （a）所示。相反地，电流从两个电感的异名端流进，两个互感相互削弱，称为反接串联，反接串联是一对同名端相连接，如图 1 - 7 （b）所示。应用 KVL，串联后的电压为：

$$u = u_1 + u_2 = \left(L_1\frac{\mathrm{d}i}{\mathrm{d}t} \pm M\frac{\mathrm{d}i}{\mathrm{d}t}\right) + \left(\pm M\frac{\mathrm{d}i}{\mathrm{d}t} + L_1\frac{\mathrm{d}i}{\mathrm{d}t}\right) = (L_1 + L_2 \pm 2M)\frac{\mathrm{d}i}{\mathrm{d}t} = L_{\mathrm{eq}}\frac{\mathrm{d}i}{\mathrm{d}t}$$

$$(1 - 7)$$

式中，M 前"＋"号对应于顺接串联，"－"号对应于反接串联。

串联时去耦等效电路如图1-7（c）所示，两部分电感串联也可用一个等效电感 L_{eq} 替代，如图1-7（d）所示，其中

$$L_{eq} = L_1 + L_2 \pm 2M \qquad (1 - 8)$$

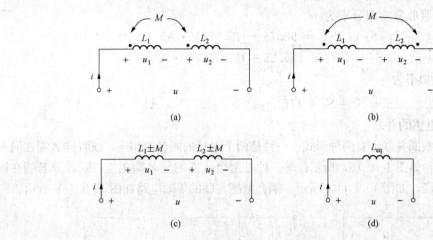

图1-7 耦合电感串联及其去耦等效电路

(a) 顺接串联；(b) 反接串联；(c) 去耦等效电路；(d) 等效电路

耦合电感为储能元件，串联连接时，任一时刻，储能为

$$W = \frac{1}{2} L_{eq} i^2 \geqslant 0$$

因此有

$$L_{eq} = L_1 + L_2 \pm 2M \geqslant 0$$

故耦合电感的互感 M 不能大于两自感的算术平均值，即

$$M \leqslant \frac{1}{2}(L_1 + L_2)$$

而且，顺接串联时，电感增大；反接串联时，电感减小，但电路仍呈感性。

【例1-2】 电路如图1-8所示，已知 $\dot{U} = 50\angle 0° \text{V}$，线圈参数 $R_1 = 3\Omega$，$j\omega L_1 = j7.5\Omega$，$R_2 = 5\Omega$，$j\omega L_2 = j12.5\Omega$，$j\omega M = j8\Omega$。试求：（1）该耦合电感的耦合因数 k；（2）电路电流 $\dot{I}$；（3）各支路的复功率。

解 （1）耦合因数

$$k = \frac{M}{\sqrt{L_1 L_2}} = \frac{\omega M}{\sqrt{\omega L_1 \cdot \omega L_2}}$$

$$= \frac{8}{\sqrt{7.5 \times 12.5}} \approx 0.826$$

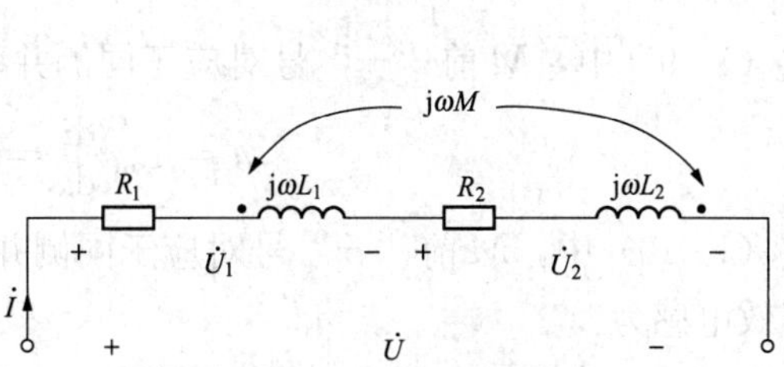

（2）两线圈支路的等效阻抗和电路的输入阻抗分别为

图1-8 ［例1-2］图

$$Z_1 = R_1 + (j\omega L_1 - j\omega M) = 3 - j0.5(\Omega)(容性)$$

$$Z_2 = R_2 + (j\omega L_2 - j\omega M) = 5 + j4.5(\Omega)(感性)$$

$$Z_{in} = Z_1 + Z_2 = 8 + j4 \approx 8.94\angle 26.57°(\Omega)（感性）$$

已知 $\dot{U} = 50\angle 0°\text{V}$，则电流

$$\dot{I} = \frac{\dot{U}}{Z_{in}} = \frac{50\angle 0°}{8.94\angle 26.57°} \approx 5.59\angle -26.57°(\text{A})$$

（3）线圈支路吸收复功率分别为

$$\overline{S}_1 = I^2 Z_1 = 93.75 - j15.63(\text{V} \cdot \text{A})$$
$$\overline{S}_2 = I^2 Z_2 = 156.25 + j140.63(\text{V} \cdot \text{A})$$

电源发出的复功率为

$$\overline{S} = \overline{S}_1 + \overline{S}_2 = \dot{U}\dot{I}^* = 250 + j125(\text{V} \cdot \text{A})$$

1.2.2　耦合电感的并联

耦合电感的两线圈并联也有两种形式：一种是两个电感的同名端相连，或者同名端在同一侧，称为同侧并联，如图 1-9（a）所示；另一种是两个线圈的异名端相连，或者异名端在同一侧，称为异侧并联，如图 1-9（b）所示。耦合电感并联的等效电路如图 1-9（c）所示。

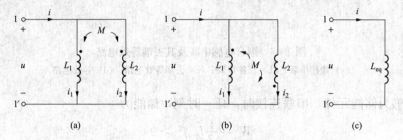

图 1-9　耦合电感并联及其等效电路
(a) 同侧并联；(b) 异侧并联；(c) 等效电感

设各线圈上电压电流及其参考方向如图 1-9（a）、（b）所示，则由耦合电感的伏安关系可得

$$\left.\begin{array}{l} i = i_1 + i_2 \\ u = L_1\dfrac{\mathrm{d}i_1}{\mathrm{d}t} \pm M\dfrac{\mathrm{d}i_2}{\mathrm{d}t} \\ u = \pm M\dfrac{\mathrm{d}i_1}{\mathrm{d}t} + L_2\dfrac{\mathrm{d}i_2}{\mathrm{d}t} \end{array}\right\} \tag{1-9}$$

式（1-9）中，M 前"＋"号对应于同侧并联，"－"号对应于异侧并联。三式联立，解得

$$u = L_{eq}\frac{\mathrm{d}i}{\mathrm{d}t} = \frac{L_1 L_2 - M^2}{L_1 + L_2 \mp 2M}\frac{\mathrm{d}i}{\mathrm{d}t} \tag{1-10}$$

式（1-10）中，M 前"－"号对应于同侧并联，"＋"号对应于异侧并联。去耦等效电路的等效电感为

$$L_{eq} = \frac{L_1 L_2 - M^2}{L_1 + L_2 \mp 2M} \tag{1-11}$$

1.2.3　耦合电感的三端（T型）连接

如果耦合电感的两条支路各有一端与第三条支路形成一个仅含三条支路的共同节点，称为耦合电感的三端（T型）连接。显然耦合电感的并联也属于 T 型连接。

T 型连接有两种方式，一种是同名端连在一起，如图 1-10（a）所示，称为同名端为共同端的 T 型连接；另一种是异名端连在一起，如图 1-10（b）所示，称为异名端为共同端的通常为 T 形连接。

对图 1-10（a）同名端为共同端的 T 型连接电路，两耦合电感的电压方程为

$$\left.\begin{array}{l} \dot{U}_{13} = \mathrm{j}\omega L_1\dot{I}_1 + \mathrm{j}\omega M\dot{I}_2 \\ \dot{U}_{23} = \mathrm{j}\omega M\dot{I}_1 + \mathrm{j}\omega L_2\dot{I}_2 \end{array}\right\} \tag{1-12}$$

由 $\dot{I} = \dot{I}_1 + \dot{I}_2$，有 $\dot{I}_1 = \dot{I} - \dot{I}_2$ 和 $\dot{I}_2 = \dot{I} - \dot{I}_1$，代入式（1-12），得

$$\left.\begin{array}{l} \dot{U}_{13} = \mathrm{j}\omega(L_1 - M)\dot{I}_1 + \mathrm{j}\omega M\dot{I} \\ \dot{U}_{23} = \mathrm{j}\omega M\dot{I} + \mathrm{j}\omega(L_2 - M)\dot{I}_2 \end{array}\right\} \tag{1-13}$$

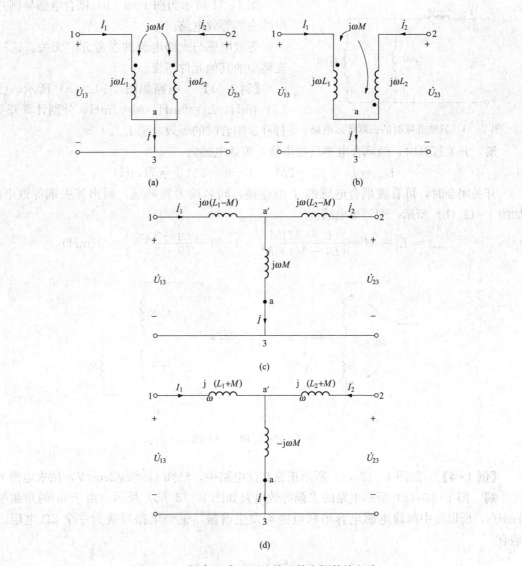

图 1-10　耦合电感 T 型连接及其去耦等效电路

（a）同名端为共同端；（b）异名端为共同端；（c）同名端为共同端时去耦等效电路；

（d）异名端为共同端时去耦等效电路

由式（1-13）可得图 1-10（a）所示电路的去耦等效电路见图 1-10（c）。注意去耦等效电路中的节点 a′不是原电路的节点 a，原节点 a 下移。

同理，两互感线圈异名端为共同端的电路，即图 1-10（b）所示电路的去耦等效电路，如图 1-10（d）所示。

设互感为 M 的两耦合电感 T 型连接时，去耦等效的规则为如果耦合电感的两条支路各有一端与第三支路形成一个含有三条支路的共同节点，则可用三条无耦合的电感支路等效替代，三条支路的等效电感分别为

（支路3）$L_3 = \pm M$（同名端为共同端时取"＋"，异名端为共同端时取"－"）

（支路1）$L_1' = L_1 \mp M$（M 前所取符号与支路 3 中相反）

（支路2）$L_2' = L_2 \mp M$（M 前所取符号与支路 3 中相反）

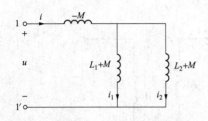

图 1-11 所示为图 1-9（b）耦合电感异侧并联时的去耦等效电路。

等效电感与支路电流的参考方向无关。这三条支路中的其他元件不变。

图 1-11 异侧并联时的去耦等效电路

【例 1-3】 电路如图 1-12（a）所示，已知 $L_1 = 4\text{mH}$，$L_2 = 9\text{mH}$，$M = 3\text{mH}$，分别计算开关 S 打开、闭合时的等效电感 L_{eq}。

解 开关打开时，两耦合电感反接串联，等效电感为

$$L_{eq} = L_1 + L_2 - 2M = 4 + 9 - 2 \times 3 = 7(\text{mH})$$

开关闭合时，可看成耦合电感的 T 型连接，同名端为共同端，画出其去耦等效电路，如图 1-12（b）所示，则等效电感为

$$L_{eq} = L_1 - M + \frac{(L_2 - M)M}{(L_2 - M) + M} = 4 - 3 + \frac{(9-3) \times 3}{(9-3) + 3} = 3(\text{mH})$$

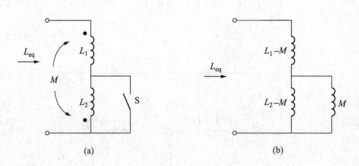

(a)   (b)

图 1-12 [例 1-3] 图

【例 1-4】 如图 1-13（a）所示正弦交流电路中，已知 $u_S = 2\sqrt{2}\cos t\,\text{V}$，试求电流 i。

解 图 1-13（a）所示电路的去耦等效电路如图 1-13（b）所示。由于 u_S 的角频率为 1rad/s，所以图中两段电感电容串联电路均发生谐振，整个电路等效为一个 2Ω 电阻。于是有

$$i = \frac{u_S}{2} = \sqrt{2}\cos t(\text{A})$$

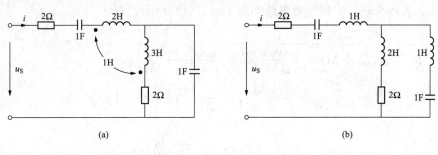

图 1 - 13 [例 1 - 4] 图

【**例 1 - 5**】 如图 1 - 14 (a) 所示电路, 已知 $\dot{U}=50\angle0°\mathrm{V}$, 线圈参数 $R_1=3\Omega$, $j\omega L_1=$ $j7.5\Omega$, $R_2=5\Omega$, $j\omega L_2=j12.5\Omega$, $j\omega M=j6\Omega$。试求: (1) 开关 S 断开情况下的 $\dot{I}$ 、$\dot{U}_2$; (2) 开关 S 接通情况下的电流 $\dot{I}$ 、$\dot{I}_2$。

解 (1) 开关断开时两线圈顺接串联, 电路等效阻抗为

$$Z = R_1 + R_2 + j\omega(L_1 + L_2 + 2M) = 8 + j32 \approx 33.0\angle75.96°(\Omega)$$

已知 $\dot{U}=50\angle0°\mathrm{V}$, 则电流 $\dot{I}$ 和 $\dot{U}_2$ 分别为

$$\dot{I} = \frac{\dot{U}}{Z} = \frac{50\angle0°}{33.0\angle75.96°} \approx 1.515\angle-75.96°(\mathrm{A})$$

$$\dot{U}_2 = (R_2 + j\omega L_2 + j\omega M)\dot{I} = (5 + j18.5) \times 1.515\angle-75.96° \approx 29.03\angle-1.08°(\mathrm{V})$$

(2) 开关接通后电路如图 1 - 14 (b) 所示。

解法一: 直接列方程求解。

$$\left.\begin{array}{l} (R_1 + j\omega L_1)\dot{I}_1 + j\omega M\dot{I}_2 = \dot{U} \\ j\omega M\dot{I}_1 + (R_2 + j\omega L_2)\dot{I}_2 = 0 \end{array}\right\}$$

代入数据, 解得

$$\dot{I} \approx 7.79\angle-51.48°(\mathrm{A}), \quad \dot{I}_2 \approx 3.47\angle-209.68° = 3.47\angle150.32°(\mathrm{A})$$

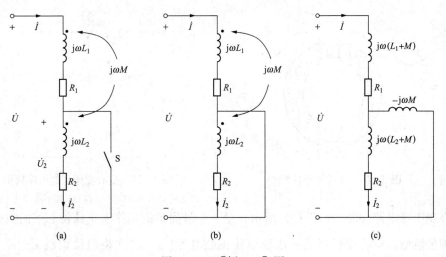

图 1 - 14 [例 1 - 5] 图

解法二：去耦分析。去耦等效电路如图 1-14（c）所示，有

$$\dot{I} = \frac{\dot{U}}{R_1 + j\omega(L_1 + M) + \dfrac{-j\omega M[R_2 + j\omega(L_2 + M)]}{-j\omega M + [R_2 + j\omega(L_2 + M)]}} \approx 7.79\angle -51.5°(A)$$

$$\dot{I}_2 = \frac{-j\omega M}{-j\omega M + R_2 + j\omega(L_2 + M)}\dot{I} \approx 3.47\angle 150.3°(A)$$

1.3 空心变压器

【基本概念】

铁磁性：一种材料的磁性状态，具有自发性的磁化现象。各材料中以铁最广为人知。

铁磁性材料：过渡元素铁、钴、镍及其合金等能够直接或间接产生磁性的物质。

非铁磁性材料：铜、铝等都是非铁磁性材料。

【引入】

变压器是电工、电子技术中常用的电气设备，是利用互感实现从一个电路向另一个电路传输能量或信号的一种装置。1831 年法拉第发明了一个"电感环"，称为"法拉第感应线圈"，如图 1-15 所示。这是世界上第一只变压器的雏形。直到 19 世纪 80 年代，变压器得到广泛应用。最简单的变压器由两个耦合线圈绕在一个共同的心子上制成。一线圈与电源相连，称为一次绕组，所形成的回路称为一次回路（旧称初级回路、原边回路）；另一线圈与负载相连称为二次绕组，所形成的回路称为二次回路（旧称次级回路、副边回路）。变压器的线圈可绕在铁心上，构成铁心变压器，其线圈间耦合因数接近于 1，属于紧耦合。如果变压器的线圈绕在非铁磁材料的心子上，就构成空心变压器，其线圈间耦合因数较小，属于松耦合。空心变压器因为没有铁心造成的各种功率损耗，所以常用于高频电路中。

本节讨论空心变压器电路的正弦稳态分析。空心变压器的电路模型如图 1-16 所示。

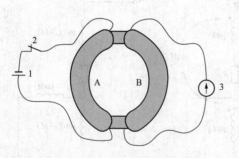

图 1-15 法拉第感应线圈

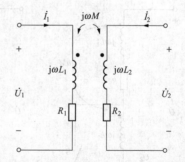

图 1-16 空心变压器的电路模型

空心变压器电路如图 1-17（a）所示，是一个最简单的工作于正弦稳态下的空心变压器电路的相量模型。空心变压器的一次绕组接正弦电源 $\dot{U}_s$，二次绕组接负载 $Z = R + jX$。设一、二次回路电流相量分别为 $\dot{I}_1$、$\dot{I}_2$，可列出两回路的 KVL 方程为

$$\left.\begin{aligned}(R_1+j\omega L_1)\dot{I}_1-j\omega M\dot{I}_2&=\dot{U}_S\\-j\omega M\dot{I}_1+(R_2+j\omega L_2+Z)\dot{I}_2&=0\end{aligned}\right\}$$

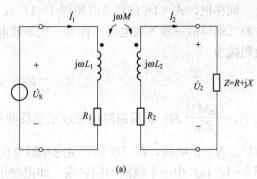

或简写为

$$\left.\begin{aligned}Z_{11}\dot{I}_1-j\omega M\dot{I}_2&=\dot{U}_S\\-j\omega M\dot{I}_1+Z_{22}\dot{I}_2&=0\end{aligned}\right\}$$

其中，$Z_{11}=R_1+j\omega L_1$，$Z_{22}=R_2+j\omega L_2+Z$ 分别表示一次回路、二次回路的自阻抗。

求解方程，得

$$\dot{I}_1=\frac{\dot{U}_S}{Z_{11}+\dfrac{(\omega M)^2}{Z_{22}}}\qquad(1-14)$$

$$\dot{I}_2=\frac{\dfrac{j\omega M\dot{U}_S}{Z_{11}}}{Z_{22}+\dfrac{(\omega M)^2}{Z_{11}}}=\frac{\dfrac{j\omega M\dot{U}_S}{Z_{11}}}{Z_{eq}+Z}$$

$$(1-15)$$

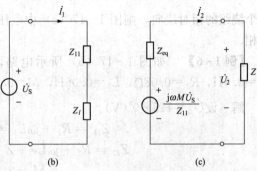

空心变压器从一次绕组两端接入的输入阻抗为

$$Z_{in}=Z_{11}+\frac{(\omega M)^2}{Z_{22}}\qquad(1-16)$$

图 1-17 空心变压器电路及其等效电路
(a) 空心变压器电路；(b) 一次等效电路；
(c) 二次等效电路

式中，$\dfrac{(\omega M)^2}{Z_{22}}$ 为二次回路对一次回路的引入阻抗或反映阻抗，可记作

$$Z_l=\frac{(\omega M)^2}{Z_{22}}$$

又有

$$Z_l=\frac{(\omega M)^2}{Z_{22}}=\frac{\omega^2 M^2}{R_{22}+jX_{22}}=\frac{\omega^2 M^2 R_{22}}{R_{22}^2+X_{22}^2}-j\frac{\omega^2 M^2 X_{22}}{R_{22}^2+X_{22}^2}=R_l+jX_l$$

式中，$R_{22}=R_2+R$ 为二次电阻；$X_{22}=\omega L_2+X$ 为二次电抗；$R_l=\dfrac{\omega^2 M^2 R_{22}}{R_{22}^2+X_{22}^2}$ 为引入电阻，恒为正，表示二次回路吸收的功率是靠一次回路供给的；$X_l=-\dfrac{\omega^2 M^2 X_{22}}{R_{22}^2+X_{22}^2}$ 为引入电抗，其负号反映了引入电抗与二次电抗的性质相反。

引入阻抗 Z_l 的性质与二次回路阻抗的性质相反。

当二次回路开路时，$Z_l=0$，则一次电流 $\dot{I}_1$、电路的输入阻抗 Z_{in}、开路电压 $\dot{U}_{OC}$（方向取向下）分别为

$$\dot{I}_1=\frac{\dot{U}_S}{Z_{11}},\quad Z_{in}=Z_{11},\quad \dot{U}_{OC}=\frac{j\omega M\dot{U}_S}{Z_{11}}$$

式（1-14）可以用图 1-17（b）所示的等效电路表示，它是从电源侧看进去的等效电路，称为一次等效电路。如果同名端的位置不同，对于一次侧电流 $\dot{I}_1$，式（1-14）仍然成立。

同样地，式（1-15）可以用图 1-17（c）所示等效电路表示，它是从二次侧看进去的含源二端口的一种等效电路，称为二次等效电路。在图 1-17（c）中，戴维南等效电路中等效阻抗为

$$Z_{eq} = R_2 + j\omega L_2 + \frac{(\omega M)^2}{Z_{11}}$$

其中，$\frac{(\omega M)^2}{Z_{11}}$ 为一次回路阻抗通过互感反映到二次侧的反映阻抗。二次侧开路时的开路电压 $\dot{U}_{oc}$ 为一次电流 $\dot{I}_1$ 在二次侧产生的互感电压，其极性与两线圈的同名端位置有关。若改变图 1-17（a）中一个线圈的同名端，如把变压器二次绕组连接负载的两个端钮对调，或改变两个绕组的相对绕向，则图 1-17（c）中电压源电压极性改变，而流过负载的电流 $\dot{I}_2$ 也将反相。

【例 1-6】 如图 1-17（a）所示电路，已知 $U_S = 115\text{V}$，$\omega = 314\text{rad/s}$，$R_1 = 20\Omega$，$L_1 = 3.6\text{H}$，$R_2 = 0.08\Omega$，$L_2 = 0.06\text{H}$，$M = 0.465\text{H}$，$Z = 42\Omega$。求 I_1、I_2。

解 设 $\dot{U}_S = 115\angle 0°(\text{V})$。

$$Z_{11} = R_1 + j\omega L_1 = 20 + j1130.4(\Omega)$$
$$Z_{22} = R_2 + j\omega L_2 + Z = 42.08 + j18.84(\Omega)$$
$$j\omega M = j146.01(\Omega)$$

解法一：直接列方程分析。

$$\left.\begin{array}{l} Z_{11}\dot{I}_1 - j\omega M\dot{I}_2 = \dot{U}_S \\ -j\omega M\dot{I}_1 + Z_{22}\dot{I}_2 = 0 \end{array}\right\}$$

求解方程，得

$$\dot{I}_1 \approx 0.11\angle -64.85°(\text{A})$$
$$\dot{I}_2 \approx 0.35\angle 1.03°(\text{A})$$

解法二：利用空心变压器的等效电路。

一次等效电路如图 1-17（b）所示。其中

$$Z_l = \frac{(\omega M)^2}{Z_{22}} \approx 422.03 - j188.95(\Omega)$$

$$\dot{I}_1 = \frac{\dot{U}_S}{Z_{11} + Z_l} \approx 0.11\angle -64.85°(\text{A})$$

二次等效电路如图 1-17（c）所示。其中

$$Z_{eq} + Z = R_2 + j\omega L_2 + \frac{(\omega M)^2}{Z_{11}} + Z = Z_{22} + \frac{(\omega M)^2}{Z_{11}} = 42.41\angle 0.02°(\Omega)$$

$$\dot{I}_2 = \frac{\dfrac{j\omega M\dot{U}_S}{Z_{11}}}{Z_{eq} + Z} = \frac{\dfrac{j\omega M\dot{U}_S}{Z_{11}}}{Z_{22} + \dfrac{(\omega M)^2}{Z_{11}}} \approx 0.35\angle 1.03°(\text{A})$$

所以

$$I_1 = 0.11(\text{A}), \quad I_2 = 0.35(\text{A})$$

1.4 理 想 变 压 器

【基本概念】

全耦合：两个耦合线圈的耦合因数 $k=1$ 时，称为全耦合。全耦合时，自感 L_1、L_2 与互感 M 之间的关系为 $M=\sqrt{L_1 L_2}$。

【引入】

理想变压器也是一种耦合元件，它是从实际变压器中抽象出来的理想化模型，主要是为了方便分析变压器电路，尤其是铁心变压器电路。理想变压器的电路模型如图 1-18 所示，与耦合电感元件的电路模型不同，理想变压器只有一个参数，称为变比，记为 n。n 等于变压器两绕组的匝数比，即

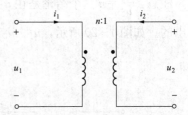

图 1-18　理想变压器的电路模型

$$n=\frac{N_1}{N_2}$$

理想变压器是实际变压器理想化的电路模型。理想变压器具有三个理想化条件：①无损耗，线圈导线无电阻，$R_1=R_2=0$；②全耦合变压器，耦合因数 $k=1$，$M=\sqrt{L_1 L_2}$；③两个绕组的自感 L_1、L_2 和互感 M 为无穷大，但 $\sqrt{L_1/L_2}$ 的值为常数，且等于匝数比，即

$$\sqrt{\frac{L_1}{L_2}}=\frac{N_1}{N_2}=n$$

在实际工程中，永远不可能满足理想变压器的三个理想化条件，实际使用的变压器都不是理想变压器。为了使实际变压器的性能接近理想变压器，常采用一些措施，如采用具有高磁导率的铁磁材料做铁心，尽量使绕组紧密耦合，使 k 接近于 1，并在保持变比不变的前提下，尽量增加两绕组的匝数等。在实际工程计算中，在误差允许的情况下，把实际变压器看作理想变压器，可简化计算过程。

1.4.1　理想变压器的电压关系

如图 1-19 所示，是无损耗（第一个理想化条件）变压器的电路模型，根据图示的电压、电流参考方向，耦合绕组的磁通链及伏安关系方程为

$$\psi_1=L_1 i_1+M i_2，\ u_1=\frac{\mathrm{d}\psi_1}{\mathrm{d}t}=L_1\frac{\mathrm{d}i_1}{\mathrm{d}t}+M\frac{\mathrm{d}i_2}{\mathrm{d}t}$$

$$\psi_2=M i_1+L_2 i_2，\ u_2=\frac{\mathrm{d}\psi_2}{\mathrm{d}t}=M\frac{\mathrm{d}i_1}{\mathrm{d}t}+L_2\frac{\mathrm{d}i_2}{\mathrm{d}t}$$

当变压器两绕组全耦合（第二个理想化条件：$M=\sqrt{L_1 L_2}$），且 $\sqrt{L_1/L_2}$ 的值为常数（第三个理想化条件：$\sqrt{L_1/L_2}=n$）（即变压器看作理想变压器）时，有

$$\frac{u_1}{u_2}=n \tag{1-17}$$

或者，依据全耦合时线圈上耦合磁通 φ 与磁通链之间的关系

$$\psi_1 = N_1\varphi, \ u_1 = \frac{\mathrm{d}\psi_1}{\mathrm{d}t} = N_1\frac{\mathrm{d}\varphi}{\mathrm{d}t}$$

$$\psi_2 = N_2\varphi, \ u_2 = \frac{\mathrm{d}\psi_2}{\mathrm{d}t} = N_2\frac{\mathrm{d}\varphi}{\mathrm{d}t}$$

同样有

$$\frac{u_1}{u_2} = n$$

式（1-17）表明，理想变压器的电压比与电流无关，而且 u_1、u_2 中只有一个变量。当 $u_2 = 0$（短路）时，必有 $u_1 = 0$，所以 u_1 为一次侧所接的电压源电压时，二次侧不能短路。

注意：$\frac{u_1}{u_2} = n$ 这个结论是在 u_1、u_2 的"+"极性端设在理想变压器的同名端的条件下给出的。如图 1-20 所示，u_1、u_2 的"+"极性端设在理想变压器的异名端，则有

$$\frac{u_1}{u_2} = -n$$

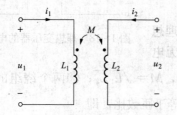

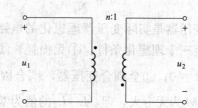

图 1-19 无损耗变压器电路模型　　图 1-20 理想变压器电压参考方向的"+"极性端设在异名端

1.4.2 理想变压器的电流关系

对于图 1-19 所示的无损耗变压器，一次侧的伏安关系式为

$$u_1 = L_1\frac{\mathrm{d}i_1}{\mathrm{d}t} + M\frac{\mathrm{d}i_2}{\mathrm{d}t}$$

改写为

$$i_1 = \frac{1}{L_1}\int u_1\mathrm{d}t - \frac{M}{L_1}\int\frac{\mathrm{d}i_2}{\mathrm{d}t}\mathrm{d}t = \frac{1}{L_1}\int u_1\mathrm{d}t - \frac{M}{L_1}i_2$$

当变压器再满足第二个条件（$k=1$，$M=\sqrt{L_1L_2}$）和第三个条件（L_1、L_2 趋于无穷大，且 $\sqrt{L_1/L_2} = n$）时，有

$$\frac{i_1}{i_2} = -\frac{\sqrt{L_2}}{\sqrt{L_1}} = -\frac{1}{n} \tag{1-18}$$

式（1-18）表明，理想变压器的电流比与电压无关，而且 i_1、i_2 中只有一个变量。当 $i_2 = 0$（开路）时，必有 $i_1 = 0$，所以 i_1 为一次侧所接的电流源电流时，二次侧不能开路。

注意：$i_1/i_2 = -1/n$ 这个结论是在 i_1、i_2 都设定为从理想变压器的同名端流入的条件下给出的。如果 i_1、i_2 从理想变压器的异名端流入，如图 1-21 所示，则有

$$\frac{i_1}{i_2} = \frac{1}{n}$$

图 1-18 所示理想变压器的电路模型可以用受控源表示，如图 1-22 所示。

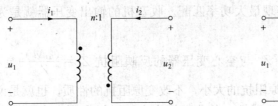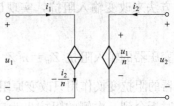

图 1-21　电流参考方向从异名端流入　　　图 1-22　理想变压器的受控源模型

1.4.3　理想变压器的功率

通过以上分析可知，不论理想变压器的同名端如何，由理想变压器的伏安关系，总有

$$p = u_1 i_1 + u_2 i_2 = 0 \tag{1-19}$$

式（1-19）表明，理想变压器从两个端口吸收的瞬时功率恒等于零，它将一侧吸收的能量全部传输到另一侧输出，在传输过程中，仅仅将电流、电压按变比作数值变换，它既不耗能，也不储能，是一个无记忆的磁耦合元件。在电路图中，理想变压器虽然也用线圈作为电路符号，但这个符号并不意味着电感的作用，它仅代表电压之间及电流之间的约束关系。

1.4.4　理想变压器的阻抗变换

理想变压器除了变换电压、电流外，还可以变换阻抗。

如图 1-23（a）所示正弦稳态电路中，理想变压器的二次侧接负载阻抗 Z_L，对应各电压、电流的参考方向及同名端的位置，有

$$Z_L = -\frac{\dot{U}_2}{\dot{I}_2}, \quad \frac{\dot{U}_1}{\dot{U}_2} = n, \quad \frac{\dot{I}_1}{\dot{I}_2} = -\frac{1}{n}$$

如图 1-23（b）所示，从理想变压器的一次侧看进去的输入阻抗为

$$Z_{in} = \frac{\dot{U}_1}{\dot{I}_1} = \frac{n\dot{U}_2}{-\frac{1}{n}\dot{I}_2} = n^2 Z_L \tag{1-20}$$

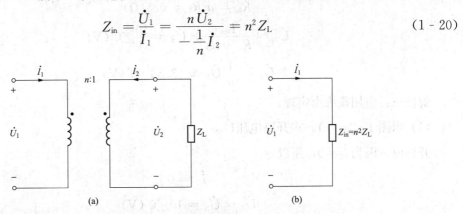

图 1-23　理想变压器的输入阻抗

可以认为，二次侧负载阻抗 Z_L 乘以 n^2 后，可由二次侧转移到一次侧，或者说 $n^2 Z_L$ 是二次侧负载阻抗 Z_L 折合到一次侧的等效阻抗，故将 Z_{in}（$Z_{in}=n^2 Z_L$）又称为二次侧对一

次侧的折合阻抗。可以证明，输入阻抗 Z_{in} 的计算与同名端无关。可见理想变压器具有变换阻抗的作用。根据类似的推导，一次侧阻抗除以 n^2 后，也可以由一次侧转移到二次侧。利用阻抗变换性质，可以简化理想变压器电路的分析计算；也可以利用改变匝数比，即变比 n 的方法来改变输入阻抗，实现最大功率匹配。收音机的输出变压器就是为此目的而设计的。

理想变压器的输入阻抗 $Z_{in}=n^2 Z_L$ 与空心变压器的反映阻抗 $Z_l=\dfrac{(\omega M)^2}{Z_{22}}$ 是有区别的，理想变压器的阻抗变换作用只改变原阻抗的大小，不改变原阻抗的性质。也就是说，负载阻抗为感性时折合到一次侧的阻抗也为感性，负载阻抗为容性时折合到一次侧的阻抗也为容性。例如，二次侧分别接入 R、L、C 时，折合至一次侧将为 n^2R、n^2L、C/n^2，仅仅变换了元件的参数。

【例 1-7】 电路如图 1-24（a）所示，$\dot{U}_s=10\angle 0^\circ V$，$R_1=1\Omega$，$R_2=50\Omega$。求负载电阻 R_2 上的电压 $\dot{U}_2$。

解 图 1-24（a）所示理想变压器变比 $n=\dfrac{1}{10}$，则电压、电流关系为

$$\frac{\dot{U}_1}{\dot{U}_2}=n=\frac{1}{10}, \quad \frac{\dot{I}_1}{\dot{I}_2}=-\frac{1}{n}=-10$$

解法一：直接列方程。

$$\left.\begin{array}{l} R_1\dot{I}_1+\dot{U}_1=\dot{U}_s \\ R_2\dot{I}_2+\dot{U}_2=0 \end{array}\right\}$$

利用电压、电流关系并代入数据，解得

$$\dot{U}_2\approx 33.33\angle 0^\circ(V)$$

解法二：利用理想变压器的阻抗变换作用，图 1-24（a）所示电路可等效为图 1-24（b）所示电路。

$$R_{in}=n^2 R_2=0.5(\Omega)$$

$$\dot{U}_1=\frac{R_{in}}{R_1+R_{in}}\times \dot{U}_s=\frac{10}{3}\angle 0^\circ(V)$$

$$\dot{U}_2=\frac{1}{n}\dot{U}_1\approx 33.33\angle 0^\circ(V)$$

解法三：应用戴维南定理。

（1）由图 1-24（c），求开路电压 $\dot{U}_{OC}$。

开路时，因为 $\dot{I}_2=0$，所以

$$\dot{I}_1=0$$

$$\dot{U}_1=\dot{U}_s=10\angle 0^\circ(V)$$

$$\dot{U}_{OC}=\frac{1}{n}\dot{U}_1=100\angle 0^\circ(V)$$

（2）由图 1-24（d），求等效电阻 R_{eq}。

仿照式（1-20），推导得到一次侧对二次侧的折合阻抗，即在二次侧得到的等效电阻为

$$R_{eq} = \frac{1}{n^2}R_1 = 100(\Omega)$$

（3）戴维南等效电路如图 1-24（d）所示，则

$$\dot{U}_2 = \frac{\dot{U}_{OC}}{R_{eq}+R_2} \times R_2 = \frac{100\angle 0°}{100+50} \times 50 \approx 33.33\angle 0°(V)$$

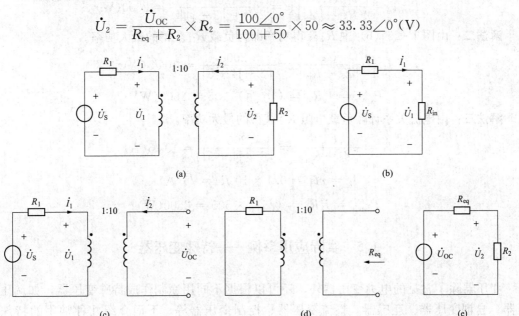

图 1-24　［例 1-7］图

【例 1-8】　电路如图 1-25（a）所示，$\dot{U}_S = 200\angle 0°V$，$Z_S = (3+j4)\ \Omega$，$R_L = 500\Omega$。为了使负载电阻 R_L 获得最大功率，试求理想变压器的变比 n 应为多少？负载电阻 R_L 获得的最大功率为多少？

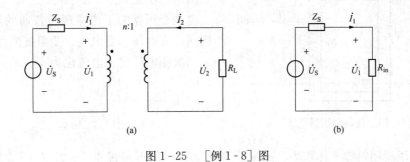

图 1-25　［例 1-8］图

解　利用理想变压器的阻抗变换作用，图 1-25（a）电路可等效为图 1-25（b）所示电路。

$$R_{in} = n^2 R_L = 500n^2$$

负载为纯电阻，由模匹配可知，当 $R_{in} = |Z_S| = |3+j4| = 5(\Omega)$ 时，可获得最大功率。可得

$$n = \sqrt{\frac{5}{500}} = 0.1$$

负载电阻 R_L 获得最大功率有三种求解方法。

解法一：模匹配时，负载电阻 R_L 获得最大功率为

$$P_{Lmax} = \frac{U_S^2}{2(R_S + |Z_S|)} = \frac{200^2}{2(3 + |3+j4|)} = 2500(W)$$

解法二：由图 1-25（b）中 R_{in} 获得功率即为负载 R_L 获得的最大功率。

$$I_1 = \frac{U_S}{|Z_S + R_{in}|} = \frac{200}{|3+j4+5|} = 10\sqrt{5}(A)$$

$$P_{Lmax} = I_1^2 R_{in} = (10\sqrt{5})^2 \times 5 = 2500(W)$$

解法三：由电流关系计算负载电阻 R_L 获得的最大功率。

$$I_1 = \frac{U_S}{|Z_S + R_{in}|} = \frac{200}{|3+j4+5|} = 10\sqrt{5}(A)$$

$$I_2 = nI_1 = 0.1 \times 10\sqrt{5} = \sqrt{5}(A)$$

$$P_{Lmax} = I_2^2 R_L = (\sqrt{5})^2 \times 500 = 2500(W)$$

1.5 实际应用举例——特殊变压器

变压器除了常见的电力变压器外，还可以根据不同用途制作成特殊变压器，如调压变压器、自耦变压器、互感器、整流变压器、控制变压器等。下面介绍几种常用的特殊变压器。

1.5.1 自耦变压器

自耦变压器是一种单绕组变压器，其结构特点为二次绕组是一次绕组的一部分，即一、二次回路共用部分绕组，因此，一、二次绕组之间，除了有磁的联系外，还有电的联系，适用于绝缘要求不是很高的场合。自耦变压器的接线如图 1-26 所示。

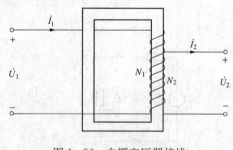

图 1-26 自耦变压器接线

自耦变压器的工作原理与普通的双绕组变压器相同，变电压、变电流、变阻抗的关系均适用。一、二次侧电压比、电流比为

$$\frac{U_1}{U_2} = \frac{N_1}{N_2} = n$$

$$\frac{I_1}{I_2} = \frac{N_2}{N_1} = \frac{1}{n}$$

自耦变压器用料省、体积小、成本低，变比 n 一般不超过 $1.5\sim2$，广泛应用于低压交流电路中作调压器。将自耦变压器的二次侧改为滑动触头，则自耦变压器就变成了输出电压可以均匀调节的变压器——自耦调压器。

1.5.2 互感器

互感器是一种专供测量仪表、控制和保护设备使用的变压器，主要用于扩大测量仪表量程和使测量仪表与高压交流电路隔离，确保人身和设备安全。根据用途，互感器分为电压互感器和电流互感器。

1. 电压互感器

电压互感器是能够将高电压按比例变换成需低电压的降压变压器。其接线图如图 1-27

（a）所示，一次绕组匝数较多，并与被测电路并联；二次绕组匝数较少，与测量仪表的电压线圈相连。一、二次侧电压比为

$$\frac{U_1}{U_2} = \frac{N_1}{N_2} = n$$

只要选择合适的电压比 n，用测得的二次侧电压 U_2 乘以电压比，就可以得到一次侧电压 U_1。通常电压互感器二次侧电压额定值为 100V。

电压互感器在使用时，应注意二次绕组不允许短路，否则会产生很大电流，烧毁互感器。

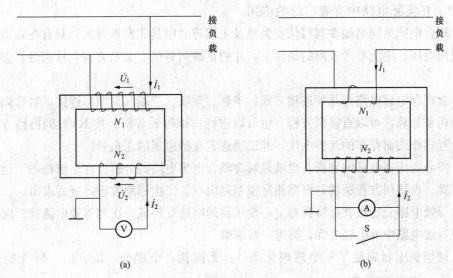

图 1-27 两种互感器的接线图

(a) 电压互感器接线图；(b) 电流互感器接线图

2. 电流互感器

电流互感器能够将大电流按一定比例变换为小电流，接线图如图 1-27（b）所示。其一次绕组匝数很少（只有一匝或几匝），串联在被测电路中；二次绕组匝数较多，与电流表或其他仪表及继电器的电流线圈相连接。一、二次电流比为

$$\frac{I_1}{I_2} = \frac{N_2}{N_1} = \frac{1}{n}$$

电流表的读数 I_2 乘以电流比 $\frac{1}{n}$，即为被测的大电流 I_1（一般电流表可直接读出被测电流值）。通常电流互感器的二次绕组的额定电流规定为 5A 或 1A。

电流互感器的二次侧不允许开路。在更换电流表时，要将二次侧与电流表连接的两个接线端短接，图 1-27（b）中用闭合开关 S 示意。

钳形电流表，俗称测流钳，是电流互感器的一种变形，可以在不断开电路的情况下进行电流测量，其结构如图 1-28 所

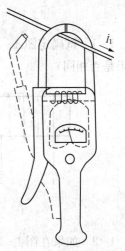

图 1-28 测流钳

示。测量时，紧捏扳手使电流互感器的铁心张开（图中虚线所示），使载有被测电流的导线穿过闭合铁心，该导线相当于电流互感器的一次绕组，而二次绕组与磁电系电流表串联，形成的感应电流注入电流表，电流表指示数据即是被测电流的数值。

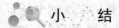

小　结

本章讲述的耦合电感元件与变压器元件属于多端耦合元件，是某些实际电路元件的电路模型，在实际电路中有着广泛的应用。

（1）耦合电感的同名端在列写伏安关系及去耦等效中是非常重要的，只有在知道了同名端，并设出电压、电流参考方向的条件下，才能正确列写伏安关系方程，从而进行去耦等效变换。

（2）含耦合电感电路有几种连接方式：串联、并联、三端（T型）连接，对含耦合电感电路的分析和计算，可以直接列方程，也可以进行去耦等效分析。按 KVL 列回路方程，应计入由于互感作用而存在的互感电压，并正确选定互感电压的正负号。

（3）空心变压器电路的分析，也就是对含耦合电感电路的分析。在正弦稳态下运用相量法分析计算。直接列方程法就是根据相量模型列出一、二次回路方程，进而求出一、二次电流相量；等效电路分析法就是将含有空心变压器的电路变换成一次侧等效电路和二次侧等效电路，在等效电路中列电路方程，再进一步求解。

（4）理想变压器满足了三个理想化条件：无损耗，全耦合，L_1、L_2、M 无穷大，且 $\sqrt{L_1/L_2}=n$。理想变压器是不储能、不耗能的元件，是一种无记忆元件。变电压、变电流、变阻抗是理想变压器的三个重要特征，其变电压、变电流关系式与同名端及所设电压、电流参考方向密切相关，不能一概而论。

习　题

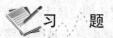

1-1　试确定图 1-29 所示耦合线圈的同名端（试设各种不同情况的电流参考方向分析结果是否相同）。

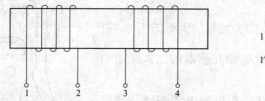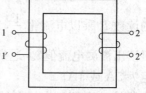

图 1-29　题 1-1 图

1-2　如果在图 1-30 的线圈的 1 端输入正弦电流 $i=10\sin t$ A，方向如图 1-30 所示，求 u_{34}（已知互感 $M=0.01$H）。

1-3　如图 1-31 所示电路，写出电压电流关系式。

1-4　电路如图 1-32 所示，已知 $R_1 = R_2 = 20\Omega$，$L_1 = 1\text{H}$，$L_2 = 2\text{H}$，$M = 1\text{H}$，正弦电压 $u_S = 141.4\cos(10t)\text{V}$。试求电流 i 及耦合因数 k。

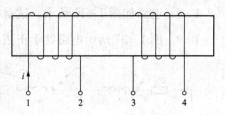

图 1-30　题 1-2 图

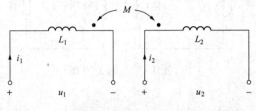

图 1-31　题 1-3 图

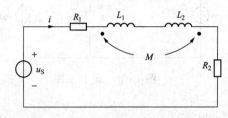

图 1-32　题 1-4 图

1-5　如图 1-33 所示电路，求等效电感 L_{eq}。

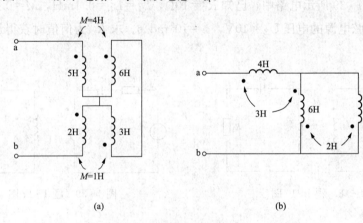

(a)　　　　　　　　　　(b)

图 1-33　题 1-5 图

1-6　如图 1-34 所示电路，在 $i_2 = 0$ 时，求 u。

1-7　如图 1-35 所示电路中，已知 $R_1 = 50\Omega$，$L_1 = 70\text{mH}$，$L_2 = M = 25\text{mH}$，$C = 1\mu\text{F}$，正弦电源的电压 $\dot{U} = 200\angle 0°\text{V}$，$\omega = 10^4\text{rad/s}$。求各支路电流。

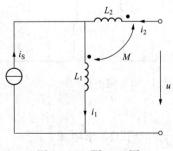

图 1-34　题 1-6 图

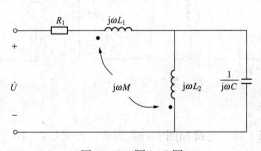

图 1-35　题 1-7 图

1-8　电路如图 1-36 所示，试写出回路方程。

1-9　图 1-37 所示电路处于正弦稳态，已知 $\dot{U}_S=10\angle 0°\mathrm{V}$。求：$\dot{I}_1$、$\dot{I}_2$、$\dot{U}_2$。

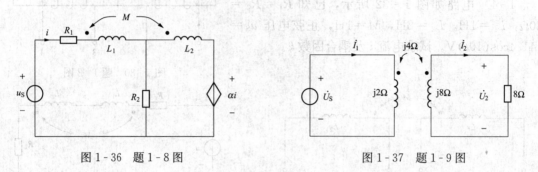

图 1-36　题 1-8 图　　　　　　　　图 1-37　题 1-9 图

1-10　如图 1-38 所示电路中，已知 $R_1=10\Omega$，$L_1=L_2=0.1\mathrm{mH}$，$M=0.02\mathrm{mH}$，$C_1=C_2=0.01\mathrm{mF}$，$R_2=20\Omega$，正弦电源的电压 $U_S=10\mathrm{V}$，$\omega=10^6\mathrm{rad/s}$。求电流 I_1 和 I_2。

1-11　如图 1-39 所示电路中，已知 $R_1=10\Omega$，$L_1=L_2=0.1\mathrm{mH}$，$M=0.02\mathrm{mH}$，$C_1=C_2=0.01\mathrm{mF}$，正弦电源的电压 $U_S=10\mathrm{V}$，$\omega=10^6\mathrm{rad/s}$。求 R_2 为何值时获得最大功率，并求最大功率。

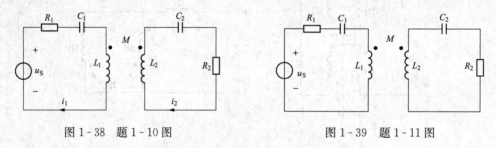

图 1-38　题 1-10 图　　　　　　　　图 1-39　题 1-11 图

1-12　如图 1-40 所示电路，求输入阻抗 Z_{in}。

1-13　如图 1-41 所示电路，如果使 10Ω 电阻能获得最大功率，试确定图示电路中理想变压器的变比 n。

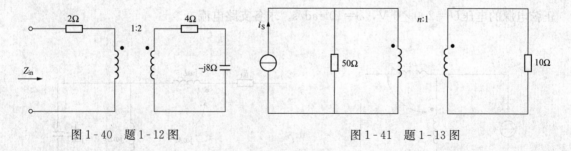

图 1-40　题 1-12 图　　　　　　　　图 1-41　题 1-13 图

1-14　电路如图 1-42 所示，已知 $\dot{U}_S=10\angle 0°\mathrm{V}$，$\dfrac{1}{\mathrm{j}\omega C}=-\mathrm{j}2\Omega$，求电流 $\dot{I}$。

1-15　图 1-43 所示电路中，已知 $U_S=220\mathrm{V}$，$Z_L=(3+\mathrm{j}4)\Omega$，求 Z_L 消耗的平均功率。

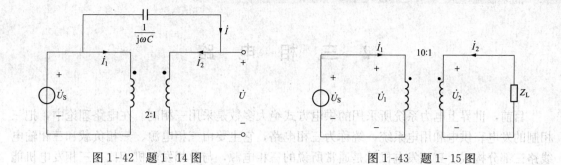

图 1-42　题 1-14 图　　　　　　　　　图 1-43　题 1-15 图

2 三 相 电 路

目前，世界上电力系统所采用的供电方式绝大多数是采用三相制。在电路理论中，把三相制的发电、供电和用电系统，统称为三相电路，它主要由三相电源、三相负载和三相输电线路三部分构成。三相发电机就是通常所说的三相电源，与单相发电机相比，三相发电机能充分利用定子铁心和绕组，且体积小成本低；输电方面，在输电距离、输送功率、功率因数、功率损失等都相同的条件下，三相输电系统比单相输电系统经济得多；在用电方面，三相供电系统便于接入三相及单相负载，我们日常使用的单相电源多数取自于三相电源中的一相。本章主要介绍对称三相电源及三相电路的组成，对称三相电路中线电压与相电压、线电流与相电流的关系，对称三相电路转化为一相的计算方法，不对称三相电路的概念，三相电路中功率的计算和测量。由于本章是在正弦稳态的情况下对三相电路进行研究，故相量法完全适用。

【教学要求及目标】

知识要点	目标与要求	相关知识	掌握程度评价
对称三相电源	理解和掌握	电源	
（对称）线电压与相电压的关系	熟练掌握	基尔霍夫电压定律、相量法	
（对称）线电流与相电流的关系	熟练掌握	基尔霍夫电流定律、相量法	
对称三相电路的特殊性及其分析方法	熟练掌握	节点法、等电位点的处理	
三相电路电功率的计算及测量	熟练掌握	正弦交流电路功率的计算、交流功率表的使用	

2.1 三相电路的组成

【基本概念】

电源：能够将其他形式的能转化为电能的装置，就是电源。例如，干电池、蓄电池、发电机等都是电源。

负载：能够将电能转换成其他形式能的装置。例如，电阻、电灯泡、扬声器、电动机等都是负载。

【引入】

对称三相电源通常由三相发电机产生，三相同步发电机的原理图如图 2-1 所示。三相发电机中的转子绕组 EF 内通有直流电流，使转子成为一个电磁铁。在定子内侧面、空间相隔 120° 的凹槽内放置三个完全相同的线圈 A—X、B—Y、C—Z，称为定子绕组，三相定子绕组的首端分别为 A、B、C，末端分别为 X、Y、Z。转子与定子间的磁场被设计成按正弦分布。当转子以角速度 ω 转动时，在三个定子绕组中就感应出频率相同、幅值相等、初相位依次滞后 $120°$ 的电动势，由此构成一组对称三相电源 u_A、u_B、u_C。

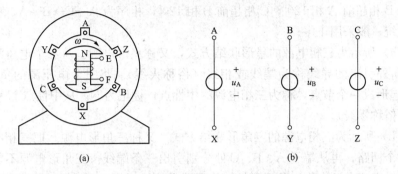

图 2-1　三相同步发电机原理图

(a) 三相同步发电机结构示意图；(b) 三相电源示意图

2.1.1　对称三相电源

对称三相电源由三相发电机产生。它由三个频率相同、幅值相等、初相位依次滞后 $120°$ 的正弦电压源组成，有星形（Y）和三角形（△）两种联结方式，如图 2-2 (a) 和图 2-2 (b) 所示。其中每一个电压源称为一相电源，这三相电源依次标示为 A 相、B 相和 C 相。若以 A 相电压源为参考正弦量，它们的瞬时表达式及相量分别为

$$u_\text{A}(t) = \sqrt{2}U\cos\omega t, \qquad\qquad \dot{U}_\text{A} = U\angle 0°$$

$$u_\text{B}(t) = \sqrt{2}U\cos(\omega t - 120°), \quad \dot{U}_\text{B} = U\angle -120° = \alpha^2 \dot{U}_\text{A}$$

$$u_\text{C}(t) = \sqrt{2}U\cos(\omega t + 120°), \quad \dot{U}_\text{C} = U\angle 120° = \alpha \dot{U}_\text{A}$$

式中，α 为相量算子，$\alpha = 1\angle 120° = -1/2 + \text{j}\sqrt{3}/2$，$\alpha^2 = 1\angle -120° = -1/2 - \text{j}\sqrt{3}/2$。

显然，将某一个相量乘以 α，就相当于在相量图上，把该相量逆时针旋转 $120°$；而将某一个相量乘以 α^2，就相当于在相量图上，把该相量逆时针旋转 $240°$，或顺时针旋转 $120°$。对称三相电源各相的波形图和相量图如图 2-2 (c)、(d) 所示。

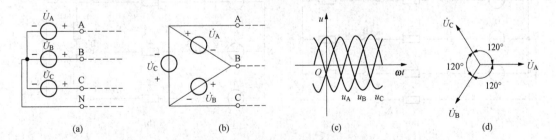

图 2-2　对称三相电压源

(a) 星形（Y）联结的对称三相电源；(b) 三角形（△）联结的对称三相电源；

(c) 各相电压波形；(d) 各相电压相量图

对称三相电源电压的瞬时值之和为零，三个电压的相量之和也为零，即

$$u_\text{A} + u_\text{B} + u_\text{C} = 0 \quad \text{或} \quad \dot{U}_\text{A} + \dot{U}_\text{B} + \dot{U}_\text{C} = 0$$

这是对称三相电源的重要特点。

在波形图上，三相电压达到同一数值（如正最大值）的先后次序称为相序。上述三相电压的相序为 A→B→C→A，即 B 相滞后 A 相 120°，C 相滞后 B 相 120°，称为正序或顺序。与此相反，若 B 相超前 A 相 120°，C 相超前 B 相 120°，相序为 A→C→B→A，称为反序或逆序。电力系统一般采用正序。

图 2 - 2 （a）所示为三相电源的星形联结方式，又称星形电源。从三个电压源的正极性端 A、B、C 向外引出的导线称为端线或相线（俗称火线）。将三个电压源的负极性端 X、Y、Z 连在一起形成一个节点，称为三相电源的中性点，标记为 N。从中性点 N 引出的导线称为中性线（俗称零线）。

图 2 - 2 （b）所示为三相电源的三角形联结方式，又称三角形电源。把三相电源依次首尾相接形成一个回路，再从端子 A、B、C 处分别引出三条端线。三角形电源不能引出中性线。应当指出，三相电源在作三角形联结时，要确保接线正确。当接线正确时，三角形闭合回路内有 $\dot{U}_A + \dot{U}_B + \dot{U}_C = 0$，可以保证电源内部没有环流。但是，若将某一相接反（如 A 相），三角形闭合回路内就有 $-\dot{U}_A + \dot{U}_B + \dot{U}_C = -2\dot{U}_A$，由于电源内阻很小，在三角形闭合回路内会造成极大的环流，烧毁电源。

2.1.2　三相负载

三相电路中的三相负载由三部分组成，每一部分称为一相负载。三相负载也有星形和三角形两种联结方式。当每相负载的阻抗都相等时，就称为对称三相负载。

2.1.3　三相电路的组成

由三相电源和三相负载连接起来组成的系统，称为三相电路。它主要由三相电源、三相负载和三相输电线路三部分构成。三相电路的联结方式有 Y - Y 联结、Y - △联结、△ - Y 联结和△ - △联结四种基本类型。

从对称三相电源引出三条具有相同阻抗的输电导线即端线（端线阻抗为 Z_l），再连接上对称三相负载，这样就组成了对称三相电路。如图 2 - 3 （a）为 Y - Y 对称三相电路，2 - 3（b）为 Y - △对称三相电路。

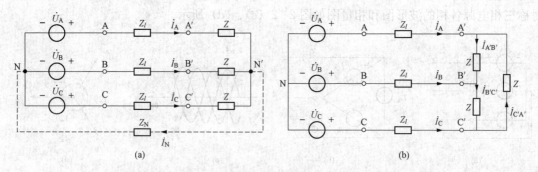

图 2 - 3　对称三相电路示例

在 Y - Y 联结中，如果把电源中性点 N 与负载中性点 N′用中性线连接起来（中性线阻抗为 Z_N），称为三相四线制。如图 2 - 3 （a）有虚线时，为三相四线制；无虚线时，为三相三线制。其余的联结方式均为三相三线制。

实际三相电路中，三相电源一般是对称的，三条端线（图 2 - 3 中：A - A′、B - B′、

C-C′）阻抗是相等的，但由于低压用户中存在着各种单相负载，所以往往造成三相负载不对称，即三相电路不对称。此外，当电路出现短路、开路故障时，也会出现不对称情况。

2.2 线电压（电流）与相电压（电流）的关系

【基本概念】

基尔霍夫电流定律（KCL）：对于任何电路中的任意节点，在任意时刻，流过该节点的电流代数和恒等于零。其数学表达式为 $\sum i_k = 0$，在正弦稳态电路中为 $\sum \dot{I}_k = 0$。

基尔霍夫电压定律（KVL）：对于任何电路中任一回路，在任一时刻，沿着一定的绕行方向（顺时针方向或逆时针方向）绕行一周，各段电压的代数和恒为零。其数学表达式为 $\sum u_k = 0$，在正弦稳态电路中为 $\sum \dot{U}_k = 0$。

相量算子 α：$\alpha = 1\angle 120° = -\dfrac{1}{2} + \mathrm{j}\dfrac{\sqrt{3}}{2}$，$\alpha^2 = 1\angle -120° = -\dfrac{1}{2} - \mathrm{j}\dfrac{\sqrt{3}}{2}$。

【引入】

额定电压为 220V 的白炽灯是一种简单的单相负载。接入电路时，通常接在端线 A（或 B、C）与中性线 N 之间，在三相电路中可看作 Y 三相负载中的一相，如图 2-4（a）所示。

三相异步电动机是对称三相负载。根据实际需要，电动机三相对称子绕组可连接为三角形或星形接入三相电路，如图 2-4（b）所示。在这两种不同的联结方式中，就一相负载而言，所承受电压及电流都是不同的。

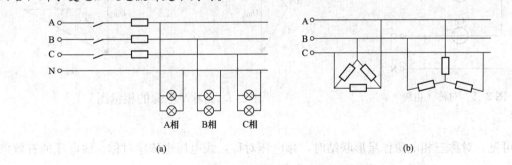

图 2-4 两种负载的连接
（a）单相负载的连接；（b）三相负载的连接

三相电路如图 2-3（a）和图 2-3（b）所示：端线之间的电压称为线电压，电源侧的线电压为 $\dot{U}_{AB}$、$\dot{U}_{BC}$、$\dot{U}_{CA}$；负载侧的线电压为 $\dot{U}_{A'B'}$、$\dot{U}_{B'C'}$、$\dot{U}_{C'A'}$。流经端线的电流称为线电流，用 $\dot{I}_A$、$\dot{I}_B$、$\dot{I}_C$ 表示，规定其方向由电源指向负载。三相四线制中，中性线电流为 $\dot{I}_N$，规定其方向由负载指向电源。

三相电源和三相负载中，每一相的端电压称为相电压；每一相流经的电流称为相电流。如图 2-3（a）和图 2-3（b）所示的 Y 三相电源，电源相电压为 $\dot{U}_{AN}$、$\dot{U}_{BN}$、$\dot{U}_{CN}$（简记为 $\dot{U}_A$、$\dot{U}_B$、$\dot{U}_C$）；相电流为 $\dot{I}_A$、$\dot{I}_B$、$\dot{I}_C$。如图 2-3（a）所示的 Y 三相负载，负载相电压为

$\dot{U}_{A'N'}$、$\dot{U}_{B'N'}$、$\dot{U}_{C'N'}$；相电流为 $\dot{I}_A$、$\dot{I}_B$、$\dot{I}_C$。如图 2-3（b）所示的△三相负载，负载相电压为 $\dot{U}_{A'B'}$、$\dot{U}_{B'C'}$、$\dot{U}_{C'A'}$；相电流为 $\dot{I}_{A'B'}$、$\dot{I}_{B'C'}$、$\dot{I}_{C'A'}$。

　　无论是三相电源还是三相负载，线电压与相电压、线电流与相电流的关系都与其联结方式有关。

2.2.1　线电压与相电压的关系

1. Y 对称三相电路

以图 2-5 中的对称 Y 电源为例，线电压为 $\dot{U}_{AB}$、$\dot{U}_{BC}$、$\dot{U}_{CA}$，相电压为 $\dot{U}_A$、$\dot{U}_B$、$\dot{U}_C$，根据 KVL 有

$$\begin{cases} \dot{U}_{AB} = \dot{U}_A - \dot{U}_B = (1-\alpha^2)\dot{U}_A = \sqrt{3}\,\dot{U}_A\angle 30° \\ \dot{U}_{BC} = \dot{U}_B - \dot{U}_C = (1-\alpha^2)\dot{U}_B = \sqrt{3}\,\dot{U}_B\angle 30° \\ \dot{U}_{CA} = \dot{U}_C - \dot{U}_A = (1-\alpha^2)\dot{U}_C = \sqrt{3}\,\dot{U}_C\angle 30° \end{cases} \tag{2-1}$$

　　上述线电压与相电压的关系可用相量图求出。例如，$\dot{U}_{AB} = \dot{U}_A - \dot{U}_B = \dot{U}_A + (-\dot{U}_B)$，就可作出由 $\dot{U}_A$、$\dot{U}_B$、$\dot{U}_{AB}$ 组成的顶角为 120° 的等腰三角形。图 2-6 给出了相量图的两种画法。

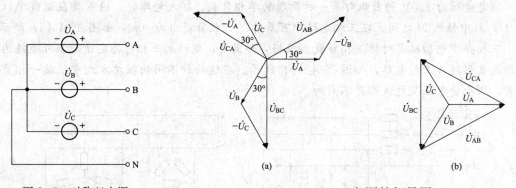

图 2-5　对称 Y 电源　　　　　　　　　图 2-6　对称 Y 电源的相量图

　　可见，对称三相电源作星形联结时，相电压对称，线电压也依序对称。线电压的有效值 U_l 是相电压的有效值 U_p 的 $\sqrt{3}$ 倍，即 $U_l = \sqrt{3}U_p$；线电压的相位依次超前相应的相电压 30°。此结论也同样适用于对称三相电路中，负载作星形联结时的情况。

2. △对称三相电路

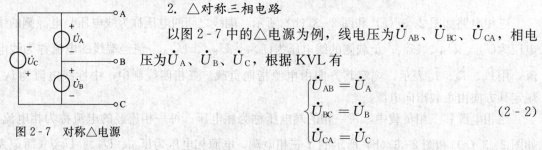

以图 2-7 中的△电源为例，线电压为 $\dot{U}_{AB}$、$\dot{U}_{BC}$、$\dot{U}_{CA}$，相电压为 $\dot{U}_A$、$\dot{U}_B$、$\dot{U}_C$，根据 KVL 有

$$\begin{cases} \dot{U}_{AB} = \dot{U}_A \\ \dot{U}_{BC} = \dot{U}_B \\ \dot{U}_{CA} = \dot{U}_C \end{cases} \tag{2-2}$$

图 2-7　对称△电源

　　可见，对称三相电源作三角形联结时，线电压等于对应的相电压。故相电压对称时，线

电压也依序对称；线电压的有效值 U_l 等于相电压的有效值 U_p，即 $U_l=U_p$。此结论也同样适用于对称三相电路中，负载作三角形联结时的情况。

2.2.2 线电流与相电流的关系

1. Y 对称三相电路

以图 2-3 （a） 中的 Y 三相负载为例，流过每相负载的电流就是输电线（端线）上的电流，故 $\dot{I}_A$、$\dot{I}_B$、$\dot{I}_C$ 既是端线上的线电流，也是负载的相电流。因此，Y 联结时线电流等于对应的相电流。

在图 2-3 （a） 所示的对称三相电路中，由于电源对称、负载对称、电路结构对称，所以不难证明电流 $\dot{I}_A$、$\dot{I}_B$、$\dot{I}_C$ 也依序对称；此时线电流有效值 I_l 等于相电流有效值 I_p，即 $I_l=I_p$。

2. △对称三相电路

以图 2-3 （b） 中的△三相负载为例，端线上的线电流是 $\dot{I}_A$、$\dot{I}_B$、$\dot{I}_C$，负载的相电流是 $\dot{I}_{A'B'}$、$\dot{I}_{B'C'}$、$\dot{I}_{C'A'}$，根据 KCL 有 $\dot{I}_A=\dot{I}_{A'B'}-\dot{I}_{C'A'}$，$\dot{I}_B=\dot{I}_{B'C'}-\dot{I}_{A'B'}$，$\dot{I}_C=\dot{I}_{C'A'}-\dot{I}_{B'C'}$。

在图 2-3 （b） 所示的对称三相电路中，由于电源对称、负载对称、电路结构对称，所以不难证明线电流 $\dot{I}_A$、$\dot{I}_B$、$\dot{I}_C$ 依序对称，负载相电流 $\dot{I}_{A'B'}$、$\dot{I}_{B'C'}$、$\dot{I}_{C'A'}$ 也依序对称。将相电流的对称关系应用到 KCL 中，有

$$\begin{cases} \dot{I}_A=\dot{I}_{A'B'}-\dot{I}_{C'A'}=(1-\alpha)\dot{I}_{A'B'}=\sqrt{3}\dot{I}_{A'B'}\angle -30° \\ \dot{I}_B=\dot{I}_{B'C'}-\dot{I}_{A'B'}=(1-\alpha)\dot{I}_{B'C'}=\sqrt{3}\dot{I}_{B'C'}\angle -30° \\ \dot{I}_C=\dot{I}_{C'A'}-\dot{I}_{B'C'}=(1-\alpha)\dot{I}_{C'A'}=\sqrt{3}\dot{I}_{C'A'}\angle -30° \end{cases} \qquad (2-3)$$

上述线电流与相电流的关系可用相量图求出。例如，$\dot{I}_A=\dot{I}_{A'B'}-\dot{I}_{C'A'}=\dot{I}_{A'B'}+(-\dot{I}_{C'A'})$，就可作出由 $\dot{I}_{A'B'}$、$\dot{I}_{C'A'}$、$\dot{I}_A$ 组成的顶角为 120°的等腰三角形，相量图如图 2-8 所示。

可见对称三相电路中，负载作三角形联结时，相电流依序对称，线电流也依序对称。线电流有效值 I_l 等于相电流有效值 I_p 的 $\sqrt{3}$ 倍，即 $I_l=\sqrt{3}I_p$；线电流的相位依次滞后相应的相电流 30°。

【例 2-1】 如图 2-9 所示 Y-Y 三相电路中，对称三相电源线电压为 380V，试求：

（1）三相负载对称 $Z_A=Z_B=Z_C=(40+j30)\Omega$ 时，负载的相电流和中性线电流；

（2）断开中性线后负载的相电流；

（3）保留中性线，只把 Z_C 改为 50Ω 时，负载的相电流和中性线电流。

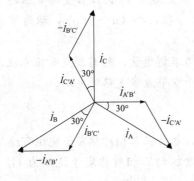

图 2-8 对称△负载的相量图

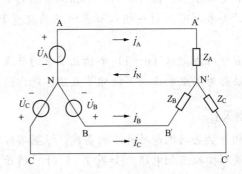

图 2-9 [例 2-1] 图

解　（1）由于对称三相电源为 Y 联结，则 $U_p = \dfrac{U_l}{\sqrt{3}} = \dfrac{380}{\sqrt{3}} \approx 220(\text{V})$

设 $\dot{U}_A = 220\angle 0°(\text{V})$，则 $\dot{U}_B = 220\angle -120°(\text{V})$，$\dot{U}_C = 220\angle 120°(\text{V})$

各相电流为 $\dot{I}_A = \dfrac{\dot{U}_A}{Z_A} = \dfrac{220\angle 0°}{40+j30} = \dfrac{220\angle 0°}{50\angle 36.9°} = 4.4\angle -36.9°(\text{A})$

同理

$$\dot{I}_B = \frac{\dot{U}_B}{Z_B}, \quad \dot{I}_C = \frac{\dot{U}_C}{Z_C}$$

由于三相负载对称，故线电流对称，所以

$$\dot{I}_B = \alpha^2 \dot{I}_A = 1\angle -120° \times 4.4\angle -36.9° = 4.4\angle -156.9°(\text{A})$$

$$\dot{I}_C = \alpha \dot{I}_A = 1\angle 120° \times 4.4\angle -36.9° = 4.4\angle 83.1°(\text{A})$$

中性线电流为

$$\dot{I}_N = \dot{I}_A + \dot{I}_B + \dot{I}_C = 4.4\angle -36.9° + 4.4\angle -156.9° + 4.4\angle 83.1° = 0$$

（2）由于有中性线时，中性线电流为零所以在中性线断开后，各负载的相电流不变。

（3）当 Z_C 改为 50Ω 时，三相负载不对称，此时 $\dot{I}_A = \dfrac{\dot{U}_A}{Z_A}$，$\dot{I}_B = \dfrac{\dot{U}_B}{Z_B}$ 不变，而

$$\dot{I}_C = \frac{\dot{U}_C}{Z_C} = \frac{220\angle 120°}{50} = 4.4\angle 120°(\text{A})$$

中性线电流为

$$\dot{I}_N = \dot{I}_A + \dot{I}_B + \dot{I}_C = 4.4\angle -36.9° + 4.4\angle -156.9° + 4.4\angle 120° = 2.79\angle -168.4°(\text{A})$$

可见，Y‑Y 三相四线制三相电路中，当三相负载对称时，线电流也对称，中性线上无电流；当三相负载不对称时，线电流也不对称，中性线上有电流。

2.3　对称三相电路的计算

【基本概念】

　　节点电压：对于具有 n 个节点的电路，当任选某一节点为参考节点时，其余（$n-1$）个节点就是独立节点，独立节点到参考节点之间的电压称为节点电压，节点电压的参考方向总是以参考节点为负。

　　节点电压方程：由（$n-1$）个独立节点的 KCL、各支路的 VCR 及各支路电压与节点电压之间的关系，可得到一组以节点电压为变量的独立方程，共（$n-1$）个，称为节点电压方程。

　　节点电压法：以（$n-1$）个独立节点的节点电压为求解变量，列写节点电压方程求解电路的方法称为节点电压法，简称节点法。此方法适用于少节点多支路的电路。

【引入】

　　三相异步电动机是对称三相负载。根据实际需要，电动机三相对称定子绕组可连接为三角形或星形接入三相电路，如图 2‑4（b）所示。电动机的三相对称定子绕组为 U1‑U2、

V1 - V2、W1 - W2，其连接方式的改变是通过机座上的接线盒完成，如图 2 - 10 所示。

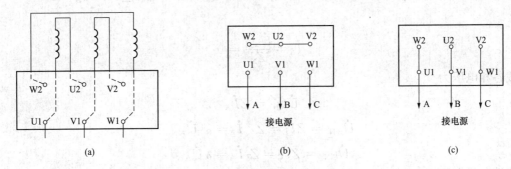

图 2 - 10 三相对称定子绕组的连接

（a）三相绕组和机座接线盒的连接；（b）Y 联结；（c）△联结

三相电路是一种特殊类型的正弦电流电路。因此，分析正弦电流电路的相量法对三相电路的分析完全适用。由于对称三相电路有电源对称、负载对称、电路结构对称的特点，所以它的分析和计算具有一些自身的特点和规律，可将它归结为一相电路的计算，其他两相可由对称性直接写出，从而使问题的分析得以简化。

另外，对称三相电路的联结方式不同，其分析方法也有差异，下面首先以比较典型的 Y - Y 三相四线制对称三相电路为例进行分析，再对其他联结形式的对称三相电路分析方法加以说明。

2.3.1 Y - Y 对称三相电路的计算

下面以图 2 - 11（a）所示的 Y - Y 三相四线制对称三相电路为例进行分析。其中，Z_l 为端线阻抗，Z_N 为中性线阻抗，N 和 N′ 分别为电源和负载的中性点。因为该电路节点数少，故采用节点法分析。以电源中性点 N 为参考节点，可得

$$\left(\frac{1}{Z_l+Z}+\frac{1}{Z_l+Z}+\frac{1}{Z_l+Z}+\frac{1}{Z_N}\right)\dot{U}_{N'N}=\frac{\dot{U}_A}{Z_l+Z}+\frac{\dot{U}_B}{Z_l+Z}+\frac{\dot{U}_C}{Z_l+Z}$$

所以

$$\dot{U}_{N'N}=\frac{\frac{1}{Z_l+Z}(\dot{U}_A+\dot{U}_B+\dot{U}_C)}{\frac{1}{Z_N}+\frac{3}{Z_l+Z}}$$

由于三相电源对称，即 $\dot{U}_A+\dot{U}_B+\dot{U}_C=0$，故有

$$\dot{U}_{N'N}=0 \tag{2-4}$$

N′ 与 N 是等电位点，所以各线（相）电流为

$$\dot{I}_A=\frac{\dot{U}_A-\dot{U}_{N'N}}{Z_l+Z}=\frac{\dot{U}_A}{Z_l+Z}$$

$$\dot{I}_B=\frac{\dot{U}_B-\dot{U}_{N'N}}{Z_l+Z}=\frac{\dot{U}_B}{Z_l+Z}=\alpha^2\dot{I}_A$$

$$\dot{I}_C=\frac{\dot{U}_C-\dot{U}_{N'N}}{Z_l+Z}=\frac{\dot{U}_C}{Z_l+Z}=\alpha\dot{I}_A$$

中性线电流为

$$\dot{I}_N = \dot{I}_A + \dot{I}_B + \dot{I}_C = (1 + \alpha^2 + \alpha)\dot{I}_A = (1 + 1\angle -120° + 1\angle 120°)\dot{I}_A = 0$$

或

$$\dot{I}_N = \frac{\dot{U}_{N'N}}{Z_N} = 0$$

负载各相电压为

$$\dot{U}_{A'N'} = Z\dot{I}_A$$

$$\dot{U}_{B'N'} = Z\dot{I}_B = Z\alpha^2\dot{I}_A = \alpha^2\dot{U}_{A'N'}$$

$$\dot{U}_{C'N'} = Z\dot{I}_C = Z\alpha\dot{I}_A = \alpha\dot{U}_{A'N'}$$

负载端各线电压为

$$\dot{U}_{A'B'} = \dot{U}_{A'N'} - \dot{U}_{B'N'} = \sqrt{3}\dot{U}_{A'N'}\angle 30°$$

$$\dot{U}_{B'C'} = \dot{U}_{B'N'} - \dot{U}_{C'N'} = \sqrt{3}\dot{U}_{B'N'}\angle 30° = \alpha^2\dot{U}_{A'B'}$$

$$\dot{U}_{C'A'} = \dot{U}_{C'N'} - \dot{U}_{A'N'} = \sqrt{3}\dot{U}_{C'N'}\angle 30° = \alpha\dot{U}_{A'B'}$$

从以上分析可知，在对称 Y－Y 三相电路中，电源中性点 N 和负载中性点 N' 是等电位点，即 $\dot{U}_{N'N} = 0$；中性线无电流，即 $\dot{I}_N = 0$。因此，不论中线阻抗 Z_N 为多少或有无中性线，中性点 N 和 N' 之间总可以用一条没有阻抗的理想导线连接起来，而电路的工作状态不会受到影响。另外，在对称三相电路中，各线（相）电流，线（相）电压均为对称组。所以，可在三相中任选一相电路（如 A 相）来分析计算，一相计算电路如图 2－11（b）所示。而其他两相的电压、电流可由对称性直接写出。

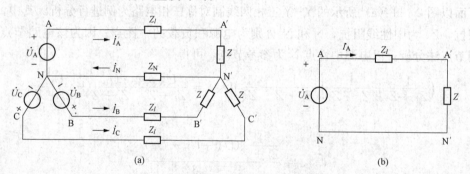

图 2－11　Y－Y 对称三相电路及一相计算电路

【例 2－2】　如图 2－11（a）所示对称 Y－Y 三相电路中，对称三相负载 $Z = (10 + j12)$ Ω，端线阻抗 $Z_l = (2 + j4)\Omega$，中性线阻抗 $Z_N = (0.5 + j0.8)\Omega$，对称三相电源线电压为 380V，试求线电流、负载的相电压和负载端的线电压。

解　由于对称三相电源为 Y 联结，则 $U_p = \dfrac{U_l}{\sqrt{3}} = \dfrac{380}{\sqrt{3}} \approx 220(\text{V})$

设 $\dot{U}_A = 220\angle 0°\text{V}$ 为参考相量，作图 2－11（b）所示 A 相计算电路，可求得线电流为

$$\dot{I}_A = \frac{\dot{U}_A}{Z_l + Z} = \frac{220\angle 0°}{12 + j16} = \frac{220\angle 0°}{20\angle 53.13°} = 11\angle -53.13°(\text{A})$$

由对称性可得

$$\dot{I}_B = \alpha^2 \dot{I}_A = 1\angle -120° \times 11\angle -53.1° = 11\angle -173.13°(A)$$

$$\dot{I}_C = \alpha \dot{I}_A = 1\angle 120° \times 11\angle -53.1° = 11\angle 66.87°(A)$$

负载的相电压为

$$\dot{U}_{A'N'} = Z\dot{I}_A = (10+j12) \times 11\angle -53.1° = 15.62\angle 50.19° \times 11\angle -53.13°$$
$$= 171.82\angle -2.94°(V)$$

由对称性可得

$$\dot{U}_{B'N'} = \alpha^2 \dot{U}_{A'N'} = 1\angle -120° \times 171.82\angle -2.94° = 171.82\angle -122.94°(V)$$

$$\dot{U}_{C'N'} = \alpha \dot{U}_{A'N'} = 1\angle 120° \times 171.82\angle -2.94° = 171.82\angle 117.06°(V)$$

负载端线电压为

$$\dot{U}_{A'B'} = \sqrt{3}\dot{U}_{A'N'}\angle 30° = 171.82\sqrt{3}\angle(-2.94° + 30°) \approx 297.6\angle 27.06°(V)$$

由对称性可得

$$\dot{U}_{B'C'} = \alpha^2 \dot{U}_{A'B'} = 1\angle -120° \times 297.6\angle 27.06° = 297.6\angle -92.94°(V)$$

$$\dot{U}_{C'A'} = \alpha \dot{U}_{A'B'} = 1\angle 120° \times 297.6\angle 27.06° = 297.6\angle 147.06°(V)$$

2.3.2 其他联结的对称三相电路的计算

其他联结形式的对称三相电路有 Y-△、△-Y、△-△联结。根据具体情况可以利用电源的线电压与相电压的关系及阻抗的△-Y 等效变换，将电路等效变换为 Y-Y 联结的对称三相电路；再将三相归为一相进行分析；最后，根据需要返回原电路计算所需的电压、电流。

【例 2-3】 对称 Y-△三相电路如图 2-12（a）所示，对称△负载 $Z=(15+j18)\Omega$，端线阻抗 $Z_l=(1+j2)\Omega$，对称三相电源线电压为 380V，试求线电流、负载的相电流和负载端的线电压。

解 将负载作△-Y 等效变换，Y-Y 等效电路如图 2-12（b）所示，则等效 Y 负载的阻抗为

$$Z' = \frac{Z}{3} = \frac{15+j18}{3} = (5+j6)\Omega \approx 7.81\angle 50.19°(\Omega)$$

作一相（如 A 相）计算电路如图 2-12（c）所示，设 $\dot{U}_A = 220\angle 0°$（V）为参考相量，可求得

$$\dot{I}_A = \frac{\dot{U}_A}{Z_l + Z'} = \frac{220\angle 0°}{6+j8} = \frac{220\angle 0°}{10\angle 53.13°} = 22\angle -53.13°(A)$$

由对称性可得

$$\dot{I}_B = \alpha^2 \dot{I}_A = 22\angle -173.13°(A), \quad \dot{I}_C = \alpha \dot{I}_A = 22\angle 66.87°(A)$$

原电路如图 2-12（a）所示，负载的相电流为

$$\dot{I}_{A'B'} = \frac{\dot{I}_A}{\sqrt{3}\angle -30°} = \frac{22\angle -53.13°}{\sqrt{3}\angle -30°} \approx 12.7\angle -23.13°(A)$$

可得

$$\dot{I}_{B'C'} = \alpha^2 \dot{I}_{A'B'} = 12.7\angle -143.13°(A), \quad \dot{I}_{C'A'} = \alpha \dot{I}_{A'B'} = 12.7\angle 96.87°(A)$$

原电路图 2 - 12 （a） 中，负载端的线电压为

$$\dot{U}_{A'B'} = Z\dot{I}_{A'B} = (15+j18) \times 12.7\angle -23.13° \approx 297.56\angle 27.06°(V)$$

可得

$$\dot{U}_{B'C'} = \alpha^2 \dot{U}_{A'B'} = 297.56\angle -92.94°(V)， \quad \dot{U}_{C'A'} = \alpha \dot{U}_{A'B'} = 297.56\angle 147.06°(V)$$

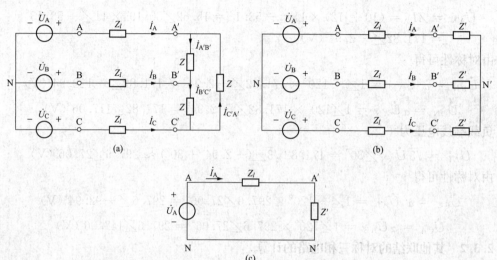

图 2 - 12　［例 2 - 3］图

【例 2 - 4】　对称三相电路如图 2 - 13 （a） 所示，Y 负载 $Z_1 = (40+j30)\Omega$，△负载 $Z_2 = (90+j120)\Omega$，端线阻抗 $Z_l = (1+j2)\Omega$，对称三相电源线电压为 380V，试求线电流和各负载的相电流。

解　首先把三相电源看成 Y，设相电压为

$$\dot{U}_A = \frac{380}{\sqrt{3}}\angle 0° \approx 220\angle 0°(V)$$

将△负载变换为 Y，则等效阻抗为

$$Z'_2 = \frac{Z_2}{3} = (30+j40)\Omega = 50\angle 53.13°(\Omega)$$

作出原电路的 Y - Y 等效电路如图 2 - 13 （b） 所示，由于两组 Y 负载都是对称负载，所以中性点 N'、N'' 均与 N 等电位，可用理想导线相连。作出 A 相计算电路如图 2 - 13 （c） 所示，则等效阻抗为

$$Z = \frac{Z_1 Z'_2}{Z_1 + Z'_2} = \frac{50\angle 36.87° \times 50\angle 53.13°}{(40+j30)+(30+j40)} = \frac{2500\angle 90°}{70\sqrt{2}\angle 45°}$$

$$\approx 25.25\angle 45° = 17.86 + j17.86(\Omega)$$

线电流为

$$\dot{I}_A = \frac{\dot{U}_A}{Z_l + Z} = \frac{220\angle 0°}{18.86 + j19.86} = \frac{220\angle 0°}{27.39\angle 46.48°} \approx 8.03\angle -46.48°(A)$$

由对称性可得

$$\dot{I}_B = \alpha^2 \dot{I}_A = 8.03\angle -166.48°(A)， \quad \dot{I}_C = \alpha \dot{I}_A = 8.03\angle 73.52°(A)$$

在图 2-13（c）所示电路中，有

$$\dot{U}_{A'N'} = \dot{U}_{A'N''} = Z\dot{I}_A = 25.25\angle 45° \times 8.03\angle -46.48° \approx 202.76\angle -1.48°(V)$$

$$\dot{I}_{A'1} = \frac{\dot{U}_{A'N'}}{Z_1} = \frac{202.76\angle -1.48°}{40+j30} = \frac{202.76\angle -1.48°}{50\angle 36.87°} \approx 4.06\angle -38.35°(A)$$

$$\dot{I}_{A'2} = \frac{\dot{U}_{A'N'}}{Z_2'} = \frac{202.76\angle -1.48°}{30+j40} = \frac{202.76\angle -1.48°}{50\angle 53.13°} \approx 4.06\angle -54.61°(A)$$

图 2-13（a）中，Y 负载的相电流为

$$\dot{I}_{A'1} = 4.06\angle -38.35°(A)$$

$$\dot{I}_{B'1} = \alpha^2 \dot{I}_{A'1} = 4.06\angle -158.35°(A)$$

$$\dot{I}_{C'1} = \alpha \dot{I}_{A'1} = 4.06\angle 81.65°(A)$$

图 2-13（a）中，△负载的相电流为

$$\dot{I}_{A'B'2} = \frac{\dot{I}_{A'2}}{\sqrt{3}\angle -30°} = \frac{4.06\angle -54.61°}{\sqrt{3}\angle -30°} \approx 2.34\angle -24.61°(A)$$

$$\dot{I}_{B'C'2} = \alpha^2 \dot{I}_{A'B'2} = 2.34\angle -144.61°(A)$$

$$\dot{I}_{C'A'2} = \alpha \dot{I}_{A'B'2} = 2.34\angle 93.39°(A)$$

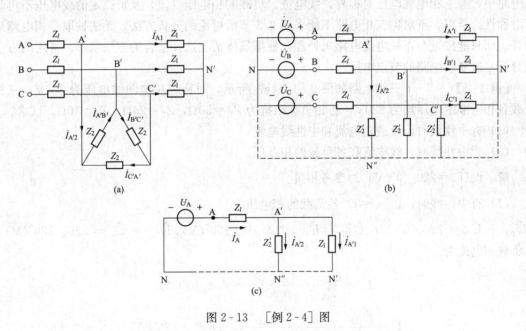

图 2-13　[例 2-4] 图

2.4　不对称三相电路的概念

【基本概念】

对称三相电路：三相电源对称、三相负载对称、三条输电导线（端线）阻抗相等的三相电路称为对称三相电路。

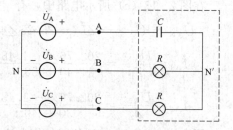

【引入】

来自电网的三条输电导线的相序可由相序指示器判断。相序指示器是由一个电容（或电感）和两个相同的灯泡组成的 Y 不对称三相负载，如图 2-14 所示电路虚线方框内所示。将相序指示器的三个端子分别与来自电网的三条端线相接，与 Y 负载中的电容（或电感）相接的端线作为 A 相端线，分别与 Y 负载中的灯泡相接的两条端线为 B 相和 C 相端线。由于 Y 三相负载不对称，致使两个灯泡的亮暗程度差别较大，由此可判定出 B 相和 C 相端线。

图 2-14　相序指示器电路

三相电路中，只要三相电源、三相负载或三条端线的阻抗之一不满足对称的条件，就是不对称三相电路。通常三相电源是对称的，三条端线的阻抗是相等的，但由于低压用户中存在着各种单相负载（如照明灯、单相电动机、单相电焊机等），而这些单相负载很难均匀地分配到三相电路的各相上，所以往往造成三相负载不对称。此外，当电路出现短路、开路故障时，会出现严重不对称情况。

一般情况下，由于三相负载的不对称，三相电路就失去了对称的特点。在此类不对称三相电路中，除三相电源电压对称外，线电流、负载的相电压（流）及负载端的线电压不再具有对称性。所以，不对称三相电路不能采用 2.3 节所讨论的分析方法，无法抽取一相电路来计算。而只能按复杂正弦电流电路来处理，根据具体情况选择适合的方法求解。常用的方法是分析一般复杂电路的节点电压法。

【例 2-5】　Y-Y 三相电路如图 2-15（a）所示，对称三相电源线电压为 380V，三相负载各相的额定电压均为 220V，各相负载阻抗为 $Z_A=50\Omega$，$Z_B=25\Omega$，$Z_C=10\Omega$。试求：

(1) 有中性线时，负载相电流和中性线电流；

(2) 无中性线时，线电流和各负载的相电压。

解　设 $\dot{U}_A=220\angle 0°(V)$ 为参考相量。

(1) 有中性线时：$\dot{U}_{N'N}=0$，各负载的相电压为

$$\dot{U}_{AN'}=\dot{U}_A=220\angle 0°(V),\ \dot{U}_{BN'}=\dot{U}_B=220\angle -120°(V),\ \dot{U}_{CN'}=\dot{U}_C=220\angle 120°(V)$$

各负载相电流为

$$\dot{I}_A=\frac{\dot{U}_{AN'}}{Z_A}=\frac{220\angle 0°}{50}=4.4\angle 0°(A)$$

$$\dot{I}_B=\frac{\dot{U}_{BN'}}{Z_B}=\frac{220\angle -120°}{25}=8.8\angle -120°(A)$$

$$\dot{I}_C=\frac{\dot{U}_{CN'}}{Z_C}=\frac{220\angle 120°}{10}=22\angle 120°(A)$$

中性线电流为

$$\dot{I}_N=\dot{I}_A+\dot{I}_B+\dot{I}_C=4.4\angle 0°+8.8\angle -120°+22\angle 120°$$
$$=-11+j11.43\approx 15.86\angle 133.90°(A)$$

可见，尽管负载不对称，但由于有中性线，且中性线阻抗 $Z_N=0$，所以各负载的相电压仍

然是对称的，且等于电源的相电压 220V，各相负载均可正常工作。各相电流不存在对称关系，但可以分别单独计算，其值取决于电源电压和本身的阻抗。此时中性线上有电流 $\dot{I}_N \neq 0$。

（2）无中性线时：由节点电压法可得

$$\dot{U}_{N'N} = \frac{\dfrac{\dot{U}_A}{Z_A} + \dfrac{\dot{U}_B}{Z_B} + \dfrac{\dot{U}_C}{Z_C}}{\dfrac{1}{Z_A} + \dfrac{1}{Z_B} + \dfrac{1}{Z_C}} = \frac{\dfrac{220\angle 0°}{50} + \dfrac{220\angle -120°}{25} + \dfrac{220\angle 120°}{10}}{\dfrac{1}{50} + \dfrac{1}{25} + \dfrac{1}{10}}$$

$$\approx 99.13\angle 133.9°(V)$$

各相负载的相电压为

$$\dot{U}_{AN'} = \dot{U}_A - \dot{U}_{N'N} = 220\angle 0° - 99.13\angle 133.9° = 297\angle -13.9°(V)$$

$$\dot{U}_{BN'} = \dot{U}_B - \dot{U}_{N'N} = 220\angle -120° - 99.13\angle 133.9° = 264\angle -99.0°(V)$$

$$\dot{U}_{CN'} = \dot{U}_C - \dot{U}_{N'N} = 220\angle 120° - 99.13\angle 133.9° = 125.5\angle 109.2°(V)$$

电压相量图如图 2-15（b）所示。

线电流为

$$\dot{I}_A = \frac{\dot{U}_{AN'}}{Z_A} = \frac{297\angle -13.9°}{50} \approx 5.9\angle -13.9°(A)$$

$$\dot{I}_B = \frac{\dot{U}_{BN'}}{Z_B} = \frac{264\angle -99.0°}{25} \approx 10.6\angle -99.0°(A)$$

$$\dot{I}_C = \frac{\dot{U}_{CN'}}{Z_C} = \frac{125.5\angle 109.2°}{10} \approx 12.6\angle 109.2°(A)$$

计算结果表明，在负载不对称而且中性线断开时，N′点与 N 点的电位不等，即两中性点之间的电压 $\dot{U}_{N'N} \neq 0$。这使得各负载的相电压不对称，其不对称程度与 $\dot{U}_{N'N}$ 的值有关。各相电流也不存在对称关系。另外，当某相负载变动时，$\dot{U}_{N'N}$ 的值随之变化，从而使各相负载的工作相互关联，彼此影响。

在相量图中，N′点与 N 点不重合，这一现象称为中性点位移。在电源对称，而负载不对称的情况下，可根据中性点位移的情况，来判断负载端的不对称程度。中性点位移较大时，会造成负载相电压的严重不对称，从而可能影响负载的正常工作。由如图 2-15（b）所示相量图或计算结果可知，A 相负载相电压 $U_{AN'}$ 过高，可能导致 A 相负载烧毁；而 C 相负载相电压 $U_{CN'}$ 过低，会使得 C 相负载无法正常工作。

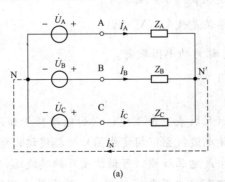

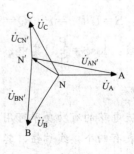

(a)   (b)

图 2-15 ［例 2-5］图

由以上分析可知，在三相电路中为了确保各相负载能够安全、正常、互不影响地工作，就必须消除或尽量减小中性点位移。当电路中有中性线，且中性线阻抗 $Z_N \approx 0$ 时，无论负载对称与否，都可强使 $\dot{U}_{N'N} \approx 0$。从而保证了各相负载在安全的相电压下工作，并使得各相负载相互独立，工作互不影响。因此，中性线的存在是非常必要的，而且中线上不允许接入开关和熔断器。

【例 2-6】 如图 2-14 所示电路为相序指示器。图中的两个白炽灯的电阻值为 R，试在三相电源对称，$1/\omega C = R$ 的情况下，说明如何根据灯泡的亮度判定三相电源的相序。

解 设 $\dot{U}_A = U \angle 0°$ 为参考相量，由节点电压法可得

$$\dot{U}_{N'N} = \frac{j\omega C \dot{U}_A + \dfrac{\dot{U}_B}{R} + \dfrac{\dot{U}_C}{R}}{j\omega C + \dfrac{1}{R} + \dfrac{1}{R}} = \frac{U(j + 1\angle -120° + 1\angle 120°)}{j + 2} = \frac{U(-1+j)}{2+j}$$

$$\approx 0.63U\angle 108.4°$$

B 相、C 相白炽灯的相电压为

$$\dot{U}_{BN'} = \dot{U}_B - \dot{U}_{N'N} = U\angle -120° - 0.63U\angle 108.4° \approx 1.5U\angle -101.5°$$

$$\dot{U}_{CN'} = \dot{U}_C - \dot{U}_{N'N} = U\angle 120° - 0.63U\angle 108.4° \approx 0.4U\angle 133.4°$$

可见：$U_{BN'} = 1.5U$，$U_{CN'} = 0.4U$。

根据以上分析可得如下结论，若电容所在的一相作为 A 相，那么所接白炽灯较亮的一相为 B 相，所接白炽灯较暗的一相为 C 相。

2.5　三相电路的功率

【基本概念】

单相正弦交流电路的功率：平均（有功）功率 P、无功功率 Q、视在功率 S、复功率 $\bar{S}$。除视在功率 S 外，其他均满足功率守恒，即全电路 $\sum P = 0, \sum Q = 0, \sum \bar{S} = 0$。

平均功率：$P = \dfrac{1}{T}\displaystyle\int_0^T p\,\mathrm{d}t = UI\cos\varphi$，单位是瓦特（W）。

无功功率：$Q = UI\sin\varphi$，单位是乏（var）。

视在功率：$S = UI = \sqrt{P^2 + Q^2}$，单位是伏安（V·A）。

复功率：$\bar{S} = \dot{U}\dot{I}^* = P + jQ = S\angle\varphi$，单位是伏安（V·A）。

功率因数：$\cos\varphi = \dfrac{P}{S}$，其中 $\varphi = \varphi_u - \varphi_i$ 称为功率因数角。

【引入】

单相交流电路的有功功率可用功率表（瓦特表）来测量，它的电路符号如图 2-16（a）所示。功率表有四个接线端钮，其中两个是电流线圈（固定线圈）的接线端，电流线圈与负载串联，其电流即为负载的电流。另外两个是电压线圈（可动线圈）的接线端，电压线圈与负载并联。功率表的电流线圈和电压线圈都有标志符号 * 的端子，这是两个线圈的起始端，

测量时应连接在同一侧，如图 2-16（b）所示，若任一个反接，指针就反偏，不能正确读出功率值。

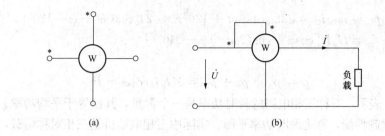

图 2-16　功率表的符号及接线图

2.5.1　对称三相电路功率的计算

下面以图 2-17 所示的 Y－Y 三相四线制电路为例进行分析。在三相电路中，由于功率守恒关系，三相负载吸收的平均功率、无功功率及复功率分别为各相的功率之和，即

$$P = P_A + P_B + P_C = U_{AN'}I_A\cos\varphi_A + U_{BN'}I_B\cos\varphi_B + U_{CN'}I_C\cos\varphi_C$$

$$Q = Q_A + Q_B + Q_C = U_{AN'}I_A\sin\varphi_A + U_{BN'}I_B\sin\varphi_B + U_{CN'}I_C\sin\varphi_C \qquad (2-5)$$

$$\overline{S} = \overline{S}_A + \overline{S}_B + \overline{S}_C = \dot{U}_{AN'}\dot{I}_A^* + \dot{U}_{BN'}\dot{I}_B^* + \dot{U}_{CN'}\dot{I}_C^*$$

式中，φ_A、φ_B、φ_C 分别为各相负载相电压与相电流的相位差，或各相负载的阻抗角。而视在功率及功率因数分别为

$$S = \sqrt{P^2 + Q^2}, \cos\varphi = \frac{P}{S}$$

在 $Z_A = Z_B = Z_C$ 时三相电路对称，此时各相负载吸收的功率相等，因而式（2-5）变为

$$P = 3P_A = 3U_{AN'}I_A\cos\varphi_A = 3U_pI_p\cos\varphi$$

$$Q = 3Q_A = 3U_{AN'}I_A\sin\varphi_A = 3U_pI_p\sin\varphi$$

$$\overline{S} = 3\overline{S}_A = 3\dot{U}_{AN'}\dot{I}_A^*$$

$$\cos\varphi = \cos\varphi_A = \cos\varphi_B = \cos\varphi_C \qquad (2-6)$$

式中，U_p、I_p 分别为三相对称负载的相电压与相电流的有效值；$\varphi = \varphi_A = \varphi_B = \varphi_C$ 为负载相电压与相电流的相位差，或负载的阻抗角；此时三相对称负载的功率因数等于每一相的功率因数。

当对称负载为 Y 时，有 $U_p = U_l/\sqrt{3}$，$I_p = I_l$；当对称负载为△时，有 $U_p = U_l$，$I_p = I_l/\sqrt{3}$。因此，对称负载无论是 Y 联结，还是△联结，式（2-6）均可变为

$$P = 3U_pI_p\cos\varphi = \sqrt{3}U_lI_l\cos\varphi$$

$$Q = 3U_pI_p\sin\varphi = \sqrt{3}U_lI_l\sin\varphi \qquad (2-7)$$

对称时，视在功率为

$$S = \sqrt{P^2 + Q^2} = 3U_pI_p = \sqrt{3}U_lI_l$$

三相负载的瞬时功率等于各相负载的瞬时功率之和。当图 2-17 所示三相电路对称时，设 $u_{AN'} = \sqrt{2}U_p\cos\omega t$，$i_A = \sqrt{2}I_p\cos(\omega t - \varphi)$，则

$$p_A = u_{AN'}i_A = \sqrt{2}U_p\cos\omega t \times \sqrt{2}I_p\cos(\omega t - \varphi) = U_pI_p[\cos\varphi + \cos(2\omega t - \varphi)]$$

$$p_{\mathrm{B}} = u_{\mathrm{BN'}} i_{\mathrm{B}} = \sqrt{2} U_{\mathrm{p}} \cos(\omega t - 120°) \times \sqrt{2} I_{\mathrm{p}} \cos(\omega t - \varphi - 120°)$$
$$= U_{\mathrm{p}} I_{\mathrm{p}} [\cos\varphi + \cos(2\omega t - \varphi - 240°)]$$
$$p_{\mathrm{C}} = u_{\mathrm{CN'}} i_{\mathrm{C}} = \sqrt{2} U_{\mathrm{p}} \cos(\omega t + 120°) \times \sqrt{2} I_{\mathrm{p}} \cos(\omega t - \varphi + 120°)$$
$$= U_{\mathrm{p}} I_{\mathrm{p}} [\cos\varphi + \cos(2\omega t - \varphi + 240°)]$$

三相之和为

$$p = p_{\mathrm{A}} + p_{\mathrm{B}} + p_{\mathrm{C}} = 3 U_{\mathrm{p}} I_{\mathrm{p}} \cos\varphi = P \qquad (2\text{-}8)$$

　　式（2-8）表明，对称三相电路的瞬时功率是一个常量，其值等于平均功率。这是对称三相电路的一个优越性能，称为瞬时功率平衡。实际中三相电动机是三相对称负载，工作时其瞬时功率为常量，使得它的机械转矩也为常量，所以运行平稳，噪声与振动小。而单相负载的瞬时功率以两倍于电源的角频率脉动，因此单相电动机往往功率较小，否则运行时振动剧烈。

　　【例 2-7】　如图 2-18（a）、（b）所示，对称三相负载阻抗为 Z，分别将其连接成 Y 和 △，接到同样的对称三相电源上。试求两电路的线电流有效值之比及有功功率之比。

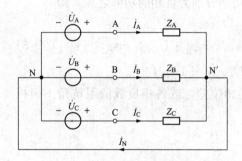

图 2-17　三相四线制电路

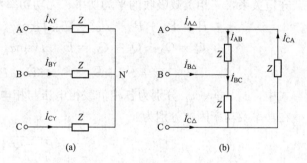

图 2-18　［例 2-7］图

　　解　设 $\dot{U}_{\mathrm{A}} = U \angle 0°$，则 $\dot{U}_{\mathrm{AB}} = \sqrt{3} U \angle 30°$。

　　如图 2-18（a）所示，Y 负载的线电流 $I_{\mathrm{AY}} = \dfrac{U_{\mathrm{AN'}}}{|Z|} = \dfrac{U_{\mathrm{A}}}{|Z|} = \dfrac{U}{|Z|}$。

　　如图 2-18（b）所示，△负载相电流：$I_{\mathrm{AB}} = \dfrac{U_{\mathrm{AB}}}{|Z|} = \dfrac{\sqrt{3} U}{|Z|}$。

　　△负载的线电流：$I_{\mathrm{A}\triangle} = \sqrt{3} I_{\mathrm{AB}} = \dfrac{3U}{|Z|}$。

所以，两电路的线电流有效值之比为 $I_{\mathrm{A}\triangle} : I_{\mathrm{AY}} = 3 : 1$。

　　Y 负载的有功功率：$P_{\mathrm{Y}} = \sqrt{3} U_{\mathrm{AB}} I_{\mathrm{AY}} \cos\varphi_z$。

　　△负载的有功功率：$P_{\triangle} = \sqrt{3} U_{\mathrm{AB}} I_{\mathrm{A}\triangle} \cos\varphi_z$。

　　所以，两电路的有功功率之比为 $P_{\triangle} : P_{\mathrm{Y}} = I_{\mathrm{A}\triangle} : I_{\mathrm{AY}} = 3 : 1$。

　　根据以上分析可知，上述△对称三相电路的线电流有效值及有功功率，是 Y 对称三相电路的线电流有效值及有功功率的 3 倍。

　　【例 2-8】　如图 2-19 所示电路中，电压表的读数为 1143.16V，$Z = (60 + \mathrm{j}80)\Omega$，$Z_l = (1 + \mathrm{j}2)\Omega$。求：（1）图中电流表的读数及线电压 U_{AB}；（2）三相负载吸收的有功功率、无功功率。

　　解　由已知 $U_{\mathrm{A'B'}} = 1143.16\mathrm{V}$，则

$$U_{A'N'} = \frac{U_{A'B'}}{\sqrt{3}} = \frac{1143.16}{\sqrt{3}} = 660(V)$$

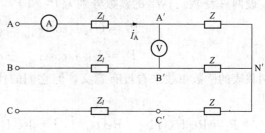

$$I_A = \frac{U_{A'N'}}{|Z|} = \frac{660}{100} = 6.6(A)，电流表的$$

读数为 6.6A。

$$U_{AN'} = I_A \mid Z + Z_l \mid = 6.6 \times \sqrt{61^2 + 82^2}$$

$$\approx 6.6 \times 102.2 = 674.5(V)$$

$$U_{AB} = \sqrt{3}U_{AN'} = 1168.3(V)$$

图 2-19　[例 2-8] 图

三相负载的有功功率、无功功率为

$$P_Z = 3I_A^2 \operatorname{Re}[Z] = 3 \times 6.6^2 \times 60$$

$$\approx 7.84(\text{kW})$$

$$Q_Z = 3I_A^2 \operatorname{Im}[Z] = 3 \times 6.6^2 \times 80 \approx 10.45(\text{kvar})$$

另外还有

$$P_Z = \sqrt{3}U_{A'B'} I_A \cos\varphi_z = 3U_{A'N'} I_A \cos\varphi_z$$

$$Q_Z = \sqrt{3}U_{A'B'} I_A \sin\varphi_z = 3U_{A'N'} I_A \sin\varphi_z$$

式中，$\varphi_Z = \arctan\dfrac{80}{60} \approx 53.13°$。

2.5.2　三相电路功率的测量

三相电路的有功功率可用功率表来测量，测量方法与三相电路的连接方式有关。

一般情况下，三相四线制电路的有功功率采用三表法测量，即用三只功率表进行测量，又称为三瓦计法，接线图如图 2-20（a）所示。三只功率表的电流线圈串接在三条端线上，使线电流从电流线圈的"＊"端流入，电压线圈的"＊"端与电流线圈的"＊"端相连，电压线圈的非"＊"端接至中性线。图中功率表 W1 指示的是 A 相负载 Z_A 吸收的有功功率，功率表 W2、W3 指示的是 B 相、C 相负载 Z_B、Z_C 吸收的有功功率，三只功率表的读数之和，即为三相负载吸收的总有功功率。即

$$P = P_A + P_B + P_C$$

对于对称三相四线制电路，由于各相负载的功率相等，因此可用其中一只功率表进行测量，将它的读数乘以三倍即为三相负载吸收的总有功功率。

三相三线制电路无论对称与否，无论是哪种连接方式，都采用二表法测量三相电路的有功功率，即用两只功率表进行测量，又称为二瓦计法，如图 2-20（b）所示为其中一种接线图。两只功率表的电流线圈串接在任意两条端线上，使线电流从电流线圈的"＊"端流入，电压线圈的"＊"端与电流线圈的"＊"端相连，电压线圈的非"＊"端接至第三条端线。

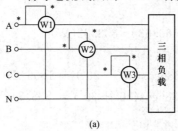

(a)

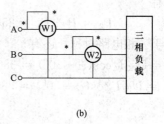

(b)

图 2-20　三相电路功率的测量

设两只表 W1、W2 的读数分别为 P_1 和 P_2，根据功率表的读数规则有

$$P_1 = U_{AC}I_A\cos(\varphi_{u_{AC}} - \varphi_{i_A}) = \mathrm{Re}[\dot{U}_{AC}\dot{I}_A^*]$$

$$P_2 = U_{BC}I_B\cos(\varphi_{u_{BC}} - \varphi_{i_B}) = \mathrm{Re}[\dot{U}_{BC}\dot{I}_B^*] \qquad (2\text{-}9)$$

这两只表的读数单独来看没有意义，但它们的代数和等于负载吸收的有功功率。下面给予证明。

$$\begin{aligned}P_1 + P_2 &= \mathrm{Re}[\dot{U}_{AC}\dot{I}_A^*] + \mathrm{Re}[\dot{U}_{BC}\dot{I}_B^*] = \mathrm{Re}[\dot{U}_{AC}\dot{I}_A^* + \dot{U}_{BC}\dot{I}_B^*]\\ &= \mathrm{Re}[(\dot{U}_A - \dot{U}_C)\dot{I}_A^* + (\dot{U}_B - \dot{U}_C)\dot{I}_B^*] = \mathrm{Re}[\dot{U}_A\dot{I}_A^* + \dot{U}_B\dot{I}_B^* + \dot{U}_C(-\dot{I}_A^* - \dot{I}_B^*)]\\ &= \mathrm{Re}[\dot{U}_A\dot{I}_A^* + \dot{U}_B\dot{I}_B^* + \dot{U}_C\dot{I}_C^*] = \mathrm{Re}[\overline{S}_A + \overline{S}_B + \overline{S}_C]\\ &= \mathrm{Re}[\overline{S}] = P\end{aligned}$$

还可以证明，在对称三相三线制中，图 2-20（b）所示两只功率表的读数为

$$P_1 = U_{AC}I_A\cos(\varphi_{u_{AC}} - \varphi_{i_A}) = U_{AC}I_A\cos(\varphi - 30°)$$

$$P_2 = U_{BC}I_B\cos(\varphi_{u_{BC}} - \varphi_{i_B}) = U_{BC}I_B\cos(\varphi + 30°) \qquad (2\text{-}10)$$

式中，φ 为每相阻抗的阻抗角。应当注意，在一定条件下（如 $|\varphi| > 60°$），两个功率表之一的读数可能为负，求代数和时该读数应取负值。

不对称三相四线制电路，由于中性线电流不为零，因此不能用二表法测量三相负载吸收的总有功功率。

【例 2-9】 如图 2-20（b）所示为对称三相电路，三相电源线电压为 380V，对称三相负载吸收的功率为 2.5kW，功率因数 $\lambda = \cos\varphi = 0.866$（感性）。试求图中两个功率表的读数。

解 由于负载对称，所以

$$I_l = \frac{P}{\sqrt{3}U_l\cos\varphi} = \frac{2.5 \times 10^3}{\sqrt{3} \times 380 \times 0.866} \approx 4.386(\mathrm{A})$$

$$\varphi = \arccos 0.866 = 30°(\text{感性})$$

设 $\dot{U}_A = 220\angle 0°$（V），则

$$\dot{U}_{AB} = 380\angle 30°(\mathrm{V})$$

$$\dot{I}_A = 4.386\angle -30°(\mathrm{A}), \quad \dot{U}_{AC} = -\dot{U}_{CA} = -380\angle 150° = 380\angle -30°(\mathrm{V})$$

$$\dot{I}_B = 4.386\angle -150°(\mathrm{A}), \quad \dot{U}_{BC} = 380\angle -90°(\mathrm{V})$$

则功率表的读数如下

$$P_1 = U_{AC}I_A\cos(\varphi_{u_{AC}} - \varphi_{i_A}) = 380 \times 4.386\cos(-30° + 30°) = 1666.68(\mathrm{W})$$

$$P_2 = U_{BC}I_B\cos(\varphi_{u_{BC}} - \varphi_{i_B}) = 380 \times 4.386\cos(-90° + 150°) = 833.34(\mathrm{W})$$

显然，也有

$$P_2 = P - P_1 = 2500 - 1666.68 = 833.32(\mathrm{W})$$

另外，由于三相电路对称，还有

$$P_1 = U_{AC}I_A\cos(\varphi - 30°) = 380 \times 4.386\cos(30° - 30°) = 1666.68(\mathrm{W})$$

$$P_2 = U_{BC}I_B\cos(\varphi + 30°) = 380 \times 4.386\cos(30° + 30°) = 833.34(\mathrm{W})$$

2.6　实际应用举例——三相异步电动机的星形-三角形（Y-△）换接起动

电动机接通电源后开始转动，直到转速稳定的过程，称为起动。一般中、小型笼型电动机的起动电流（起动时的定子电流）约为额定电流 I_N 的 5～7 倍。对于不频繁起动、小容量的电动机，起动电流对其本身及电网的影响不大，可以直接起动，又称全压起动。而对于大容量的电动机，由于其起动电流会对供电线路产生影响，使供电线路的电压降低，影响线路上其他用电设备的正常工作，所以要采用降压起动。降压起动是利用起动设备将电源电压适当降低后，再加到电动机的定子绕组上起动。待电动机转速升高后，再将加在定子绕组上的电压恢复到额定值。降压起动时，常将电动机的起动电流限制在额定电流 I_N 的 2～2.5 倍。降压起动的方法有定子串电抗器起动、星形-三角形（Y-△）换接起动、自耦变压器降压起动。下面介绍星形-三角形（Y-△）换接起动。

正常工作时定子绕组为△联结的电动机，可以采用星形-三角形（Y-△）换接降压起动，原理线路图如图 2-21 所示。图中 FU 为熔断器。起动时首先将刀开关 S 闭合，然后将开关 S1 投向"起动"一侧，这样电动机的三相对称定子绕组 U1-U2、V1-V2、W1-W2 就变为 Y 联结（以下分析可参考［例 2-7］）。此时定子绕组的相电压为正常运行时的 $1/\sqrt{3}$，对应的相电流也接近直接起动时的 $1/\sqrt{3}$，而起动电流（即线电流）为直接起动时的 1/3。在起动过程中，当电动机的转速接近额定值时，将开关 S1 投向"运行"一侧，定子绕组就变为△联结，电动机进入正常运行。由于这种起动方式的起动转矩也为直接起动时的 1/3，所以电动机不可带重载起动。

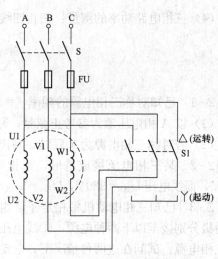

图 2-21　Y-△换接起动线路

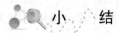　小　结

本章从三相电路的特点出发，主要介绍了三相电源和三相负载的星形、三角形联结，三相电路的构成及其分析方法，三相电路的功率的计算和测量。本章的主要内容总结如下：

（1）对称三相电路（包括对称三相电源、对称三相负载），线电压（流）与相电压（流）的关系。

对称 Y：$U_l=\sqrt{3}U_p$，$I_l=I_p$。

对称△：$U_l=U_p$，$I_l=\sqrt{3}I_p$。

（2）Y-Y 对称三相电路采用归为一相的计算方法。要点：

1）因为 $\dot{U}_{N'N}=0$，$\dot{I}_N=0$，因此，不论中性线阻抗 Z_N 为多少或有无中性线，中性点 N 和 N′ 之间总可以用一条没有阻抗的理想导线连接起来。

2）画出一相计算电路（如 A 相）来分析计算。

3）在对称三相电路中，各线（相）电流，线（相）电压均为对称组。所以，其他两相的电压、电流可由对称性直接写出。

4）其他连接形式的对称三相电路，可以利用电源的线电压与相电压的关系及阻抗的△-Y 等效变换，将电路等效变换为 Y - Y 联结的对称三相电路；再将三相归为一相进行分析；最后，根据需要返回原电路计算所需的电压、电流。

（3）对称三相电路功率的计算。

$$P = 3U_\mathrm{p}I_\mathrm{p}\cos\varphi = \sqrt{3}U_l I_l\cos\varphi$$

$$Q = 3U_\mathrm{p}I_\mathrm{p}\sin\varphi = \sqrt{3}U_l I_l\sin\varphi$$

$$S = \sqrt{P^2 + Q^2} = 3U_\mathrm{p}I_\mathrm{p} = \sqrt{3}U_l I_l$$

$$\lambda = \cos\varphi = \frac{P}{S}, \quad \varphi = \varphi_\mathrm{A} = \varphi_\mathrm{B} = \varphi_\mathrm{C}$$

（4）三相电路功率的测量：三相四线制采用三表法，三相三线制采用二表法。

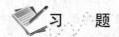 习　题

2-1　已知对称三相电源的频率 $f=50\mathrm{Hz}$，相电压 $U_\mathrm{p}=220\mathrm{V}$。

（1）以 A 相电压源为参考正弦量，写出各相电压的瞬时表达式及其相量形式；

（2）若对称三相电源为 Y 联结，写出各线电压的相量形式，并画出相量图。

2-2　某三相电源接成星形，每相额定电压为 220V。投入运行后，测得各相电压为 220V，而线电压 $U_\mathrm{BC}=380\mathrm{V}$，$U_\mathrm{AB}=U_\mathrm{CA}=220\mathrm{V}$。这是什么原因造成的？

2-3　已知三相电动机每相定子绕组的阻抗为 $Z=22\angle30°\Omega$，额定电压为 220V。现将电动机分别接至以下两种电源：①线电压为 380V 的对称三相电源；②线电压为 220V 的对称三相电源。试问在这两种情况下，电动机的定子绕组该作何种联结？并求这两种情况下的线电流和相电流。

2-4　已知星形联结的对称三相负载，每相阻抗为 $Z=(6+\mathrm{j}8)\Omega$，接至 $U_l=380\mathrm{V}$ 的三相电源上。试求负载的相电压、相电流。

2-5　已知三角形联结的对称三相负载，每相阻抗为 $Z=(6-\mathrm{j}8)\Omega$，接至 $U_l=380\mathrm{V}$ 的三相电源上。试求负载的相电流及线电流。

2-6　已知对称三相电路的星形负载阻抗为 $Z=(165+\mathrm{j}84)\Omega$，端线阻抗 $Z_l=(2+\mathrm{j}1)\Omega$，中性线阻抗 $Z_\mathrm{N}=(1+\mathrm{j}1)\Omega$，三相电源线电压 $U_l=380\mathrm{V}$。求线电流、负载的相电压及负载端的线电压。

2-7　已知对称三相电路中，电源线电压 $U_l=380\mathrm{V}$，三角形负载阻抗 $Z=(4.5+\mathrm{j}14)\Omega$，端线阻抗 $Z_l=(1.5+\mathrm{j}2)\Omega$。求线电流和负载的相电流。

2-8　如图 2-22 所示电路中，测得电压 $U_\mathrm{A'B'}=380\mathrm{V}$，三相电动机吸收的功率为 1.4kW，其功率因数 $\lambda=0.866$（感性），$Z_l=-\mathrm{j}55\Omega$。求 U_AB 和电源端的功率因数 λ'。

2-9　如图 2-23 所示电路中，对称三相电源线电压 $U_l=380\mathrm{V}$，$Z=(50+\mathrm{j}50)\Omega$，$Z_l=(100+\mathrm{j}100)\Omega$。试求：

（1）开关 S 打开时的线电流；

（2）开关 S 闭合时的线电流及三相电源发出的功率。

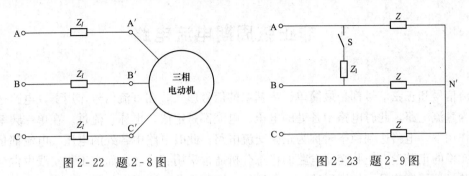

图 2-22 题 2-8 图   图 2-23 题 2-9 图

2-10 图 2-24 所示对称三相电路中，电源 $U_l=380\text{V}$，△负载 $Z=(45+j45)\Omega$，端线阻抗 $Z_l=(1+j1)\Omega$。试求图中两只功率表的读数及三相负载吸收的功率。

2-11 图 2-25 所示电路，功率表的读数为 1000W，求对称三相负载吸收的无功功率。

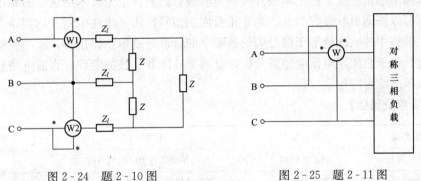

图 2-24 题 2-10 图   图 2-25 题 2-11 图

2-12 如图 2-26 所示三相电路，对称三相电源线电压 $U_l=380\text{V}$，△负载 $Z=38\angle 45°\Omega$，Y 负载的无功功率为 $1520\sqrt{3}\text{var}$。试求：①各线电流；②电源发出的复功率；③电源端的功率因数 λ'。

2-13 如图 2-27 所示三相电路，对称三相电源线电压 $U_l=380\text{V}$，负载 $Z=(6+j8)\Omega$，$Z_A=10\Omega$，$Z_B=j10\Omega$，$Z_C=-j10\Omega$。试求电压表的读数。

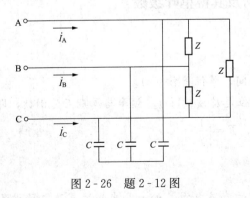 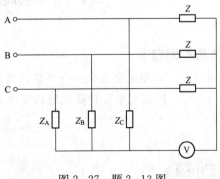

图 2-26 题 2-12 图   图 2-27 题 2-13 图

3　非正弦周期电流电路

直流信号和正弦信号都是最简单、最基本的信号形式。在直流信号作用下，电路达到稳态时称为直流电路，此时电路中各处的电压、电流都是定值，也称直流量。在单一频率的正弦信号作用下，电路达到稳态时称为正弦交流电路，此时电路中各处的电压、电流都是与信号源同频率的正弦量。正弦交流电路的稳态分析通常采用相量法。而在工程实践中常会遇到不是正弦量的周期信号，如矩形波、三角波等，统称为非正弦周期信号。本章主要讨论非正弦周期信号作用于线性电路并达到稳态时，电路中的响应以及功率的求解方法。

从高等数学可以知道，非正弦周期函数在满足狄里赫利条件时，可以展开为恒定分量和一系列不同频率的正弦量之和，即展开为傅里叶级数。而在电工技术中遇到的非正弦周期信号，一般都可以按傅里叶级数展开。当非正弦周期信号作用于线性电路并达到稳态时，根据叠加定理，电路中的响应就等于信号源的各频率的分量分别单独作用时，所产生响应分量的叠加。因此，非正弦周期电流电路的分析，是傅里叶级数、叠加定理、直流电路分析和正弦交流电路分析的综合应用。

【教学要求及目标】

知识要点	目标与要求	相关知识	掌握程度评价
傅里叶级数	熟悉并理解	高等数学傅里叶级数分解	
谐波分析法的概念	熟悉并理解	傅里叶级数、叠加定理、相量法	
运用谐波分析法求响应	熟练掌握	傅里叶级数、叠加定理、相量法	
非正弦周期电量有效值的计算	熟练掌握	周期电量有效值的定义式	
非正弦周期电路平均功率的计算	熟练掌握	平均功率的定义式	

3.1　非正弦周期信号及其傅里叶级数

【基本概念】

周期 T：周期电量变化一个循环所需要的时间，单位是秒（s）。

频率 f：周期电量每秒变化的循环次数，单位是赫兹（Hz）。频率与周期互为倒数，即

$$f = \frac{1}{T} \quad 或 \quad T = \frac{1}{f}$$

【引入】

在电子技术的应用领域，很多地方需要稳定的直流电源，如一些自控装置及电子设备。直流稳压电源是把来自电网的工频正弦交流电变换为稳定的直流电的装置。在将正弦交流变为稳定直流的过程中，整流电路是一个非常重要的环节。如图 3-1（a）、（b）给出了两种整

流电路，它们利用二极管的单向导电性实现将输入的正弦波变为脉动的直流。所谓"脉动的直流"实际上就是非正弦周期信号。图 3-1（a）是半波整流电路，图 3-1（b）是全波整流电路，图 3-1（c）是两种整流电路的输入波形 u_2 和输出波形 u_{o1}、u_{o2}。

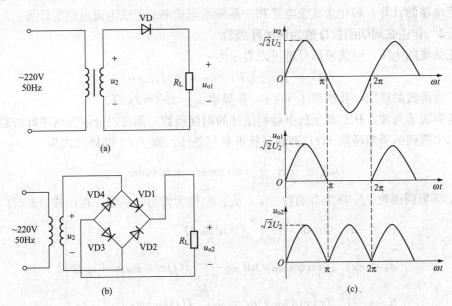

图 3-1　二极管整流电路及其波形图

3.1.1　非正弦周期信号

在工程实践和科学实验中，会遇到很多这样的非正弦电信号，这些信号的函数 $f(t)$ 不能简单地用一个正弦或余弦函数来表示。非正弦信号又可分为周期的和非周期的两种。图 3-2所示是几种常见的非正弦周期信号波形。

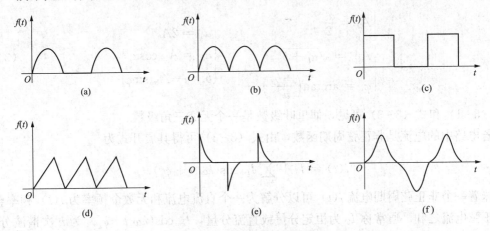

图 3-2　非正弦周期信号波形
（a）半波整流波形；（b）全波整流波形；（c）矩形波；（d）锯齿波；（e）脉冲波；（f）磁化波

本章主要讨论在非正弦周期信号的作用下，线性电路的稳态分析和计算方法。首先，利用傅里叶级数展开法，把非正弦周期电压、电流或信号分解为恒定分量和一系列不同频率的正弦量之和；再根据线性电路的叠加定理，分别计算恒定分量和各频率的正弦分量单独作用下，电路中所产生的响应分量；最后，把所得的各响应分量按瞬时值叠加（时域叠加），就得到此电路中实际的响应（电压或电流）。这种方法称为谐波分析法。它实质上是把非正弦周期电流电路的计算，转化为直流电路和一系列不同频率的正弦电流电路的计算。

3.1.2 非正弦周期函数分解为傅里叶级数

非正弦周期电压、电流或信号都可以表示为

$$f(t) = f(t \pm nT) \quad (n = 0,1,2,\cdots)$$

式中，T 为函数的周期，其频率 $f=1/T$，角频率 $\omega_1=2\pi f=2\pi/T$。

由高等数学可知，凡是满足狄里赫利条件的周期函数，都可以分解为傅里叶级数。一般电工技术中遇到的周期函数 $f(t)$ 都满足狄里赫利条件，则 $f(t)$ 的展开式为

$$f(t) = \frac{a_0}{2} + \sum_{k=1}^{\infty}(a_k\cos k\omega_1 t + b_k\sin k\omega_1 t) \tag{3-1}$$

式中，a_k 项为偶函数；b_k 项为奇函数。a_0、a_k、b_k 称为傅里叶系数，可由式（3-2）计算。

$$\left.\begin{aligned}
a_0 &= \frac{2}{T}\int_0^T f(t)\mathrm{d}t = \frac{1}{\pi}\int_0^{2\pi} f(t)\mathrm{d}(\omega_1 t)\\
a_k &= \frac{2}{T}\int_0^T f(t)\cos(k\omega_1 t)\mathrm{d}t = \frac{1}{\pi}\int_0^{2\pi} f(t)\cos(k\omega_1 t)\mathrm{d}(\omega_1 t)\\
b_k &= \frac{2}{T}\int_0^T f(t)\sin(k\omega_1 t)\mathrm{d}t = \frac{1}{\pi}\int_0^{2\pi} f(t)\sin(k\omega_1 t)\mathrm{d}(\omega_1 t)\\
k &= 1,2,3,\cdots
\end{aligned}\right\} \tag{3-2}$$

式（3-1）还可合并成傅里叶级数的另一种形式，即

$$f(t) = A_0 + \sum_{k=1}^{\infty} A_{km}\cos(k\omega_1 t + \varphi_k) \tag{3-3}$$

其中

$$\begin{cases}A_0 = \dfrac{a_0}{2}\\ A_{km} = \sqrt{a_k^2 + b_k^2}\\ \varphi_k = \arctan\left(\dfrac{-b_k}{a_k}\right)\end{cases} \qquad \begin{cases}a_0 = 2A_0\\ a_k = A_{km}\cos\varphi_k\\ b_k = -A_{km}\sin\varphi_k\end{cases} \tag{3-4}$$

由式（3-1）和式（3-3）可见，傅里叶级数是一个无穷三角级数。

若电路中的电流是非正弦周期函数，由式（3-3）可得其展开式为

$$i(t) = I_0 + \sum_{k=1}^{\infty} I_{km}\cos(k\omega_1 t + \varphi_k)$$

这意味着一个非正弦周期电流 $i(t)$ 可以分解为一个直流电流和无数个频率为 $i(t)$ 频率整数倍的正弦电流之和。通常称 I_0 为恒定分量或直流分量，$I_{km}\cos(k\omega_1 t + \varphi_k)$ 为 k 次谐波分量。$k=1$ 时的一次谐波分量，其频率与原周期电流 $i(t)$ 的频率相同，常称其为基波分量；其他各次谐波分量的频率均为基波频率的整数倍，视 k 的取值不同分别称为二次谐波分量、三次谐波分量、…、k 次谐波分量。二次以上的谐波分量统称为高次谐波。

在电路中，将非正弦周期信号分解为直流分量和一系列谐波分量之和的工作，称为谐波分析（或频谱分析）。各次谐波分量的幅值 A_{km} 及初相位 φ_k 都是角频率 $k\omega_1$ 的函数。为了直

观地表示非正弦周期信号分解为傅里叶级数后，包含哪些频率分量以及各分量所占的"比例"，用长度与各次谐波分量的幅值 A_{km}（包括恒定分量 A_0）相对应的线段，按所含谐波分量频率的高低顺序排列起来，得到 $A_{km} \sim k\omega_1$ 的图形，称为幅度频谱。若线段的长度及朝向（向上为正，向下为负）与各次谐波分量的初相位 φ_k 相对应，就得到 $\varphi_k \sim k\omega_1$ 的图形，称为相位频谱。幅度频谱和相位频谱统称为频谱图，如无特别说明，频谱图一般指幅度频谱。由于各次谐波的角频率是 ω_1 的正整数倍，所以频谱图是离散的，又称为线频谱。频谱图提供了一种从各次谐波的幅度和谱线的密度两个方面研究非正弦周期函数 $f(t)$ 频率特性的图像方法。

【例 3 - 1】 求图 3-3（a）所示周期性矩形信号 $u(t)$ 的傅里叶级数展开式及其频谱。

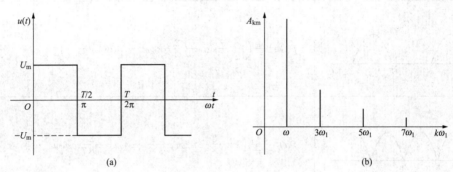

图 3-3 ［例 3-1］图

解 $u(t)$ 在一个周期内的表达式为

$$u(t) = U_{\mathrm{m}} \quad \left(0 \leqslant t \leqslant \frac{T}{2}\right)$$
$$u(t) = -U_{\mathrm{m}} \quad \left(\frac{T}{2} \leqslant t \leqslant T\right)$$

根据式（3-2）求得其傅里叶系数为

$$a_0 = \frac{2}{T}\int_0^T u(t)\mathrm{d}t = \frac{2}{T}\left[\int_0^{\frac{T}{2}} U_{\mathrm{m}}\mathrm{d}t + \int_{\frac{T}{2}}^T (-U_{\mathrm{m}})\mathrm{d}t\right] = 0$$

$$a_k = \frac{1}{\pi}\int_0^{2\pi} u(t)\cos(k\omega_1 t)\mathrm{d}(\omega_1 t)$$

$$= \frac{1}{\pi}\left[\int_0^\pi U_{\mathrm{m}}\cos(k\omega_1 t)\mathrm{d}(\omega_1 t) - \int_\pi^{2\pi} U_{\mathrm{m}}\cos(k\omega_1 t)\mathrm{d}(\omega_1 t)\right]$$

$$= \frac{2U_{\mathrm{m}}}{\pi}\int_0^\pi \cos(k\omega_1 t)\mathrm{d}(\omega_1 t) = 0$$

$$b_k = \frac{1}{\pi}\int_0^{2\pi} u(t)\sin(k\omega_1 t)\mathrm{d}(\omega_1 t)$$

$$= \frac{1}{\pi}\left[\int_0^\pi U_{\mathrm{m}}\sin(k\omega_1 t)\mathrm{d}(\omega_1 t) - \int_\pi^{2\pi} U_{\mathrm{m}}\sin(k\omega_1 t)\mathrm{d}(\omega_1 t)\right]$$

$$= \frac{2U_{\mathrm{m}}}{\pi}\int_0^\pi \sin(k\omega_1 t)\mathrm{d}(\omega_1 t) = \frac{2U_{\mathrm{m}}}{\pi}\left[-\frac{1}{k}\cos(k\omega_1 t)\right]_0^\pi$$

$$= \frac{2U_{\mathrm{m}}}{\pi}[1 - \cos(k\pi)] \quad (k = 1, 2, 3, \cdots)$$

当 k 为偶数时　$\cos(k\pi)=1$，$b_k=0$。

当 k 为奇数时　$\cos(k\pi)=-1$，$b_k=\dfrac{4U_m}{k\pi}$。

可得：$u(t)=\dfrac{4U_m}{\pi}\left[\sin(\omega_1 t)+\dfrac{1}{3}\sin(3\omega_1 t)+\dfrac{1}{5}\sin(5\omega_1 t)+\dfrac{1}{7}\sin(7\omega_1 t)+\cdots\right]$

可见，矩形波电压信号通过傅里叶级数展开为一系列奇次谐波之和。其幅度频谱如图 3‐3（b）所示。表 3‐1 给出了几种典型周期函数的傅里叶级数展开式。

表 3‐1　　　　　　　　　　　常见非正弦周期信号的傅里叶级数展开式

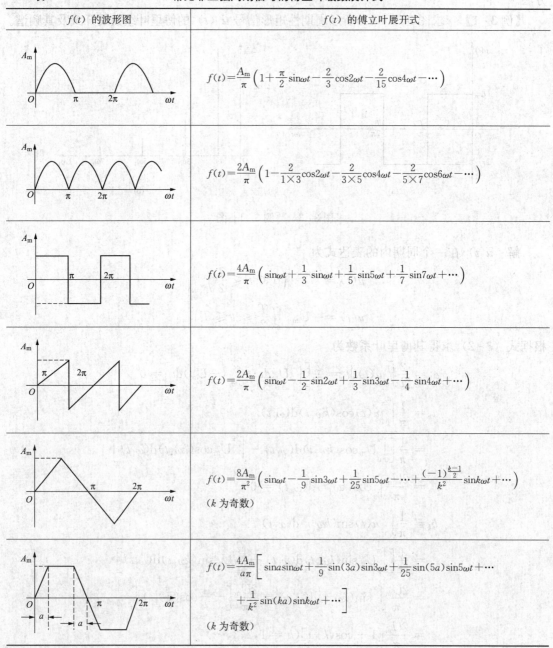

$f(t)$ 的波形图	$f(t)$ 的傅立叶展开式
	$f(t)=\dfrac{A_m}{\pi}\left(1+\dfrac{\pi}{2}\sin\omega t-\dfrac{2}{3}\cos2\omega t-\dfrac{2}{15}\cos4\omega t-\cdots\right)$
	$f(t)=\dfrac{2A_m}{\pi}\left(1-\dfrac{2}{1\times3}\cos2\omega t-\dfrac{2}{3\times5}\cos4\omega t-\dfrac{2}{5\times7}\cos6\omega t-\cdots\right)$
	$f(t)=\dfrac{4A_m}{\pi}\left(\sin\omega t+\dfrac{1}{3}\sin\omega t+\dfrac{1}{5}\sin5\omega t+\dfrac{1}{7}\sin7\omega t+\cdots\right)$
	$f(t)=\dfrac{2A_m}{\pi}\left(\sin\omega t-\dfrac{1}{2}\sin2\omega t+\dfrac{1}{3}\sin3\omega t-\dfrac{1}{4}\sin4\omega t+\cdots\right)$
	$f(t)=\dfrac{8A_m}{\pi^2}\left(\sin\omega t-\dfrac{1}{9}\sin3\omega t+\dfrac{1}{25}\sin5\omega t-\cdots+\dfrac{(-1)^{\frac{k-1}{2}}}{k^2}\sin k\omega t+\cdots\right)$ （k 为奇数）
	$f(t)=\dfrac{4A_m}{a\pi}\left[\sin a\sin\omega t+\dfrac{1}{9}\sin(3a)\sin3\omega t+\dfrac{1}{25}\sin(5a)\sin5\omega t+\cdots\right.$ $\left.+\dfrac{1}{k^2}\sin(ka)\sin k\omega t+\cdots\right]$ （k 为奇数）

$f(t)$的波形图	$f(t)$的傅立叶展开式
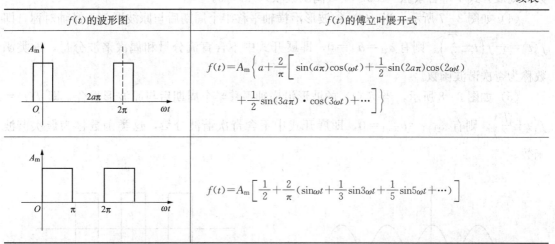	$f(t)=A_{\mathrm{m}}\left\{a+\dfrac{2}{\pi}\left[\sin(a\pi)\cos(\omega t)+\dfrac{1}{2}\sin(2a\pi)\cos(2\omega t)\right.\right.$ $\left.\left.+\dfrac{1}{2}\sin(3a\pi)\cdot\cos(3\omega t)+\cdots\right]\right\}$
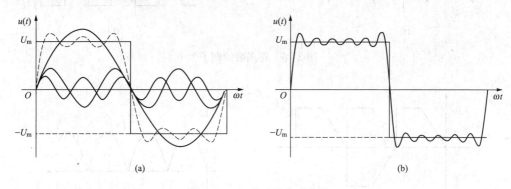	$f(t)=A_{\mathrm{m}}\left[\dfrac{1}{2}+\dfrac{2}{\pi}\left(\sin\omega t+\dfrac{1}{3}\sin3\omega t+\dfrac{1}{5}\sin5\omega t+\cdots\right)\right]$

傅里叶级数是一个无穷三角级数,从理论上讲一个非正弦周期信号分解为傅里叶级数后,必须取无穷多项才能准确地表示原来的周期信号。而从实际运算看,只能截取有限的项数,因此就产生了误差问题。截取的项数越多,合成的波形就越接近原周期信号,误差也越小。另外,傅里叶级数具有收敛性,通常谐波的次数越高,其幅值越小。因此,在工程计算中截取项数的多少,要根据级数的收敛速度、电路的频率特性、工程的精度要求几个方面来考虑。

通常,函数的波形越光滑、越接近正弦波,其展开级数就收敛得越快。对矩形波来说,其展开级数收敛较慢。图 3-4(a)中的虚线波形,是由其展开级数中的前三项合成;如图 3-4(b)所示,是其展开级数中前六项合成的波形与原矩形波的对比。可见,随着截取项数的增多,合成曲线越来越接近原来的矩形波。

图 3-4 矩形波的合成曲线

最后指出,周期函数 $f(t)$ 的波形通常具有某种对称性,利用函数的对称性可使傅里叶系数的求解得到简化。

(1)在一个周期内,当 $f(t)$ 的波形在横轴上、下包围的面积相等时,它的算术平均值为零,则 $a_0=2A_0=0$ 展开式中不含直流分量。

(2)如图 3-5 所示,当周期函数 $f(t)=f(-t)$ 时,其波形关于纵轴对称,是偶函数。则展开式中不含正弦(sin)项(奇函数项),$b_k=0$。

(3)如图 3-6 所示,当周期函数 $f(t)=-f(-t)$ 时,其波形关于原点对称,是奇函数。则展开式中不含余弦（cos）项（偶函数项），$a_k=0$。

（4）如图 3-7 所示，当 $f(t)$ 的波形沿横轴平移半个周期后与原波形关于横轴对称，即 $f(t)=-f\left(t\pm\dfrac{T}{2}\right)$。则有 $a_{2k}=b_{2k}=0$，即展开式中不含直流分量和偶次谐波分量，这类函数称为奇次谐波函数。

（5）如图 3-8 所示，当 $f(t)$ 的波形沿横轴平移半个周期后与原波形重合，即 $f(t)=f\left(t\pm\dfrac{T}{2}\right)$。则有 $a_{2k+1}=b_{2k+1}=0$，即展开式中不含奇次谐波分量，这类函数称为偶次谐波函数。

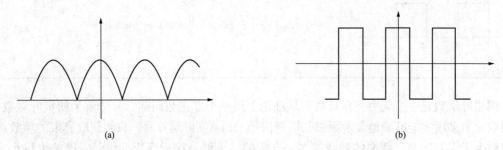

(a)   (b)

图 3-5　偶函数的例子

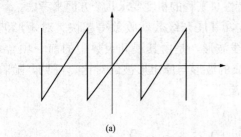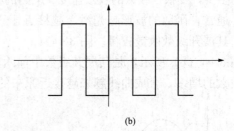

(a)   (b)

图 3-6　奇函数的例子

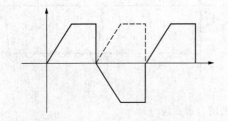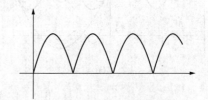

图 3-7　奇次谐波函数　 图 3-8　偶次谐波函数

3.2　有效值、平均值和平均功率

【基本概念】

周期电量的有效值：指在一个周期内，平均效应与周期电量相同的直流值。

$$I \stackrel{\text{def}}{=\!=\!=} \sqrt{\frac{1}{T}\int_0^T i^2 \mathrm{d}t}, U \stackrel{\text{def}}{=\!=\!=} \sqrt{\frac{1}{T}\int_0^T u^2 \mathrm{d}t}$$

周期电量的平均功率：是电路在一个周期内，实际吸收或发出电能的平均速率。

$$P \stackrel{\text{def}}{=\!=\!=} \frac{1}{T}\int_0^T p\,\mathrm{d}t = \frac{1}{T}\int_0^T ui\,\mathrm{d}t$$

 【引入】

如图 3-9（a）所示 RC 串联电路，当满足时间常数 $\tau = RC \ll \dfrac{T}{2}$ 时，输出信号 u_2 与输入信号 u_1 满足微分关系，故称为微分电路。如图 3-9（b）所示，当输入信号 u_1 为方波时，由于 $\tau \ll \dfrac{T}{2}$，所以电容的充、放电过程都很快，u_C 的波形如图 3-9（b）中虚线所示，与输入信号 u_1 的波形很接近，$u_C \approx u_1$。输出信号 $u_2 = Ri = RC\dfrac{\mathrm{d}u_C}{\mathrm{d}t} \approx RC\dfrac{\mathrm{d}u_1}{\mathrm{d}t}$，可见 u_2 与 u_1 满足微分关系。根据 KVL 又有 $u_2 = u_1 - u_C$，由图 3-9（b）可以直观地看出，二者波形相减的结果为尖脉冲。在数字电路中，经常应用微分电路将方波变换为尖脉冲，以作为触发信号。

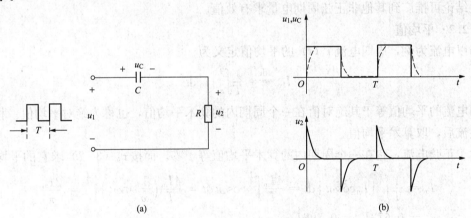

图 3-9　微分电路及其输入、输出波形
（a）微分电路（$\tau = RC \ll T/2$）；（b）微分电路输入、输出波形

3.2.1　有效值

在前面正弦稳态电路分析中，已经给出了周期电流 i 的有效值 I 的定义式为

$$I \stackrel{\text{def}}{=\!=\!=} \sqrt{\frac{1}{T}\int_0^T i^2 \mathrm{d}t}$$

此定义式对非正弦周期电流仍适用。下面根据这一公式，进一步讨论非正弦周期电流有效值的计算。

设一非正弦周期电流 $i(t)$，其傅里叶级数展开式为

$$i(t) = I_0 + \sum_{k=1}^{\infty} I_{km}\cos(k\omega_1 t + \varphi_k) = I_0 + \sum_{k=1}^{\infty} \sqrt{2}I_k\cos(k\omega_1 t + \varphi_k)$$

将它代入有效值的定义式为

$$I = \sqrt{\frac{1}{T}\int_0^T \left[I_0 + \sum_{k=1}^{\infty} I_{km}\cos(k\omega_1 t + \varphi_k) \right]^2 \mathrm{d}t} \qquad (3\text{-}5)$$

式 (3-5) 中, 根号内的 $\frac{1}{T}\int_0^T \left[I_0 + \sum_{k=1}^{\infty} I_{km}\cos(k\omega_1 t + \varphi_k) \right]^2 \mathrm{d}t$, 展开后有以下四类:

$$\frac{1}{T}\int_0^T I_0^2 \mathrm{d}t = I_0^2$$

$$\frac{1}{T}\int_0^T I_{km}^2 \cos^2(k\omega t + \varphi_k) \mathrm{d}t = \frac{I_{km}^2}{2} = I_k^2$$

$$\frac{1}{T}\int_0^T 2I_0 I_{km}\cos(k\omega t + \varphi_k) \mathrm{d}t = 0$$

$$\frac{1}{T}\int_0^T 2I_{nm}\cos(n\omega t + \varphi_n) I_{qm}\cos(q\omega t + \varphi_q) \mathrm{d}t = 0, n\in k, q\in k, n\neq q$$

非正弦周期电流 $i(t)$ 的有效值为

$$I = \sqrt{I_0^2 + \frac{1}{2}\sum_{k=1}^{\infty} I_{km}^2} = \sqrt{I_0^2 + \sum_{k=1}^{\infty} I_k^2} = \sqrt{I_0^2 + I_1^2 + I_2^2 + I_3^2 + \cdots} \qquad (3\text{-}6)$$

可见, 非正弦周期电流的有效值, 等于恒定分量的平方与各次谐波有效值的平方之和的平方根。此结论可推广到其他非正弦周期电量求有效值。

3.2.2 平均值

仍以电流为例, 周期电流 $i(t)$ 的平均值定义为

$$I_{\mathrm{av}} \xlongequal{\mathrm{def}} \frac{1}{T}\int_0^T |i| \mathrm{d}t \qquad (3\text{-}7)$$

即周期电流的平均值等于其绝对值在一个周期内的算术平均值, 也称为绝对平均值。相当于全波整流后, 取算术平均值。

对于正弦电流, 它在一个周期内的算术平均值等于零。而按式 (3-7) 求它的平均值为

$$I_{\mathrm{av}} = \frac{1}{T}\int_0^T |I_{\mathrm{m}}\cos\omega t| \mathrm{d}t = \frac{4I_{\mathrm{m}}}{T}\int_0^{\frac{T}{4}}\cos\omega t \, \mathrm{d}t = \frac{4I_{\mathrm{m}}}{T}\left(\frac{1}{\omega}\sin\omega t\right)\Big|_0^{\frac{T}{4}} = \frac{2I_{\mathrm{m}}}{\pi}$$

$$= 0.673I_{\mathrm{m}} = 0.898I$$

可见, 正弦量的平均值约为其有效值的 0.9 倍。

对于同一非正弦周期电流, 当用不同的仪表测量时, 会得到不同的结果。例如, 用磁电式仪表 (直流仪表) 测量, 所得结果是电流的恒定分量, 这是由于磁电式仪表的偏转角 $\alpha \propto \frac{1}{T}\int_0^T i\mathrm{d}t$。用电磁式仪表测得的结果为电流的有效值, 因为这种仪表的偏转角 $\alpha \propto \frac{1}{T}\int_0^T i^2 \mathrm{d}t$。如果用全波整流仪表测量, 所得结果是电流的平均值。由此可见, 在测量非正弦周期电量时, 应该根据要测量的参数类型选择适合的仪表。

3.2.3 平均功率

非正弦周期电流电路的平均功率仍然定义为一个周期内瞬时功率的平均值, 即

$$P \xlongequal{\mathrm{def}} \frac{1}{T}\int_0^T p\mathrm{d}t = \frac{1}{T}\int_0^T ui \, \mathrm{d}t$$

设任意二端网络的端口电压 u、电流 i 为非正弦周期信号, 并且参考方向关联, 则

$$i(t) = I_0 + \sum_{k=1}^{\infty} I_{km}\cos(k\omega_1 t + \varphi_{ik}) = I_0 + \sum_{k=1}^{\infty} \sqrt{2}I_k\cos(k\omega_1 t + \varphi_{ik})$$

$$u(t) = U_0 + \sum_{k=1}^{\infty} U_{km}\cos(k\omega_1 t + \varphi_{uk}) = U_0 + \sum_{k=1}^{\infty} \sqrt{2}U_k\cos(k\omega_1 t + \varphi_{uk})$$

式中，U_k、I_k 分别为电压、电流的 k 次谐波的有效值。将它们代入平均功率的定义式得

$$P = \frac{1}{T}\int_0^T ui\,dt = \frac{1}{T}\int_0^T \left[U_0 + \sum_{k=1}^{\infty} U_{km}\cos(k\omega_1 t + \varphi_{uk})\right]\left[I_0 + \sum_{k=1}^{\infty} I_{km}\cos(k\omega_1 t + \varphi_{ik})\right]dt$$

将电压与电流的乘积展开后，此积分可分为以下五类：

$$\frac{1}{T}\int_0^T U_0 I_0\,dt = U_0 I_0, \quad \frac{1}{T}\int_0^T U_0 I_{km}\cos(k\omega t + \varphi_{ik})\,dt = 0$$

$$\frac{1}{T}\int_0^T I_0 U_{km}\cos(k\omega t + \varphi_{uk})\,dt = 0$$

$$\frac{1}{T}\int_0^T U_{nm}\cos(n\omega t + \varphi_{un})I_{qm}\cos(q\omega t + \varphi_{iq})\,dt = 0, n \in k, q \in k, n \neq q$$

$$\frac{1}{T}\int_0^T U_{km}\cos(k\omega t + \varphi_{uk})I_{km}\cos(k\omega t + \varphi_{ik})\,dt = \frac{1}{2}U_{km}I_{km}\cos(\varphi_{uk} - \varphi_{ik})$$

由以上推导可知，只有同频率的电压、电流才产生平均功率。令 $\varphi_k = \varphi_{uk} - \varphi_{ik}$，为 k 次谐波电压与电流的相位差，则二端网络吸收的平均功率为

$$P = U_0 I_0 + \sum_{k=1}^{\infty} \frac{1}{2}U_{km}I_{km}\cos\varphi_k = U_0 I_0 + \sum_{k=1}^{\infty} U_k I_k\cos\varphi_k \tag{3-8}$$

$$= U_0 I_0 + U_1 I_1\cos\varphi_1 + U_2 I_2\cos\varphi_2 + U_3 I_3\cos\varphi_3 + \cdots$$

即非正弦周期电流电路的平均功率（有功功率）等于恒定分量的功率与各次谐波平均功率的代数和。

非正弦周期电流电路无功功率的情况较为复杂，本书不予讨论。有时定义非正弦周期电流电路的视在功率为 $S = UI$。

【例 3-2】 某线性二端网络的端口电压和电流为关联参考方向，其表达式为

$$u(t) = 100 + 50\cos\omega t - 20\cos 2\omega t + 10\cos(3\omega t + 90°)(\text{V})$$

$$i(t) = 5 + 2\sqrt{2}\cos(\omega t - 45°) + \sqrt{2}\cos(3\omega t + 30°)(\text{A})$$

试求：电压、电流的有效值及二端网络吸收的平均功率。

解 电压、电流的有效值为

$$U = \sqrt{100^2 + \frac{1}{2}(50^2 + 20^2 + 10^2)} = 107.2(\text{V})$$

$$I = \sqrt{5^2 + 2^2 + 1^2} = 5.5(\text{A})$$

二端网络吸收的平均功率为

$$P = U_0 I_0 + U_1 I_1\cos\varphi_1 + U_3 I_3\cos\varphi_3$$

$$= 100 \times 5 + \frac{50}{\sqrt{2}} \times 2 \times \cos 45° + \frac{10}{\sqrt{2}} \times 1 \times \cos(90° - 30°) \approx 553.5(\text{W})$$

在此电路中，电压有二次谐波分量，而电流没有二次谐波分量，所以二次谐波产生的平均功率为零。

3.3　非正弦电流电路的计算

【基本概念】

叠加定理：在多个独立电源共同作用的线性电路中，某处的电压或电流都是各独立电源单独作用时，在该处产生的电压或电流的叠加（代数和）。

感抗：$X_L = \omega L = 2\pi f L$，单位是 Ω，L 一定时与（角）频率成正比。

容抗：$X_C = \dfrac{-1}{\omega C} = \dfrac{-1}{2\pi f C}$，单位是 Ω，在 C 一定时，其绝对值与（角）频率成反比。

【引入】

如图 3-10（a）所示 RC 串联电路，输出信号 $u_2 = u_C$，当满足时间常数 $\tau = RC \gg \dfrac{T}{2}$ 时，输出信号 u_2 与输入信号 u_1 满足积分关系，故称为积分电路。如图 3-10（b）所示，当输入信号 u_1 为方波时，由于 $\tau \gg \dfrac{T}{2}$，所以电容的充、放电过程都较慢，u_C 始终量值较小，此时 $u_R \approx u_1$。输出信号 $u_2 = \dfrac{1}{C}\int i\,dt \approx \dfrac{1}{C}\int \dfrac{u_R}{R}\,dt \approx \dfrac{1}{RC}\int u_1\,dt$，可见 u_2 与 u_1 满足积分关系。u_2 为电容的电压，由于电容的充、放电过程进行缓慢，所以充、放电的波形都接近直线，如图 3-10（b）所示，输出信号 u_2 为三角波。

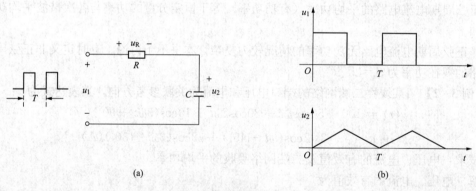

图 3-10　积分电路及其输入、输出波形
(a) 积分电路（$\tau = RC \gg T/2$）；(b) 积分电路输入、输出波形

如前所述，线性电路在非正弦周期性电源激励下，稳态响应的计算应采用谐波分析法。具体步骤如下：

（1）将给定的非正弦周期性电源的电压或电流展开为傅里叶级数，分解为直流（恒定）分量和各次谐波分量之和。

（2）根据线性电路的叠加定理，分别计算激励的直流分量和各次谐波分量单独作用下，电路中所产生的响应分量。

1）直流分量单独作用时：按直流电路来分析，求出响应的直流分量。此时电路中的电感 L 相当于短路，电容 C 相当于开路。

2）k 次谐波分量单独作用时：按 $\omega = k\omega_1$ 的正弦稳态电路来分析，采用相量法求出响应的 k 次谐波分量。值得注意的是，电感 L 和电容 C 对各次谐波分量所呈现的感抗和容抗不同。基波单独作用时（$k=1$）：$\omega = \omega_1$，$X_{L(1)} = \omega_1 L$，$X_{C(1)} = \dfrac{-1}{\omega_1 C}$。

k 次谐波单独作用时：$\omega = k\omega_1$，$X_{L(k)} = k\omega_1 L = kX_{L(1)}$，$X_{C(k)} = \dfrac{-1}{k\omega_1 C} = \dfrac{1}{k}X_{C(1)}$。

（3）把所得到的各响应分量，按时域形式叠加（瞬时式叠加），就得到该电路中的响应。

谐波分析法是一种以非正弦周期信号的傅里叶级数展开为前提，以线性电路的叠加定理为依据，以直流电路的分析和正弦稳态电路的相量法为基础的分析计算方法。

【例3-3】 如图3-11所示的 RL 串联电路，已知：$R = \omega L = 20\Omega$，$u(t) = [25 + 100\sqrt{2}\cos(\omega t - 15°) + 25\sqrt{2}\cos 3\omega t]$V。求：电流 $i(t)$ 及电阻吸收的平均功率。

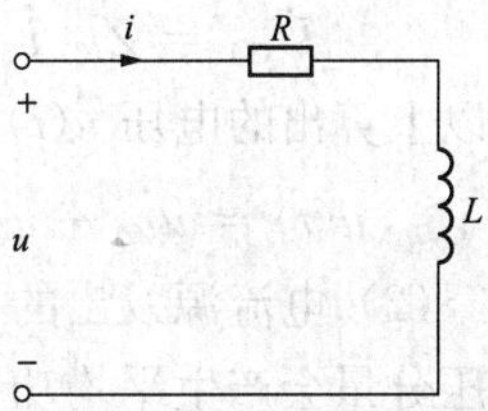

解 （1）①直流分量单独作用时：$U_{(0)} = 25$（V），按直流电路来分析，电感 L 相当于短路。电流的直流分量为

$$I_{(0)} = \frac{U_{(0)}}{R} = \frac{25}{20} = 1.25 \text{（A）}$$

图3-11　［例3-3］图

②基波分量单独作用时：$\dot{U}_{(1)} = 100\angle{-15°}$（V），采用相量法求电流的基波分量。

$$Z_{(1)} = R + j\omega L = 20 + j20 = 20\sqrt{2}\angle{45°}（\Omega）$$

$$\dot{I}_{(1)} = \frac{\dot{U}_{(1)}}{Z_{(1)}} = \frac{100\angle{-15°}}{20\sqrt{2}\angle{45°}} = 2.5\sqrt{2}\angle{-60°}\text{（A）}$$

③三次谐波单独作用时：$\dot{U}_{(3)} = 25\angle 0°$（V），采用相量法求电流的三次谐波分量。

$$Z_{(3)} = R + j3\omega L = 20 + j60 \approx 63.24\angle{71.57°}（\Omega）$$

$$\dot{I}_{(3)} = \frac{\dot{U}_{(3)}}{Z_{(3)}} = \frac{25\angle 0°}{63.24\angle{71.57°}} \approx 0.4\angle{-71.57°}\text{（A）}$$

将以上算出的电流 $i(t)$ 的各分量，按时域形式叠加（瞬时式叠加），所以：

$$i(t) = i_{(0)} + i_{(1)} + i_{(3)} = 1.25 + 5\cos(\omega t - 60°) + 0.4\sqrt{2}\cos(3\omega t - 71.57°)\text{（A）}$$

（2）电阻吸收的平均功率：

$$P = I^2 R = \left[1.25^2 + \left(\frac{5}{\sqrt{2}}\right)^2 + 0.4^2\right] \times 20 \approx 284.5\text{（W）}$$

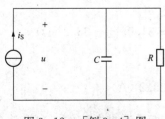

图3-12　［例3-4］图

【例3-4】 如图3-12所示的 RC 并联电路，已知：$R = 1\Omega$，$C = 1$F，电流源的电流 $i_S(t) = [0.5 + 4\cos t + 2\cos(2t + 30°)]$A。求电压 $u(t)$ 及电流源发出的平均功率。

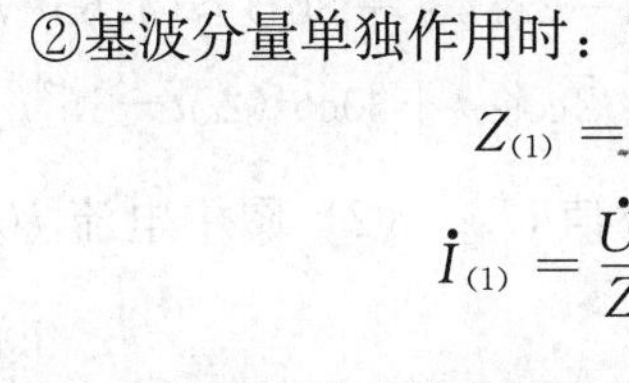

解 （1）①直流分量单独作用时：$I_{S(0)} = 0.5$（A），按直流电路来分析，电容 C 相当于开路。电压的直流分量为 $U_{(0)} = RI_{S(0)} = 1 \times 0.5 = 0.5$（V）。

②基波分量单独作用时：$\dot{I}_{S(1)} = 2\sqrt{2}\angle 0°$（A），采用相量法求电压的基波分量。

$$X_{C(1)} = \frac{-1}{\omega C} = -1（\Omega）$$

$$Z_{(1)} = \frac{R \times jX_{C(1)}}{R + jX_{C(1)}} = \frac{1 \times (-j1)}{1 + (-j1)} = \frac{-j1}{1-j1} = \frac{1\angle -90°}{\sqrt{2}\angle -45°} = \frac{\sqrt{2}}{2}\angle -45° (\Omega)$$

$$\dot{U}_{(1)} = Z_{(1)}\dot{I}_{S(1)} = \frac{\sqrt{2}}{2}\angle -45° \times 2\sqrt{2}\angle 0° = 2\angle -45° (V)$$

③二次谐波单独作用时：$\dot{I}_{S(2)} = \sqrt{2}\angle 30° (A)$，采用相量法求电压的二次谐波分量。

$$X_{C(2)} = \frac{1}{2}X_{C(1)} = -\frac{1}{2} (\Omega)$$

$$Z_{(2)} = \frac{R \times jX_{C(2)}}{R + jX_{C(2)}} = \frac{1 \times (-j0.5)}{1 + (-j0.5)} = \frac{-j0.5}{1-j0.5} = \frac{0.5\angle -90°}{1.12\angle -26.57°} = 0.45\angle -63.43° (\Omega)$$

$$\dot{U}_{(2)} = Z_{(2)}\dot{I}_{S(2)} = 0.45\angle -63.43° \times \sqrt{2}\angle 30° = 0.45\sqrt{2}\angle -33.43° (V)$$

将以上算出的电压 $u(t)$ 的各分量，按时域形式叠加（瞬时式叠加），所以：

$$u(t) = u_{(0)} + u_{(1)} + u_{(2)} = 0.5 + 2\sqrt{2}\cos(t-45°) + 0.9\cos(2t-33.43°) (V)$$

（2）电流源发出的平均功率：电流源电流为 $i_S(t)$，电压为 $u(t)$，它们同频率的电流、电压分量会产生平均功率。

$$P_S = U_{(0)}I_{S(0)} + U_{(1)}I_{S(1)}\cos\varphi_1 + U_{(2)}I_{S(2)}\cos\varphi_2$$

$$= 0.5 \times 0.5 + 2 \times 2\sqrt{2}\cos(-45°-0°) + 0.45\sqrt{2} \times \sqrt{2}\cos(-33.43°-30°) \approx 4.65 (W)$$

【例 3-5】　如图 3-13 所示电路，已知：$u_S(t) = [10 + 50\sqrt{2}\cos\omega t + 30\cos(2\omega t - 15°)]V$，$R_1 = \omega L = 10\Omega$，$R_2 = \frac{1}{\omega C} = 40\Omega$。求：（1）电压源电压的有效值 U_S；（2）图中电流 $i(t)$；（3）电压源发出的功率。

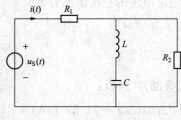

图 3-13　[例 3-5] 图

解　（1）有效值：

$$U_S = \sqrt{10^2 + 50^2 + \left(\frac{30}{\sqrt{2}}\right)^2} \approx 55.23 (V)$$

（2）①直流分量单独作用时：$U_{S(0)} = 10 (V)$，按直流电路来分析，电感 L 相当于短路，电容 C 相当于开路。电流的直流分量为

$$I_{(0)} = \frac{U_{S(0)}}{R_1 + R_2} = \frac{10}{50} = 0.2 (A)$$

②基波分量单独作用时：$\dot{U}_{S(1)} = 50\angle 0° (V)$，采用相量法求电流的基波分量。

$$Z_{(1)} = R_1 + \frac{R_2\left(j\omega L - j\frac{1}{\omega C}\right)}{R_2 + j\omega L - j\frac{1}{\omega C}} = 10 + \frac{40 \times j(10-40)}{40 + j(10-40)} \approx 31.05\angle -38.2° (\Omega)$$

$$\dot{I}_{(1)} = \frac{\dot{U}_{S(1)}}{Z_{(1)}} = \frac{50\angle 0°}{31.05\angle -38.2°} \approx 1.61\angle 38.2° (A)$$

③二次谐波单独作用时：$\dot{U}_{S(2)} = 15\sqrt{2}\angle -15° (V)$，采用相量法求电流的二次谐波分量。此时，$X_{L(2)} = 2\omega L = 20\Omega$，$X_{C(2)} = \frac{1}{2\omega C} = 20\Omega$，则 L、C 发生串联谐振，相当于短路。

$$\dot{I}_{(2)} = \frac{\dot{U}_{S(2)}}{R_1} = \frac{15\sqrt{2}\angle -15°}{10} = 1.5\sqrt{2}\angle -15° (A)$$

将以上算出的各响应分量，按时域形式叠加（瞬时式叠加），所以：

$$i(t) = i_{(0)} + i_{(1)} + i_{(2)} = 0.2 + 1.61\sqrt{2}\cos(\omega t + 38.2°) + 3\cos(2\omega t - 15°)(A)$$

（3）电压源电压发出的功率：电压源电压为 $u_S(t)$，电流为 $i(t)$，它们同频率的电压、电流分量会产生平均功率。

$$P_S = U_{S(0)}I_{(0)} + U_{S(1)}I_{(1)}\cos\varphi_1 + U_{S(2)}I_{(2)}\cos\varphi_2$$

$$= 10 \times 0.2 + 50 \times 1.16\cos(0° - 38.2°) + 15\sqrt{2} \times 1.5\sqrt{2}\cos0° \approx 92.58(W)$$

【例 3 - 6】 如图 3 - 14 所示滤波器电路，已知 $u_1(t) = (80\cos314t + 40\cos942t)V$，电路中 $L = 0.12H$，$R = 2\Omega$，如果要使 $u_2(t) = 80\cos314tV$，电容 C_1、C_2 的取值应为多少？并求 u_{C1} 和 u_{C2}。

解 （1）输入电压 u_1 中含有基波和三次谐波，而输出电压 u_2 中不含三次谐波，所以 L、C_1 在 $\omega_2 = 942rad/s$ 时，发生并联谐振，等效为开路。

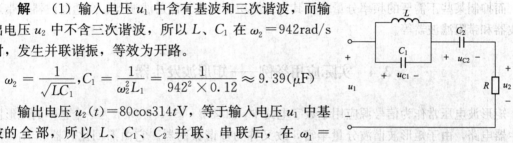

图 3 - 14 ［例 3 - 6］图

$$\omega_2 = \frac{1}{\sqrt{LC_1}}, C_1 = \frac{1}{\omega_2^2 L_1} = \frac{1}{942^2 \times 0.12} \approx 9.39(\mu F)$$

输出电压 $u_2(t) = 80\cos314tV$，等于输入电压 u_1 中基波的全部，所以 L、C_1、C_2 并联、串联后，在 $\omega_1 = 314rad/s$ 时，阻抗为零，等效为短路。

$$Z_{(1)} = \frac{1}{\frac{1}{j\omega_1 L} + j\omega_1 C_1} - j\frac{1}{\omega_1 C_2} = j\left(\frac{1}{\frac{1}{\omega_1 L} - \omega_1 C_1} - \frac{1}{\omega_1 C_2}\right) = 0$$

故

$$\frac{1}{\omega_1 L} - \omega_1 C_1 = \omega_1 C_2, \quad C_2 = \frac{1 - \omega_1^2 C_1 L}{\omega_1^2 L} = \frac{1 - 314^2 \times 9.39 \times 10^{-6} \times 0.12}{314^2 \times 0.12} \approx 75.1(\mu F)$$

（2）①基波分量单独作用时：$\dot{U}_{1(1)} = 40\sqrt{2}\angle0°(V)$，此时有 $\dot{U}_{2(1)} = \dot{U}_{1(1)} = 40\sqrt{2}\angle0°(V)$

则

$$\dot{I}_{(1)} = \frac{\dot{U}_{2(1)}}{R} = \frac{40\sqrt{2}\angle0°}{2} = 20\sqrt{2}\angle0°(A)$$

电容 C_2 的容抗为

$$X_{C_2(1)} = \frac{-1}{\omega_1 C_2} = \frac{-1}{314 \times 75.1 \times 10^{-6}} = -42.4(\Omega)$$

可得

$$\dot{U}_{C_2(1)} = jX_{C_2(1)}\dot{I}_{(1)} = -j42.4 \times 20\sqrt{2}\angle0° = 848\sqrt{2}\angle-90°(V)$$

故

$$\dot{U}_{C_1(1)} + \dot{U}_{C_2(1)} = 0, \dot{U}_{C_1(1)} = -\dot{U}_{C_2(1)} = 848\sqrt{2}\angle90°(V)$$

②三次谐波单独作用时：$\dot{U}_{1(2)} = 20\sqrt{2}\angle0°(V)$，此时有 $\dot{U}_{2(2)} = 0$。

故

$$\dot{I}_{(2)} = \frac{\dot{U}_{2(2)}}{R} = 0, \dot{U}_{C_2(2)} = jX_{C_2(2)}\dot{I}_{(2)} = 0$$

又有

$$\dot U_{C_1(2)} + \dot U_{C_2(2)} = \dot U_{1(2)}$$

所以

$$\dot U_{C_1(2)} = \dot U_{1(2)} = 20\sqrt{2}\angle 0°(V)$$

将以上算出的各响应分量，按时域形式叠加（瞬时式叠加），所以

$$u_{C_1}(t) = [1696\cos(314t + 90°) + 40\cos942t]V$$

$$u_{C_2}(t) = [1696\cos(314t - 90°)]V$$

感抗和容抗对各次谐波分量的反应是不同的，这种特性在工程上得到广泛的应用。最常见的应用就是利用感抗和容抗随频率而变化的特性组成各种滤波器。所谓滤波器，是一类由电感、电容和电阻组成的电路，接在电路的输入和输出之间，可以让需要的频率分量顺利通过，而抑制某些不需要的频率分量。按其实现的功能可分为低通滤波器、高通滤波器、带通滤波器和带阻滤波器等。

3.4　实际应用举例——矩形波发生器

矩形波电压常作为信号源应用于数字电路中，如图 3-15（a）所示为一个基本的矩形波发生器电路，由于矩形波谐波分量丰富，故又称为多谐振荡器。它由滞回比较器和 R_1C 电路组成。图中 R_1C 回路既是负反馈电路，又作为延时环节，通过 R_1C 充放电，实现电路输出状态的自动翻转。VS 是双向稳压二极管，使得输出电压 u_o 的幅度限制在 $\pm U_Z$，R_4 是限流电阻。电路的阈值电压由 R_2 与 R_3 分压产生，为

$$\pm U_T = \pm \frac{R_2}{R_2 + R_3}U_Z$$

在接通电源后，若 $u_o = +U_Z$，则阈值电压为 $+U_T$。同时，u_o 通过 R_1 给电容 C 充电。充电过程中，当 $u_C < +U_T$ 时，输出保持 $u_o = +U_Z$；当 u_C 上升到 $+U_T$ 时，u_o 即从 $+U_Z$ 跃变到 $-U_Z$。同时，阈值电压变为 $-U_T$。此时 $u_C > u_o$，所以电容 C 通过 R_1 放电。放电过程中，$u_C > -U_T$ 时，输出保持 $u_o = -U_Z$；当 u_C 下降到 $-U_T$ 时，u_o 又从 $-U_Z$ 跃变到 $+U_Z$。如此循环往复，产生自激振荡，电路中 u_C 与 u_o 的波形如图 3-15（b）所示。电路的振荡周期为

$$T = 2R_1C\ln\left(1 + \frac{2R_2}{R_3}\right)$$

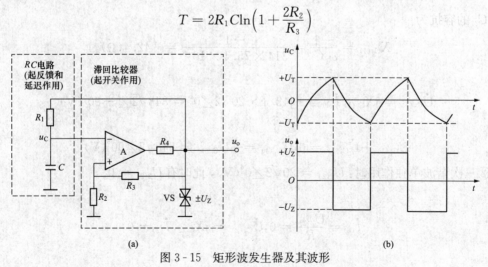

(a)　　　　　　　　　　　　　　　　(b)

图 3-15　矩形波发生器及其波形

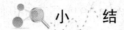

小　结

本章讨论的非正弦周期电流电路，是指非正弦周期信号作用于线性电路并达到稳态时的状况。一般情况下，电路中的响应也为非正弦周期电量，但响应的波形与激励的波形不具有相似性。本章主要介绍了非正弦周期信号的傅里叶级数展开，非正弦周期信号有效值的计算，非正弦周期电流电路平均功率的计算；详细介绍了非正弦周期电流电路的分析方法，即谐波分析法。本章的主要内容总结如下：

（1）在电工技术中遇到的非正弦周期信号，一般都满足狄里赫利条件，可以按傅里叶级数展开，分解为恒定分量（直流分量）和一系列不同频率的正弦量（各次谐波分量）之和。傅里叶级数是无穷三角级数。以非正弦周期电流为例。

$$i(t) = I_0 + \sum_{k=1}^{\infty} I_{km}\cos(k\omega_1 t + \varphi_k) = I_0 + \sum_{k=1}^{\infty} \sqrt{2}I_k\cos(k\omega_1 t + \varphi_k)$$

（2）非正弦周期信号的有效值。

$$I = \sqrt{I_0^2 + \frac{1}{2}\sum_{k=1}^{\infty} I_{km}^2} = \sqrt{I_0^2 + \sum_{k=1}^{\infty} I_k^2} = \sqrt{I_0^2 + I_1^2 + I_2^2 + I_3^2 + \cdots}$$

$$U = \sqrt{U_0^2 + \frac{1}{2}\sum_{k=1}^{\infty} U_{km}^2} = \sqrt{U_0^2 + \sum_{k=1}^{\infty} U_k^2} = \sqrt{U_0^2 + U_1^2 + U_2^2 + U_3^2 + \cdots}$$

（3）非正弦周期电流电路的平均功率。

设任意二端网络的端口电压 u、电流 i 为非正弦周期信号，并且参考方向关联。则二端网络吸收的平均功率为

$$P = U_0 I_0 + \sum_{k=1}^{\infty} \frac{1}{2}U_{km}I_{km}\cos\varphi_k = U_0 I_0 + \sum_{k=1}^{\infty} U_k I_k\cos\varphi_k$$
$$= U_0 I_0 + U_1 I_1\cos\varphi_1 + U_2 I_2\cos\varphi_2 + U_3 I_3\cos\varphi_3 + \cdots$$

式中，$\varphi_k = \varphi_{uk} - \varphi_{ik}$，为 k 次谐波电压与电流的相位差。可见，非正弦周期电流电路的平均功率（有功功率）等于恒定分量的功率与各次谐波平均功率的代数和。

（4）非正弦周期电流电路的分析采用谐波分析法。这是一种以非正弦周期信号的傅里叶级数展开为前提，以线性电路的叠加定理为依据，以直流电路的分析和正弦稳态电路的相量法为基础的分析计算方法。它实质上是把非正弦周期电流电路的计算，转化为直流电路和一系列不同频率的正弦电流电路的计算。其具体计算步骤如下：

1）将给定的非正弦周期性电源的电压或电流展开为傅里叶级数，分解为直流（恒定）分量和各次谐波分量之和。

2）根据线性电路的叠加定理，分别计算在激励的直流分量和各次谐波分量单独作用下，电路中所产生的响应分量。

①直流分量单独作用时：按直流电路来分析，求出响应的直流分量。此时电路中的电感 L 相当于短路，电容 C 相当于开路。

②k 次谐波分量单独作用时：按 $\omega = k\omega_1$ 的正弦稳态电路来分析，采用相量法求出响应的 k 次谐波分量。值得注意的是，电感 L 和电容 C 对各次谐波分量所呈现的感抗和容抗不同。

基波单独作用时：$(k=1)$：$X_{L(1)}=\omega_1 L$，$X_{C(1)}=\dfrac{-1}{\omega_1 C}$。

k 次谐波单独作用时：$X_{L(k)}=k\omega_1 L=kX_{L(1)}$，$X_{C(k)}=\dfrac{-1}{k\omega_1 C}=\dfrac{1}{k}X_{C(1)}$。

3) 把所得到的各响应分量，按时域形式叠加（瞬时式叠加），就得到该电路中的响应。

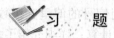 习　题

3-1　试将如图 3-16 所示的周期波形展开为傅里叶级数，并分别画出它们的频谱图。

3-2　已知某信号半周期的波形如图 3-17 所示。试在下列不同条件下画出整个周期的波形。

(1) $a_0=0$。

(2) 对所有 k，$b_k=0$。

(3) 对所有 k，$a_k=0$。

(4) 当 k 为偶数时，a_k 和 b_k 都为零。

3-3　RC 滤波器如图 3-18 所示，已知输入电压 $u_1(t)=[240+100\sqrt{2}\cos628t]$V，$R=200\Omega$，$C=50\mu$F。试求输出电压 $u_2(t)$，并分析经过滤波后 u_2 中的直流分量和交流分量的变化情况。

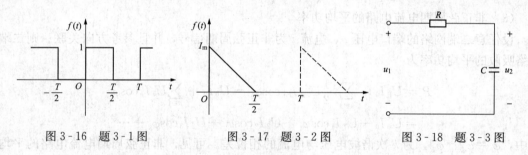

图 3-16　题 3-1 图　　　　图 3-17　题 3-2 图　　　　图 3-18　题 3-3 图

3-4　有效值为 100V 的正弦电压加在某电感两端时，测得其电流 $I=10$A；当端电压中增加了三次谐波分量，而有效值仍为 100V 时，测得其电流 $I=8$A。求这一非正弦电压中的基波和三次谐波分量的有效值。

3-5　某 RLC 串联电路，已知端电压 $u(t)=(100+150\sin1000t+50\cos2000t)$V，电阻 $R=100\Omega$，电感 $L=0.1$H，电容 $C=10\mu$F。设电路中的电流 i 与端电压 u 为参考方向关联，求此电流 $i(t)$ 及电阻消耗的平均功率。

3-6　某 RLC 串联电路，电路中的端电压 u 与电流 i 为关联参考方向，已知

$$u(t)=[100\cos314t+50\cos(942t-30°)]\text{V}$$
$$i(t)=[10\cos314t+1.755\cos(942t+\theta_3)]\text{A}$$

试求：①R、L、C 的值；②θ_3 的值；③电路消耗的功率。

3-7　电路如图 3-19 所示，已知电压 $u(t)=[50+100\cos\omega t+15\cos2\omega t]$V，$R=30\Omega$，$\omega L=\dfrac{1}{\omega C}=40\Omega$。试求：①电压 $u(t)$ 的有效值；②电流 $i_1(t)$ 和 $i_2(t)$；③电路吸收的平均功率。

3-8 电路如图 3-20 所示，已知电压、电流为

$$u(t) = (10 + 10\cos 1000t)\text{V}$$

$$i(t) = [5 + 2.5\sqrt{2}\cos(1000t - 8.13°)]\text{A}$$

试求：①电压 $u(t)$ 和电流 $i(t)$ 的有效值；②R_1、R_2、L 的值；③电路吸收的平均功率。

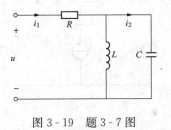 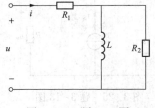

图 3-19 题 3-7 图　　　　图 3-20 题 3-8 图

3-9 如图 3-21 所示滤波电路，要求输入电压中的 $4\omega_1$ 分量全部送至负载 R，而负载上不含基波分量。若 $\omega_1 = 1000\text{rad/s}$，电容 $C = 1\mu\text{F}$，求电感 L_1 和 L_2 的值。

3-10 如图 3-22 所示电路中，输入 $u_S(t)$ 为非正弦周期电压，含有 $3\omega_1$ 和 $7\omega_1$ 的谐波分量。如果要求输出电压 $u_o(t)$ 中不含这两种分量，问电感 L 和电容 C 的值应为多少？

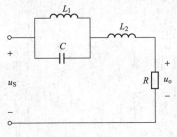

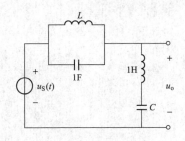

图 3-21 题 3-9 图　　　　图 3-22 题 3-10 图

3-11 电路如图 3-23 所示，已知 $i_S(t) = [5 + 10\cos(10t - 20°) - 5\sin(30t + 60°)]\text{A}$，$L_1 = L_2 = 2\text{H}$，$M = 0.5\text{H}$。求图中交流电表的读数和 $u_2(t)$。

3-12 电路如图 3-24 所示，已知电流源 $i_S(t) = [2\sin(t + 36.9°) + 3\sin(2t - 53.1°)]\text{A}$，电压源 $u_S(t) = [10\sin t + 8\sin 2t + 2\sin 3t]\text{V}$。求图中的 $u_1(t)$ 和 $i_2(t)$ 及两个电源的平均功率。

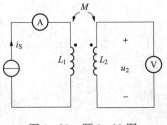 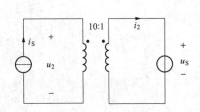

图 3-23 题 3-11 图　　　　图 3-24 题 3-12 图

3-13 如图 3-25 所示电路，已知 $R = 100\Omega$，$L = 4\text{H}$，$C = 20\mu\text{F}$，电流源 $i_S(t) = 2\text{A}$，

电压源 $u_S(t)=100\sin10^2 t\text{V}$，求 $u_o(t)$。

3-14　如图 3-26 所示电路，已知电压源 $u_S(t)=[1.5+5\sqrt{2}\sin(2t+90°)]\text{V}$，电流源 $i_S(t)=(2\sin1.5t)\text{A}$，$R=1\Omega$，$L=2\text{H}$，$C=\dfrac{2}{3}\text{F}$。求 $u_R(t)$ 及电压源发出的功率。

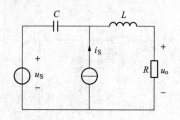　　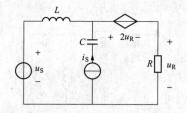

图 3-25　题 3-13 图　　　　　图 3-26　题 3-14 图

4 线性动态电路的时域分析

含有储能元件电感 L、电容 C 的电路是动态电路，描述动态电路的方程是微分方程，动态电路的响应一般由稳态响应和暂态响应组成。本章采用直接求解线性常微分方程的方法分析动态电路的响应，主要内容包括：初始条件的确定，动态微分方程的建立，一阶电路的零输入响应、零状态响应和全响应的特点及其计算方法，一阶电路时间常数的概念及三要素分析法，动态电路的强制分量、自由分量、稳态分量、暂态分量、阶跃响应、冲激响应等概念，简单介绍二阶电路的特点及分析方法。

【教学要求及目标】

知识要点	目标与要求	相关知识	掌握程度评价
动态电路的概念及初始条件的确定	理解和掌握	电感元件、电容元件及其伏安特性	
零输入响应、零状态响应、全响应、三要素分析法	理解和掌握	一阶线性微分方程及其特征方程、通解和特解	
阶跃响应、冲激响应	熟练掌握	奇异函数	
二阶电路特性	熟练掌握	二阶线性微分方程	

4.1 动态电路的方程及其初始条件

【基本概念】

电容元件：是一种表征电路元件能储存电场能量的理想元件，其原始模型为由两块金属极板中间用绝缘介质隔开的平板电容器。当在两极板加电压后，极板上分别积聚着等量的正负电荷，在两个极板之间产生电场。其特性是由电容元件的电压与电荷关系表示的，称为库伏特性。从元件特性上，电容元件可分为线性电容、非线性电容、时不变电容和时变电容。

电感元件：电感元件是一种表征电路元件能储存磁场能量的理想元件，其原始模型为导线绕成圆柱线圈。当线圈通过电流时，在线圈中就会产生磁通量，并储存能量。其特性是由电感元件的磁通链与电流关系表示的，称为韦安特性。从元件特性上，电感元件可分为线性电感、非线性电感、时不变电感和时变电感。

初始条件：电路工作状态的改变称为"换路"，并认为换路是在 $t=0$ 时刻进行的。把换路前的最终时刻记为 $t=0_-$，把换路后的最初时刻记为 $t=0_+$。电路变量及其各阶导数在 $t=0_+$ 时刻的初始值称为电路的初始条件。

【引入】

描述电路暂态响应的方程是微分方程，而微分方程的定解问题需要初始条件。在数学上，微分方程的初始条件通常是作为已知条件给出的，而在电路问题中，则需要根据物理规律确定初始条件。

4.1.1　动态电路的方程

电感元件和电容元件的电压与电流的约束关系是通过微分或积分形式来表达的，所以称为动态元件，又称为储能元件。含有动态元件的电路称为动态电路。在动态电路中，根据 KVL 和 KCL 以及元件的 VCR 建立的电路方程，是以电流或电压为变量的微分方程或微分-积分方程，微分方程的阶数取决于独立动态元件的个数和电路的结构。当电路中仅含一个动态元件时，所建立的电路方程将是一阶线性常微分方程，相应的电路称为一阶电路。当电路中含有两个或 n 个独立的动态元件时，所建立的方程为二阶微分方程或 n 阶微分方程，相应的电路称为二阶电路或 n 阶电路。

在前面所介绍的直流电路、正弦电流电路和非正弦电流电路中，电压和电流或是常量，或是周期量。电路的这种工作状态称为稳定状态，简称"稳态"。一般情况下，这种状态并不是一通电就立即建立起来的，而且处于稳定状态工作的电路也会发生突然变动，如开关的接通或断开、电源量值突变、元件参数的改变、遭遇事故或干扰等，这些变动都会影响到电路中电压、电流的变化规律。这种电路结构或参数变化引起的电路工作状态变化统称为"换路"。

对含有电感、电容的动态电路，换路发生后，它们的储能情况可能发生改变。在实际电路中，电感、电容吸收或释放一定的能量是不可能瞬间完成的，需要经历一个过程，这个过程称为过渡过程或暂态过程，在暂态过程中产生的响应称为暂态响应。一般说来，电路的暂态响应既不是直流量，也不是正弦或非正弦的周期量。因此，既不能把电感、电容视为短路或断路，也不能在电路中使用阻抗和相量的概念。那么，如何求解暂态响应的变化规律呢？

过渡过程的分析需采用动态电路分析方法。动态电路分析的常用方法包括时域分析法和复频域分析法（下一章将介绍）两种。时域分析法又包括经典法和状态变量法。经典法是指根据基尔霍夫定律和电路元件的约束关系，建立以时间为自变量描述动态电路的微分方程。通过求解微分方程得到所要求解的电路变量时域解的方法。对于线性非时变动态电路，所建立的方程是线性常系数微分方程。

4.1.2　初始条件的确定

用经典法求解常微分方程时，必须根据电路的初始条件确定解答中的积分常数。在数学上，微分方程的初始条件通常是作为已知条件给出的，而在电路问题中，则需要根据物理规律确定初始条件。

电容和电感是储能元件，它们储存的能量分别与电压的平方和电流的平方成正比，因此电容电压和电感电流代表了电路的储能状态，所以称它们为电路的状态变量。状态变量的性质有别于非状态变量，所以先研究状态变量的初始值问题。

假定换路是在 $t=0$ 时刻进行的。把换路前的最终时刻记为 $t=0_-$，把换路后的最初时刻记为 $t=0_+$。换路经历的时间为 $0_- \sim 0_+$。设描述电路动态过程的微分方程为 n 阶，所谓初始条件就是指电路中所求变量（电压或电流）及其 $1 \sim (n-1)$ 阶导数在 $t=0_+$ 时刻的值，也称为初始值。其中不能突变的状态变量电容电压 $u_C(0_+)$ 和电感电流 $i_L(0_+)$ 称为独立的初始条件，其余称为非独立的初始条件。

1. 独立初始值 $u_C(0_+)$ 和 $i_L(0_+)$ 的确定

对于线性电容 C，在任意时刻 t 时，它的电荷、电压与电流的关系为

$$q_C(t) = q_C(t_0) + \int_{t_0}^{t} i_C(\xi)\mathrm{d}\xi$$

$$u_C(t) = u_C(t_0) + \frac{1}{C}\int_{t_0}^{t} i_C(\xi)\mathrm{d}\xi$$

令 $t_0 = 0_-$，$t = 0_+$，则

$$\left.\begin{array}{l} q_C(0_+) = q_C(0_-) + \displaystyle\int_{0_-}^{0_+} i_C\mathrm{d}t \\[3mm] u_C(0_+) = u_C(0_-) + \dfrac{1}{C}\displaystyle\int_{0_-}^{0_+} i_C\mathrm{d}t \end{array}\right\} \tag{4-1}$$

如果在 $(0_- \sim 0_+)$ 内，电流 $i_C(t)$ 为有限值，则式（4-1）中右边的积分项为零，此时电容上的电荷和电压不发生跃变，即

$$\left\{\begin{array}{l} q_C(0_+) = q_C(0_-) \\ u_C(0_+) = u_C(0_-) \end{array}\right. \tag{4-2}$$

对于一个在 $t=0_-$ 储存电荷 $q(0_-)$，电压为 $u_C(0_-) = U_0$ 的电容，在换路瞬间不发生跃变的情况下，有 $u_C(0_+) = u_C(0_-) = U_0$。可见在换路的瞬间，电容可视为一个电压值为 U_0 的电压源。同理，对于一个在 $t=0_-$ 不带电荷的电容，在换路瞬间不发生跃变的情况下，有 $u_C(0_+) = u_C(0_-) = 0$，即在换路的瞬间，电容相当于短路。

对于线性电感 L，在任意时刻 t 时，它的磁通链、电流与电压的关系为

$$\psi_L(t) = \psi_L(t_0) + \int_{t_0}^{t} u_L(\xi)\mathrm{d}\xi$$

$$i_L(t) = i_L(t_0) + \frac{1}{L}\int_{t_0}^{t} u_L(\xi)\mathrm{d}\xi$$

令 $t_0 = 0_-$，$t = 0_+$ 则得

$$\left.\begin{array}{l} \psi_L(0_+) = \psi_L(0_-) + \displaystyle\int_{0_-}^{0_+} u_L\mathrm{d}t \\[3mm] i_L(0_+) = i_L(0_-) + \dfrac{1}{L}\displaystyle\int_{0_-}^{0_+} u_L\mathrm{d}t \end{array}\right\} \tag{4-3}$$

如果在 $(0_- \sim 0_+)$ 内，电压 $u_L(t)$ 为有限值，则式（4-3）右边的积分项为零，此时电感的磁通链和电流不发生跃变，即

$$\left.\begin{array}{l} \psi_L(0_+) = \psi_L(0_-) \\ i_L(0_+) = i_L(0_-) \end{array}\right\} \tag{4-4}$$

对于一个在 $t=0_-$ 时电流为 I_0 的电感，在换路瞬间不发生跃变的情况下，有 $i_L(0_+) = i_L(0_-) = I_0$，此电感在换路瞬间可视为一个电流值为 I_0 的电流源。同理，对于一个在 $t=0_-$ 时电流为零的电感，在换路瞬间不发生跃变的情况下，有 $i_L(0_+) = i_L(0_-) = 0$，在换路的瞬间，此电感相当于开路。

式（4-2）和式（4-4）说明，在换路前后电容电流和电感电压为有限值的条件下，换路前后瞬间电容电压和电感电流不发生跃变。上述关系统称为换路定则，又称为换路定律，它们是计算初始值的基本依据。

2. 非独立初始值的确定

对于电容电压和电感电流以外的非状态变量，由于不一定直接对应电路的储能，因而可能发生跃变现象，不能用原始值作为初始值。这些非独立初始值可按下面步骤确定。

（1）根据 $t=0_-$ 的等效电路，确定 $u_C(0_-)$ 和 $i_L(0_-)$。对于直流激励的电路，若在 $t=0_-$ 时电路处于稳态，则电感视为短路，电容视为开路，得到 $t=0_-$ 时的等效电路，并用前面所讲的分析直流电路的方法确定 $u_C(0_-)$ 和 $i_L(0_-)$。

（2）由换路定则得到 $u_C(0_+)$ 和 $i_L(0_+)$。

（3）画出 $t=0_+$ 时的等效电路也称为初始值等效电路。在 $t=0_+$ 时的等效电路中，电容所在处用电压为 $u_C(0_+)$ 的电压源替代，电感所在处用电流为 $i_L(0_+)$ 的电流源替代。激励源则用 $u_S(0_+)$ 与 $i_S(0_+)$ 的直流电源替代，这样处理后的 0_+ 等效电路是一个直流电阻电路。

（4）根据 $t=0_+$ 时的等效电路确定其他非独立初始条件。

【例 4-1】　电路如图 4-1（a）所示，开关动作前电路已达稳态，$t=0$ 时开关 S 闭合。求 $i_L(0_+)$、$u_C(0_+)$、$u_L(0_+)$、$i_C(0_+)$、$i(0_+)$。

解　可根据 $t=0_-$ 时刻的电路状态计算 $i_L(0_-)$ 和 $u_C(0_-)$。由于开关 S 闭合前电路是直流稳态，电容相当于开路，电感相当于短路，于是有

$$i_L(0_-) = \frac{10}{6+4} = 1(\text{A})$$

$$u_C(0_-) = 4i_L(0_-) = 4(\text{V})$$

由换路定则得

$$i_L(0_+) = i_L(0_-) = 1(\text{A})$$

$$u_C(0_+) = u_C(0_-) = 4(\text{V})$$

画出 $t=0_+$ 时刻的等效电路如图 4-1（b）所示，由 KVL 有

$$-10 + u_L(0_+) + 4i_L(0_+) = 0$$

$$-10 + u_C(0_+) + 2i_C(0_+) = 0$$

所以

$$u_L(0_+) = 6(\text{V}), i_C(0_+) = 3(\text{A})$$

由 KCL 有

$$i(0_+) = i_L(0_+) + i_C(0_+) = 4(\text{A})$$

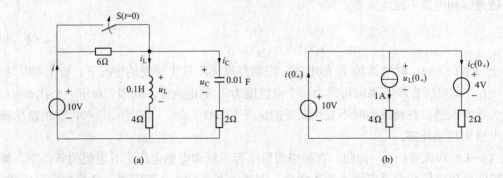

图 4-1　［例 4-1］图

4.2 一阶电路的零输入响应和零状态响应

【基本概念】

一阶线性微分方程：形如 $y'+p(x)y=Q(x)$ 的微分方程称为一阶线性微分方程，$Q(x)$ 称为自由项。一阶指的是方程中关于 y 的导数是一阶导数；线性指的是方程简化后的每一项关于 y、y' 的次数为 0 或 1。当 $Q(x)=0$ 时，方程为 $y'+p(x)y=0$，这时称方程为一阶齐次线性微分方程。当 $Q(x)\neq0$ 时，称方程 $y'+p(x)y=Q(x)$ 为一阶非齐次线性微分方程。

一阶电路：电路中仅含一个动态元件时，描述电路的方程是一阶线性微分方程，相应的电路称为一阶电路。

【引入】

一个动态电路的响应是各种能量来源共同作用的结果。作用于电路的能量来源于两个方面：一是由外施激励（即独立电源）输入的；二是由电路中储能元件（L、C）储存的。把某时刻 t_0 的电容电压值和电感电流值称为电路在 t_0 时刻的"状态"，则电路在某时刻 t_0 之后的响应就是由外施激励"输入"和电容、电感在 t_0 时刻的"状态"共同决定的。按照引起能量来源加以区分，响应可分成三种类型：零输入响应、零状态响应和全响应。做这样的区分，一是为了遵循从特殊到一般的认识规律；二是因为这些响应各具特点，并且都存在鲜明的工程背景。下面我们首先来学习零输入响应和零状态响应。

4.2.1 一阶电路的零输入响应

动态电路中无外施激励电源，仅由于动态元件初始储能所产生的响应，称为动态电路的零输入响应。

1. RC 电路的零输入响应

图 4-2（a）所示电路中，开关原来在位置"1"，电容已充电，其电压 $u_C(0_-)=U_0$，开关 S 在 $t=0$ 时由"1"合到"2"，由于电容电压不能跃变，$u_C(0_+)=u_C(0_-)=U_0$，此时电路中的电流最大 $i(0_+)=\dfrac{U_0}{R}$。换路后，电容储存的能量将通过电阻以热能形式释放出来。下面从数学上来分析换路后电路中电压和电流的变化规律。

当 $t\geq0_+$ 时，电路如图 4-2（b）所示。由 KVL 得

$$u_R-u_C=0$$

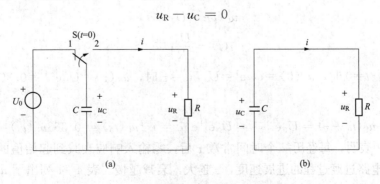

图 4-2　RC 电路的零输入响应

将 $u_R = Ri$，$i = -C\dfrac{\mathrm{d}u_C}{\mathrm{d}t}$ 代入上述方程得

$$RC\frac{\mathrm{d}u_C}{\mathrm{d}t} + u_C = 0$$

这是一阶齐次微分方程，初始条件为

$$u_C(0_+) = u_C(0_-) = U_0$$

令 $u_C(t) = Ae^{pt}$，得相应的特征方程为

$$RCp + 1 = 0$$

特征根为

$$p = -\frac{1}{RC}$$

齐次微分方程的通解为

$$u_C(t) = Ae^{pt} = Ae^{-\frac{1}{RC}t}$$

代入初始条件得

$$A = u_C(0_+) = U_0$$

所以微分方程的解为

$$u_C(t) = u_C(0_+)e^{-\frac{1}{RC}t} = U_0 e^{-\frac{1}{RC}t} \quad (t \geqslant 0)$$

这就是放电过程中电容电压 u_C 的表达式。

电路中的电流为

$$i(t) = -C\frac{\mathrm{d}u_C}{\mathrm{d}t} = \frac{U_0}{R}e^{-\frac{1}{RC}t} \quad (t > 0)$$

电阻上的电压为

$$u_R(t) = u_C(t) = U_0 e^{-\frac{1}{RC}t} \quad (t > 0)$$

从以上表达式可以看出，电压 u_C、u_R 及电流 i 都是按同样的指数规律衰减的。它们衰减的快慢取决于指数中 $\dfrac{1}{RC}$ 的大小。由于 $p = -\dfrac{1}{RC}$，即电路特征方程的特征根，仅取决于电路的结构和元件的参数。当电阻的单位为 Ω，电容的单位为 F 时，乘积 RC 的单位为 $\Omega \cdot F = \dfrac{V}{A} \cdot \dfrac{A \cdot s}{V} = s$，它具有时间的量纲，称为 RC 电路的时间常数，用 τ 表示。引入 $\tau = RC$ 后，电容电压 u_C 和电流 i 可表示为

$$u_C(t) = U_0 e^{-\frac{t}{\tau}}$$

$$i(t) = \frac{U_0}{R}e^{-\frac{t}{\tau}}$$

不难看出：$t = 0$ 时，$u_C(0) = U_0 e^0 = U_0$，$t = \tau$ 时，$u_C(\tau) = U_0 e^{-1} = 0.368U_0$。推广到 $u_C(t_0 + \tau)$，有

$$u_C(t_0 + \tau) = U_0 e^{-\frac{t_0 + \tau}{\tau}} = U_0 e^{-1}e^{-\frac{t_0}{\tau}} = e^{-1}u_C(t_0) = 0.368u_C(t_0) \quad (4-5)$$

式（4-5）表明，每经历一个时间常数 τ 后，零输入响应衰减到起始值的 0.368 倍。τ 的大小反映了电路过渡过程的进展速度，τ 越大，衰减越慢。表 4-1 列出了 u_C 在不同时刻的值。

表 4 - 1 u_C 随 τ 的变化值

t	0	τ	2τ	3τ	4τ	5τ	$\cdots$	∞
u_C	U_0	$0.368U_0$	$0.135U_0$	$0.050U_0$	$0.018U_0$	$0.0067U_0$	$\cdots$	0

当 u_C 为零时，电路达到稳态，理论上需要经历无限长的时间。工程实际中，一般认为换路后，经过（3～5）τ 过渡过程即告结束。

图 4-3 (a)、(b) 所示曲线为电压 u_C、u_R 及电流 i 随时间变化的曲线。

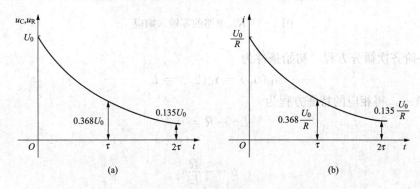

图 4-3　u_C、u_R 和 i 随时间变化的曲线

时间常数 τ 还可以从 u_C 的波形上用几何方法确定。图 4-4 中，在 u_C 的曲线上任取一点 A，过 A 作切线 AC，则图中的次切距为

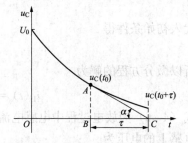

图 4-4　时间常数 τ 的几何意义

$$BC = \frac{AB}{\tan\alpha} = \frac{u_C(t_0)}{-\left.\dfrac{du_C}{dt}\right|_{t=t_0}} = \frac{U_0 e^{-\frac{t_0}{\tau}}}{\frac{1}{\tau}U_0 e^{-\frac{t_0}{\tau}}} = \tau$$

可见，时间常数 τ 是 u_C 曲线上任意一点的次切距的长度。

在放电过程中，电容储存的电场能量全部为电阻吸收而转化成热能，即

$$W_R = \int_0^\infty i^2 R dt = \int_0^\infty \left(\frac{U_0}{R} e^{-\frac{1}{RC}t}\right)^2 R dt = \frac{U_0^2}{R}\int_0^\infty e^{-\frac{2t}{RC}} dt = \frac{U_0^2}{R}\left(-\frac{RC}{2}\right)e^{-\frac{2t}{RC}}\bigg|_0^\infty = \frac{1}{2}CU_0^2$$

2. RL 电路的零输入响应

如图 4-5 (a) 所示电路，开关打开之前电路已处于稳态，其电流 $i_L(0_-)=I_0$，开关 S 在 $t=0$ 时打开，由于电感电流不能跃变，$i_L(0_+)=i_L(0_-)=I_0$。换路后，电感储存的磁场能量逐渐被电阻 R 消耗，转化为热能。下面从数学上来分析换路后电路中电压和电流的变化规律。

当 $t \geqslant 0_+$ 时，电路如图 4-5 (b) 所示。由 KVL 得

$$u_R - u_L = 0$$

将 $u_R = -Ri_L$，$u_L = L\dfrac{di_L}{dt}$ 代入上述方程得

$$L\frac{di_L}{dt} + Ri_L = 0$$

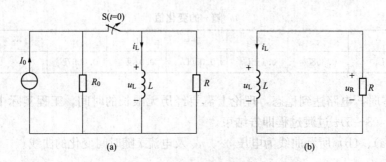

图 4-5　RL 电路的零输入响应

这是一阶齐次微分方程，初始条件为

$$i_L(0_+) = i_L(0_-) = I_0$$

令 $i_L(t) = Ae^{pt}$，得相应的特征方程为

$$Lp + R = 0$$

特征根为

$$p = -\frac{R}{L}$$

齐次微分方程的通解为

$$i_L(t) = Ae^{pt} = Ae^{-\frac{R}{L}t}$$

代入初始条件得

$$A = i_L(0_+) = I_0$$

所以微分方程的解为

$$i_L(t) = i_L(0_+)e^{-\frac{R}{L}t} = I_0e^{-\frac{R}{L}t} \quad (t \geqslant 0) \tag{4-6}$$

式（4-6）为放电过程中电感电流 i_L 的表达式。

电感上的电压为

$$u_L(t) = L\frac{di_L}{dt} = -RI_0e^{-\frac{R}{L}t} \quad (t > 0)$$

与 RC 电路类似，$\tau = \dfrac{L}{R}$ 称为 RL 电路的时间常数。则上述各式可表示为

$$i_L(t) = I_0e^{-\frac{t}{\tau}} \quad (t \geqslant 0)$$

$$u_L(t) = -RI_0e^{-\frac{t}{\tau}} \quad (t > 0)$$

i_L、u_L 随时间变化的曲线如图 4-6（a）、（b）所示。

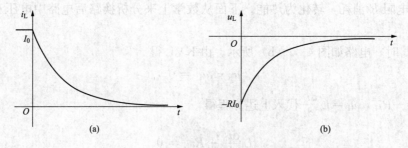

图 4-6　RL 电路的零输入响应波形

在 RL 放电电路的动态过程中，电感储存的磁场能量全部变成了电阻消耗的能量，即

$$W_R = \int_0^\infty i_L^2(t)R\mathrm{d}t = \int_0^\infty RI_0^2 \mathrm{e}^{-\frac{2t}{\tau}} \mathrm{d}t = \frac{1}{2}LI_0^2$$

从以上分析可见，零输入响应都是从初始值按指数规律衰减到零的变化过程。

【例 4 - 2】 如图 4 - 7（a）所示电路中 $U_S = 10\mathrm{V}$，$R_1 = R_2 = 4\Omega$，$C = 1\mathrm{F}$。电路换路前处于稳态，$t = 0$ 时开关 S 由 "1" 合向 "2"。试求换路后的 $u_C(t)$、$i_C(t)$、$i(t)$。

解 由于换路前电路已达稳态，则

$$u_C(0_+) = u_C(0_-) = \frac{R_2}{R_1 + R_2}U_S = \frac{4}{4+4} \times 10 = 5(\mathrm{V})$$

将图 4 - 7（a）换路后的电路等效为图 4 - 7（b），等效电阻为

$$R_{eq} = \frac{R_1 R_2}{R_1 + R_2} = \frac{4 \times 4}{4+4} = 2(\Omega)$$

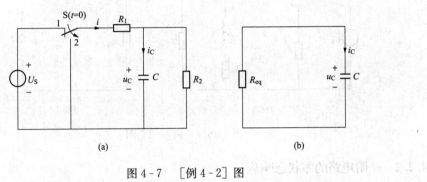

图 4 - 7 ［例 4 - 2］图

电路的时间常数

$$\tau = R_{eq}C = 2 \times 1 = 2(\mathrm{s})$$

所以

$$u_C(t) = u_C(0_+)\mathrm{e}^{-\frac{t}{\tau}} = 5\mathrm{e}^{-0.5t}(\mathrm{V}) \quad (t \geqslant 0)$$

$$i_C(t) = -\frac{u_C(t)}{R_{eq}} = -2.5\mathrm{e}^{-0.5t}(\mathrm{A}) \quad (t > 0)$$

$$i(t) = -\frac{u_C(t)}{R_1} = -1.25\mathrm{e}^{-0.5t}(\mathrm{A}) \quad (t > 0)$$

$i_C(t)$、$i(t)$ 也可以根据 $i_C(t) = i_C(0_+)\mathrm{e}^{-\frac{t}{\tau}}$ 和 $i(t) = i(0_+)\mathrm{e}^{-\frac{t}{\tau}}$ 求得，同学们可以自己练习。

【例 4 - 3】 如图 4 - 8（a）所示电路中 $U_S = 12\mathrm{V}$，$R_1 = 4\Omega$，$R_2 = 2\Omega$，$R_3 = 3\Omega$，$R_4 = 6\Omega$，$L = 6\mathrm{H}$。换路前电路处于稳态，$t = 0$ 时开关 S 由 "1" 合向 "2"。试求换路后的 $i_L(t)$、$u_L(t)$、$i_1(t)$、$u_{12}(t)$。

解 由于换路前电路已达稳态，则

$$i_L(0_+) = i_L(0_-) = \frac{U_S}{R_2 + R_3 /\!/ R_4} \times \frac{R_4}{R_3 + R_4} = \frac{12}{2 + 3 /\!/ 6} \times \frac{6}{3+6} = 2(\mathrm{A})$$

将图 4 - 8（a）换路后的电路等效为图 4 - 8（b）。等效电阻为

$$R_{eq} = R_3 + (R_1 + R_2) /\!/ R_4 = 3 + \frac{6 \times (2+4)}{6+2+4} = 6(\Omega)$$

电路的时间常数

$$\tau = \frac{L}{R_{eq}} = \frac{6}{6} = 1(s)$$

所以

$$i_L(t) = i_L(0_+)e^{-\frac{t}{\tau}} = 2e^{-t}(A) \quad (t \geqslant 0)$$

$$u_L(t) = L\frac{di_L}{dt} = -12e^{-t}(V) \quad (t > 0)$$

$$i_1(t) = \frac{R_4}{R_1 + R_2 + R_4}i_L(t) = \frac{6}{6+4+2} \times 2e^{-t} = e^{-t}(A) \quad (t > 0)$$

$$u_{12}(t) = U_S + 4i_1(t) = (12 + 4e^{-t})(V) \quad (t > 0)$$

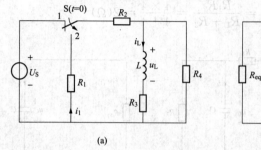 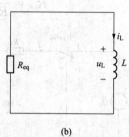

(a)   (b)

图 4 - 8   ［例 4 - 3］图

4.2.2   一阶电路的零状态响应

零状态响应是指电路在零初始状态下（动态元件的初始储能为零），仅由外施激励所产生的响应。

1. RC 电路的零状态响应

图 4 - 9 所示电路中，开关 S 闭合前电路处于零初始状态，即 $u_C(0_-) = 0$，在 $t = 0$ 时开关 S 闭合，将直流电压源 U_S 接入电路，对电容进行充电。开关闭合瞬间，电路的状态连续，即 $u_C(0_+) = u_C(0_-) = 0$，开关闭合后电路的 KVL 方程为

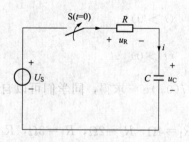

$$u_R + u_C = U_S$$

图 4 - 9 RC 电路的零状态响应

将 $u_R = Ri$，$i = C\frac{du_C}{dt}$ 代入 KVL 方程得

$$RC\frac{du_C}{dt} + u_C = U_S$$

此方程为一阶线性非齐次微分方程，方程的解由非齐次方程的特解 u_C' 和对应的齐次方程的通解 u_C'' 两个分量组成，即

$$u_C = u_C' + u_C''$$

不难求得特解为

$$u_C' = U_S$$

而对应的齐次方程 $RC\frac{du_C}{dt} + u_C = 0$ 的通解为

$$u''_C = Ae^{-\frac{t}{\tau}}$$

其中 $\tau = RC$，因此

$$u_C = U_S + Ae^{-\frac{t}{\tau}}$$

代入初始条件 $u_C(0_+) = u_C(0_-) = 0$，可求得

$$A = -U_S$$

所以

$$u_C(t) = U_S - U_S e^{-\frac{t}{\tau}} = U_S(1 - e^{-\frac{t}{\tau}}) \quad (t \geqslant 0)$$

电路中的电流为

$$i(t) = C\frac{du_C}{dt} = \frac{U_S}{R}e^{-\frac{t}{\tau}} \quad (t > 0)$$

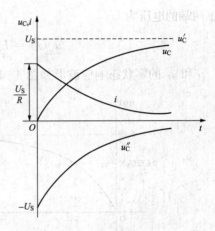

u_C 和 i 的零状态响应波形如图 4-10 所示。电压 u_C 的两个分量 u'_C 和 u''_C 也示于该图中。

u_C 从初始值零开始，按指数规律趋近于稳态值 U_S。i 由初始值 U_S/R 开始，按指数规律衰减到稳态值零。电路达到稳态后，电容相当于开路。

RC 电路接通直流电压源的过程也即是电源通过电阻对电容充电的过程。在充电过程中，电源提供的能量一部分进入电容中转换成电场能储存起来，其数值为

$$W_C = \frac{1}{2}Cu_C^2(\infty) = \frac{1}{2}CU_S^2$$

图 4-10 u_C 和 i 的零状态响应波形

另一部分则由电阻转换成热量消耗掉，其数值等于整个充电过程中的瞬时功率的积分，即

$$W_R = \int_0^\infty i^2 R dt = \int_0^\infty \left(\frac{U_S}{R}e^{-\frac{t}{\tau}}\right)^2 R dt = \frac{U_S^2}{R}\left(-\frac{RC}{2}\right)e^{-\frac{2t}{RC}}\bigg|_0^\infty = \frac{1}{2}CU_S^2$$

可见，不论电路中的电容 C 和电阻 R 的数值为多少，在充电过程中，电源提供的能量只有一半转变成电场能量储存于电容中，而另一半为电阻所消耗，即充电效率只有 50%。

2. RL 电路的零状态响应

如图 4-11 所示电路，开关 S 闭合前电路处于零初始状态，即 $i_L(0_-) = 0$，在 $t = 0$ 时开关 S 闭合，开关闭合瞬间，由于电感电流不能跃变，即 $i_L(0_+) = i_L(0_-) = 0$，电感相当于开路，电感两端的电压 $u_L(0_+) = U_S$。随着电流 i_L 的增加，$u_R = Ri_L$ 也增加，$u_L = U_S - u_R$ 减小，由于 $\frac{di_L}{dt} = \frac{1}{L}u_L$，电流的变化率也减小，电流上升得越来越慢。最后，当 $i_L = \frac{U_S}{R}$，$u_R = U_S$，$u_L = 0$ 时，电路进入另一个稳态。

换路后，电路的微分方程为

$$L\frac{di_L}{dt} + Ri_L = U_S$$

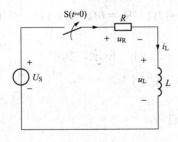

图 4-11 RL 电路的零状态响应

这也是一个一阶非齐次微分方程，初始条件为

$$i_{\mathrm{L}}(0_+) = i_{\mathrm{L}}(0_-) = 0$$

电流 i_{L} 的通解为

$$i_{\mathrm{L}}(t) = i'_{\mathrm{L}} + i''_{\mathrm{L}} = \frac{U_{\mathrm{S}}}{R} + A\mathrm{e}^{-\frac{R}{L}t} = \frac{U_{\mathrm{S}}}{R} + A\mathrm{e}^{-\frac{t}{\tau}}$$

代入初始条件得

$$A = -\frac{U_{\mathrm{S}}}{R}$$

所以

$$i_{\mathrm{L}}(t) = \frac{U_{\mathrm{S}}}{R} - \frac{U_{\mathrm{S}}}{R}\mathrm{e}^{-\frac{R}{L}t} = \frac{U_{\mathrm{S}}}{R}(1 - \mathrm{e}^{-\frac{t}{\tau}}) \quad (t \geqslant 0)$$

电感两端的电压为

$$u_{\mathrm{L}}(t) = L\frac{\mathrm{d}i_{\mathrm{L}}}{\mathrm{d}t} = U_{\mathrm{S}}\mathrm{e}^{-\frac{t}{\tau}} \quad (t > 0)$$

i_L 和 u_L 的零状态响应波形如图 4-12（a）和图 4-12（b）所示。

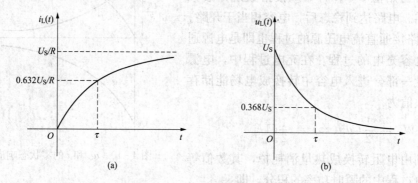

图 4-12 i_L 和 u_L 的零状态响应波形

从上面零状态响应的表达式可以看出，零状态响应与外加激励成正比，当外加激励增大 K 倍时，则零状态响应也增大 K 倍。这种线性关系称为零状态响应的比例性。

如果电路中仅含一个储能元件（L 或 C），电路的其他部分由电阻和独立电源或受控源连接而成，这种电路仍是一阶电路。在求解这类电路时，可以把储能元件以外的部分应用戴维南定理或诺顿定理进行等效变换，然后求得储能元件的电压和电流。如果还要求其他支路的电压或电流，则可以按照变换前的原电路进行求解。

【例 4-4】   如图 4-13（a）所示电路中 $U_{\mathrm{S}} = 15\mathrm{V}$，$R_1 = 3\Omega$，$R_2 = 6\Omega$，$L = 1\mathrm{H}$。开关 S 在 $t = 0$ 时闭合。试求 $t > 0$ 时的 $i_{\mathrm{L}}(t)$、$u_{\mathrm{L}}(t)$。

解   换路后图 4-13（a）电路的戴维南等效电路如图 4-13（b）所示，其中

$$U_{\mathrm{OC}} = \frac{R_2}{R_1 + R_2}U_{\mathrm{S}} = \frac{6}{3+6} \times 15 = 10(\mathrm{V})$$

$$R_{\mathrm{eq}} = \frac{R_1 R_2}{R_1 + R_2} = \frac{3 \times 6}{3+6} = 2(\Omega)$$

电路的时间常数

$$\tau = \frac{L}{R_{\mathrm{eq}}} = \frac{1}{2} = 0.5(\mathrm{s})$$

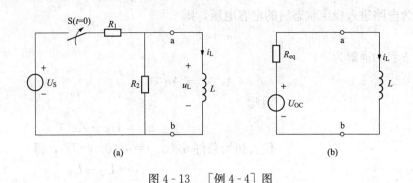

图 4 - 13 ［例 4 - 4］图

i_L 的稳态值

$$i_\mathrm{L}(\infty) = \frac{U_\mathrm{OC}}{R_\mathrm{eq}} = \frac{10}{2} = 5(\mathrm{A})$$

所以

$$i_\mathrm{L}(t) = i_\mathrm{L}(\infty)(1 - \mathrm{e}^{-\frac{t}{\tau}}) = (5 - 5\mathrm{e}^{-2t})\mathrm{A} \quad (t \geqslant 0)$$

$$u_\mathrm{L}(t) = L\frac{\mathrm{d}i_\mathrm{L}}{\mathrm{d}t} = 10\mathrm{e}^{-2t}(\mathrm{V}) \quad (t > 0)$$

4.3 一阶电路的全响应

【基本概念】

一阶非齐次微分方程的特解：满足该一阶非齐次微分方程的某一确定的解，称为该微分方程的一个特解。

一阶非齐次微分方程的通解：一阶非齐次微分方程的通解等于该方程对应的齐次微分方程的通解加上它自身的一个特解。

【引入】

上一节我们分别讨论了一阶电路的零输入响应和零状态响应，那么一阶电路在非零状态下又有外加激励作用时，其响应又具有什么样的特征呢？

4.3.1 全响应

动态电路在非零初始状态下，由外加激励和初始状态共同引起的响应称为全响应。一阶电路的全响应如图 4 - 14 所示。

图 4 - 14 所示电路中，在开关 S 闭合前，电路已有储能，设电容的初始电压为 U_0，即 $u_\mathrm{C}(0_-) = U_0$，在 $t = 0$ 时开关 S 闭合。电路换路后，根据 KVL 有

$$RC\frac{\mathrm{d}u_\mathrm{C}}{\mathrm{d}t} + u_\mathrm{C} = U_\mathrm{S}$$

方程的通解为

$$u_\mathrm{C} = u_\mathrm{C}' + u_\mathrm{C}''$$

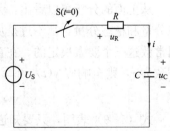

图 4 - 14 一阶电路的全响应

方程的特解为电路进入稳定状态后的电容电压，则

$$u'_C = U_S$$

对应的齐次方程的通解为

$$u''_C = Ae^{-\frac{t}{RC}} = Ae^{-\frac{t}{\tau}}$$

因此

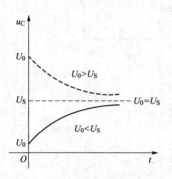

$$u_C = U_S + Ae^{-\frac{t}{\tau}}$$

代入初始条件 $u_C(0_+) = u_C(0_-) = U_0$，得

$$A = U_0 - U_S$$

所以电容电压为

$$u_C(t) = U_S + (U_0 - U_S)e^{-\frac{t}{\tau}} \quad (t \geqslant 0) \quad (4-7)$$

这就是电容电压的全响应表达式。

图 4 - 15　RC 电路的全响应波形

　　RC 电路全响应波形如图 4 - 15 所示。当 $U_0 < U_S$ 时，电容充电；当 $U_0 > U_S$ 时，电容放电；当 $U_0 = U_S$ 时，暂态分量为零，电路换路后立即达到稳态。

4.3.2　全响应的分解

式（4 - 7）可改写为

$$u_C(t) = U_0 e^{-\frac{t}{\tau}} + U_S(1 - e^{-\frac{t}{\tau}}) \quad (t \geqslant 0) \tag{4-8}$$

可以看出，式（4 - 8）右边的第一项为电路的零输入响应，第二项为电路的零状态响应。这说明全响应是零输入响应和零状态响应的叠加，即

全响应 ＝ 零输入响应 ＋ 零状态响应

从式（4 - 7）可以看出，右边的第一项是电路微分方程的特解，其变化规律与外加激励的变化规律有关，所以称为强制分量。式（4 - 7）右边第二项对应的是微分方程的通解，其变化规律取决于电路的结构和元件参数，与外加激励无关，所以称为自由分量。因此，全响应又可以用强制分量和自由分量表示，即

全响应 ＝ 强制分量 ＋ 自由分量

当强制分量为常量或周期函数时，这一分量又称为稳态分量。而自由分量随时间的增长而衰减为零，又可称为暂态分量（或瞬态分量），所以又常将全响应看作是稳态分量和暂态分量的叠加，即

全响应 ＝ 稳态分量 ＋ 暂态分量

4.3.3　一阶电路的三要素法

从上面的分析可以看出，无论把全响应分解为零状态响应和零输入响应，还是分解为暂态分量和稳态分量，都不过是从不同角度去分析全响应。而全响应总是由初始值、特解和时间常数这三个要素决定的。在直流激励下，若初始值为 $y(0_+)$，特解为稳态解 $y(\infty)$，时间常数为 τ，则全响应 $y(t)$ 可写为

$$y(t) = y(\infty) + [y(0_+) - y(\infty)]e^{-\frac{t}{\tau}} \tag{4-9}$$

式（4 - 9）表明，只要知道 $y(0_+)$、$y(\infty)$ 和 τ 这三个要素，就可根据此式直接写出在直流激励下一阶电路的全响应，这种方法称为三要素法。

必须强调，三要素法只是分析一阶电路暂态过程的特殊方法，微分方程分析法才是适用

于各阶电路的通用时域分析法。

【例 4-5】　如图 4-16（a）所示电路中，$I_{S1}=8A$，$I_{S2}=2A$，$R_1=1\Omega$，$R_2=1\Omega$，$L=4H$。开关 S 在 $t=0$ 时闭合。试求 $t>0$ 时电路中的电流 $i_L(t)$、$i(t)$。

解　由换路前电路可求得

$$i_L(0_-)=-I_{S2}=-2(A)$$

由换路定则得

$$i_L(0_+)=i_L(0_-)=-2(A)$$

$t>0$ 时，图 4-16（a）电路的戴维南等效电路如图 4-16（b）所示，其中

$$U_{OC}=R_1I_{S1}-R_1I_{S2}=8\times1-2\times1=6(V)$$

$$R_{eq}=R_1+R_2=1+1=2(\Omega)$$

电路的时间常数为

$$\tau=\frac{L}{R_{eq}}=\frac{4}{2}=2(s)$$

i_L 的稳态值为

$$i_L(\infty)=\frac{U_{OC}}{R_{eq}}=\frac{6}{2}=3(A)$$

于是，由三要素公式得

$$i_L(t)=i_L(\infty)+[i_L(0_+)-i_L(\infty)]e^{-\frac{t}{\tau}}=3+(-2-3)e^{-\frac{t}{2}}=3-5e^{-0.5t}(A)\quad(t\geqslant0)$$

i_L 随时间变化的曲线如图 4-16（c）所示。

电流 $i(t)$ 可根据图 4-16（a）开关 S 闭合后的电路 KCL 求得

$$i(t)=I_{S2}+i_L(t)=5-5e^{-0.5t}(A)\quad(t>0)$$

也可以直接用三要素法求电流 $i(t)$，即 $i(t)=i(\infty)+[i(0_+)-i(\infty)]e^{-\frac{t}{\tau}}$。

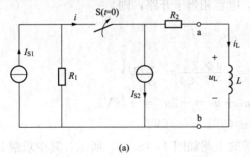
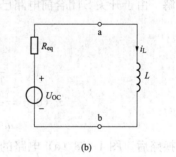

(a)　　　　　　　　　　(b)

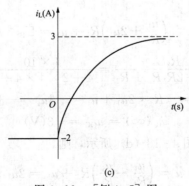

(c)

图 4-16　［例 4-5］图

【例 4-6】　图 4-17（a）中，$C = 0.2\text{F}$ 时零状态响应 $u_C = 20(1 - e^{-0.5t})\text{V}$。若电容 C 改为 0.05F，且 $u_C(0_-) = 5\text{V}$，其他条件不变，再求 $u_C(t)$。

　　解　以储能元件电容 C 为外电路，线性含源电阻网络可用相应的戴维南等效电路替代得如图 4-17（b）所示电路。由题意可知

$$\tau = RC = \frac{1}{0.5} = 2(\text{s}), \; R = 10(\Omega)$$

而

$$u_C(\infty) = u_{OC} = 20(\text{V})$$

当 C 改为 $0.05F$，且 $u_C(0_-) = 5$（V），其他条件不变时，则

$$\tau = RC = 0.5(\text{s}), \; u_C(0_+) = u_C(0_-) = 5(\text{V})$$

因而

$$u_C(t) = 20 + (5 - 20)e^{-\frac{t}{0.5}} = 20 - 15e^{-2t}(\text{V}) \quad (t \geqslant 0)$$

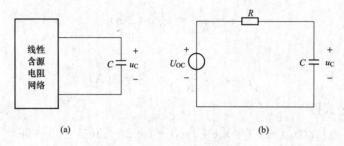

图 4-17　［例 4-6］图

【例 4-7】　如图 4-18（a）所示电路中，$U_S = 10\text{V}$，$I_S = 3\text{A}$，$R_1 = R_2 = 4\Omega$，$R_3 = 2\Omega$，$C = 1\text{F}$，开关 S 闭合前电路已达稳态，$t = 0$ 时 S 闭合。试求换路后的电容电压 $u_C(t)$。

　　解　由于开关 S 闭合前电路已达稳态，电容相当于开路，则

$$\frac{u_1}{R_2} + 2u_1 = I_S$$

$$u_1 = \frac{R_2 I_S}{1 + 2R_2} = \frac{4 \times 3}{1 + 2 \times 4} = \frac{4}{3}(\text{V})$$

$$u_C(0_-) = -R_3 \cdot 2u_1 + u_1 = -3u_1 = -4(\text{V})$$

$$u_C(0_+) = u_C(0_-) = -4(\text{V})$$

换路后，图 4-18（a）电路的戴维南等效电路如图 4-18（b）所示，其中求解 U_{OC} 的电路如图 4-18（c）所示，则

$$\left(\frac{u_1}{R_2} + 2u_1\right)R_1 + u_1 = U_S$$

$$u_1 = \frac{R_2 U_S}{R_1 + 2R_1 R_2 + R_2} = \frac{4 \times 10}{4 + 2 \times 4 \times 4 + 4} = 1(\text{V})$$

$$u_{OC} = -R_3 \cdot 2u_1 + u_1 = -3u_1 = -3(\text{V})$$

$$u_C(\infty) = u_{OC} = -3(\text{V})$$

用加压求流法求 R_{eq} 的电路如图 4-18（d）所示，则

$$u = \left(\frac{u_1}{R_1} + \frac{u_1}{R_2}\right)R_3 + u_1 = 2u_1$$

$$i = \frac{u_1}{R_1} + \frac{u_1}{R_2} + 2u_1 = 2.5u_1$$

等效电阻
$$R_{eq} = \frac{u}{i} = \frac{2u_1}{2.5u_1} = 0.8 \ (\Omega)$$

时间常数
$$\tau = R_{eq}C = 0.8 \times 1 = 0.8 \ (s)$$

由三要素公式得

$$u_C(t) = u_C(\infty) + [u_C(0_+) - u_C(\infty)]e^{-\frac{t}{\tau}}$$

$$= -3 + [-4 - (-3)]e^{-\frac{t}{0.8}} = (-3 - e^{-1.25t})V \quad (t \geqslant 0)$$

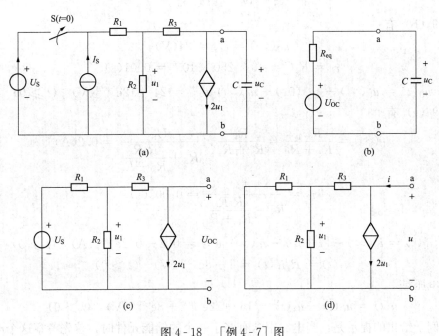

图 4-18 ［例 4-7］图

【例 4-8】 如图 4-19（a）所示电路中，$t<0$ 时开关 S 是接通的，电路处于稳态。设 $U_S = 24V$，$R_1 = R_2 = R_3 = R_4 = 40\Omega$，$L = 0.3H$，$C = 250\mu F$，开关 S 在 $t=0$ 时突然断开。试求 $t>0$ 时开关两端的电压 $u(t)$。

解 该电路虽然包含两个储能元件，但当开关断开以后可以等效成两个一阶电路的计算问题，如图 4-19（b）、（c）所示。分别求出 $u_C(t)$ 和 $u_3(t)$，则开关两端的电压是 $u(t) = u_C(t) - u_3(t)$。

在开关处于接通状态时，图 4-19（a）中的电容相当于开路、电感相当于短路，并且四个电阻构成平衡电桥，所以

$$i_L(0_-) = 0$$

$$u_C(0_-) = \frac{R_3}{R_2 + R_3}U_S = 12(V)$$

由换路定则得

$$i_L(0_+) = i_L(0_-) = 0$$

$$u_C(0_+) = u_C(0_-) = 12(V)$$

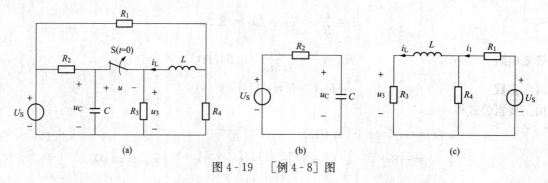

图 4 - 19　〔例 4 - 8〕图

由图 4 - 19（b）有

$$u_C(\infty) = U_S = 24(\text{V})$$

$$\tau_1 = R_2 C = 40 \times 250 \times 10^{-6} = 0.01(\text{s})$$

$$u_C(t) = u_C(\infty) + [u_C(0_+) - u_C(\infty)]e^{-\frac{t}{\tau_1}} = 24 - 12e^{-100t}(\text{V}) \quad (t \geqslant 0)$$

由图 4 - 19（c）有

$$i_L(\infty) = \frac{R_4 i_1}{R_3 + R_4} = \frac{R_4}{R_3 + R_4} \times \frac{U_S}{R_1 + \frac{R_3 R_4}{R_3 + R_4}} = 0.2(\text{A})$$

$$\tau_2 = \frac{L}{R_3 + \frac{R_1 R_4}{R_1 + R_4}} = 0.005(\text{s})$$

$$i_L(t) = i_L(\infty) + [i_L(0_+) - i_L(\infty)]e^{-\frac{t}{\tau_2}} = 0.2 - 0.2e^{-200t}(\text{A}) \quad (t \geqslant 0)$$

$$u_3(t) = R_3 i_L(t) = 8 - 8e^{-200t}(\text{V}) \quad (t > 0)$$

开关两端电压是

$$u(t) = u_C(t) - u_3(t) = 16 - 12e^{-100t} + 8e^{-200t}(\text{V}) \quad (t > 0)$$

这个例子给出的提示是：当电路中含有多于一个的储能元件时，首先考察这个电路能否化成一阶电路的计算问题。若能，便可直接使用三要素法进行分析。

4.4　一阶电路的阶跃响应和冲激响应

【基本概念】

奇异函数：在信号与系统分析中，经常要遇到函数本身有不连续点（跳变点）或其导数与积分有不连续点的情况，这类函数统称为奇异函数或奇异信号。常见的奇异信号包括：斜变、阶跃、冲激、符号函数和冲激偶五种信号。其中斜变是阶跃函数的积分，冲激偶是冲激函数的一阶导数。

【引入】

在上一节的讨论中，我们看到直流一阶电路中的各种开关，可以起到将直流电源接入电路或脱离电路的作用，这种作用可以描述为分段恒定信号对电路的激励。随着电路规模的增大和计算工作量的增加，有必要引入阶跃函数来描述这些物理现象，以便更好地建立电路的物理模型和数学模型，也有利于用计算机分析和设计电路。

在研究电路的暂态过程时，还会遇到作用时间极短的脉冲电源，如目前正处于热点的功率脉冲技术、稍纵即逝的电磁干扰等。为研究这类电源作用所引起的响应，提出了冲激函数模型。

4.4.1 一阶电路的阶跃响应

电路对于阶跃信号产生的零状态响应称为阶跃响应。

1. 阶跃函数

单位阶跃函数是一种奇异函数，用 $\varepsilon(t)$ 表示，可定义为

$$\varepsilon(t) = \begin{cases} 0 & t < 0 \\ 1 & t > 0 \end{cases}$$

$\varepsilon(t)$ 无量纲，其波形如图 4-20（a）所示，在跃变点 $t=0$ 处，函数值无定义，函数不连续，函数值由 0 跃变到 1。它可以用来描述图 4-20（b）所示开关动作，它表示在 $t=0$ 时把电路接到单位直流电压源上。阶跃函数可以作为开关的数学模型，所以有时也称为开关函数。引入阶跃函数后，图 4-20（b）所示的电路可以简化为图 4-20（c）所示的电路图。

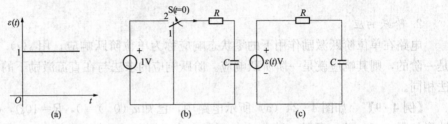

图 4-20　单位阶跃函数

如果跃变点出现在 $t=t_0$ 处，则是延迟单位阶跃函数，即

$$\varepsilon(t - t_0) = \begin{cases} 0 & t < t_0 \\ 1 & t > t_0 \end{cases}$$

$\varepsilon(t-t_0)$ 的波形如图 4-21 所示。

假设把电路在 $t=t_0$ 时接通到一个电压为 3V 的直流电压源，则此外施电压就可以表示为 $3\varepsilon(t-t_0)$V。

单位阶跃函数还可用来"起始"任意一个 $f(t)$。设 $f(t)$ 是对所有 t 都有定义的一个任意函数，则

$$f(t)\varepsilon(t - t_0) = \begin{cases} 0 & t < t_0 \\ f(t) & t > t_0 \end{cases}$$

其波形如图 4-22 所示。

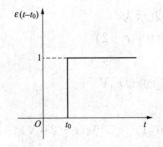

图 4-21　延迟单位阶跃函数

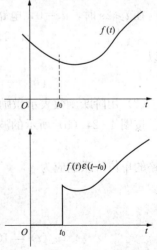

图 4-22　单位阶跃函数的起始作用

单位阶跃函数还可以用来描述矩形脉冲。对于图 4 - 23（a）所示的脉冲信号可以分解为两个阶跃函数之和，如图 4 - 23（b）和图 4 - 23（c）所示，即

$$f(t) = \varepsilon(t) - \varepsilon(t - t_0)$$

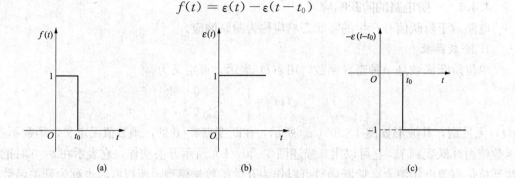

图 4 - 23　矩形脉冲的分解

2. 阶跃响应

电路在单位阶跃激励作用下的零状态响应称为单位阶跃响应，用 $s(t)$ 表示。如果电路是一阶的，则其响应就是一阶阶跃响应。阶跃响应的求法与在直流激励下的零状态响应的求法相同。

【例 4 - 9】　如图 4 - 24（a）所示电路中，已知 $u_C(0_-) = 0$，$R = 10\Omega$，$C = 0.2F$。u_S 的波形如图 4 - 24（b）所示。试求 $t \geqslant 0$ 时的电容电压 $u_C(t)$，并画出 $u_C(t)$ 的波形。

解　此题可用两种方法求解。

（1）分段求解。

在 $t < 0$ 时，$u_C(0_-) = 0$；

在 $0 \leqslant t \leqslant 2s$ 时，$u_S = 10$（V），电路为零状态响应，用"三要素"法求解，即

$$u_C(0_+) = u_C(0_-) = 0, u_C(\infty) = u_S = 10(V), \tau = RC = 10 \times 0.2 = 2(s)$$

所以

$$u_C(t) = u_C(\infty)(1 - e^{-\frac{t}{\tau}}) = 10 - 10e^{-\frac{t}{2}}(V)$$

在 $t \geqslant 2s$ 时，$u_S = 0$，电路为零输入响应，则

$$u_C(2_+) = u_C(2_-) = 10 - 10e^{-1} = 6.32(V)$$

所以

$$u_C(t) = 6.32 e^{-\frac{(t-2)}{2}}(V)$$

（2）用阶跃函数表示激励，求阶跃响应。

按图 4 - 24（b）所示的波形，激励电压源可表示为

$$u_S(t) = 10\varepsilon(t) - 10\varepsilon(t - 2)$$

电路的单位阶跃响应为

$$S(t) = \left[(1 - e^{-\frac{t}{2}})\varepsilon(t)\right]V$$

故

$$u_C(t) = 10(1 - e^{-\frac{t}{2}})\varepsilon(t) - 10(1 - e^{-\frac{t-2}{2}})\varepsilon(t - 2)(V)$$

$u_C(t)$ 的波形如图 4 - 24（c）所示。

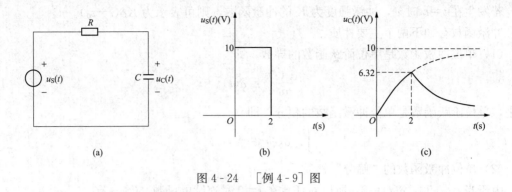

图 4-24　〔例 4-9〕图

4.4.2　一阶电路的冲激响应

电路在冲激电源作用下的零状态响应称为冲激响应。

1. 冲激函数

单位冲激函数也是一种奇异函数，用 $\delta(t)$ 表示，其定义为

$$
\begin{cases}
\int_{-\infty}^{\infty} \delta(t)\,\mathrm{d}t = 1 \\
\delta(t) = 0 \qquad t \neq 0
\end{cases}
$$

单位冲激函数又称 δ 函数。它在 $t \neq 0$ 时为零，但在 $t=0$ 处为奇异的。

单位冲激函数可以看作是单位脉冲函数的极限情况。如图 4-25（a）所示为一个单位矩形脉冲函数 $f(t)$ 的波形。它的高为 $\dfrac{1}{a}$，宽为 a，在保持矩形面积 $\dfrac{1}{a} \cdot a = 1$ 不变的情况下，它的宽度越来越窄时，其高度越来越大。当脉冲宽度 $a \to 0$ 时，脉冲高度 $\dfrac{1}{a} \to \infty$，在此极限情况下，可以得到一个宽度趋于零，幅度趋于无穷大的面积仍为 1 的脉冲，这就是单位冲激函数 $\delta(t)$，可记为

$$
\lim_{a \to 0} f(t) = \delta(t)
$$

单位冲激函数的波形如图 4-25（b）所示，有时在箭头旁边注明"1"。强度为 K 的冲激函数可用图 4-25（c）表示，此时箭头旁边应注明"K"。

如果单位冲激函数是在 $t=t_0$ 时刻出现的，则称为延迟单位冲激函数，记作 $\delta(t-t_0)$，其波形如图 4-25（d）所示。

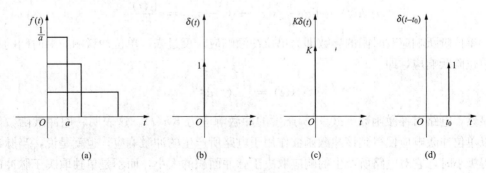

图 4-25　冲激函数

若发生在 $t=t_0$ 时刻，冲激强度为 K 的冲激函数，则可表示为 $K\delta(t-t_0)$。

冲激函数有如下两个主要性质：

（1）单位冲激函数是单位阶跃函数的导数，即

$$\frac{\mathrm{d}\varepsilon(t)}{\mathrm{d}t} = \delta(t)$$

（4 - 10）

反之，单位阶跃函数是单位冲激函数的积分，即

$$\int_{-\infty}^{t} \delta(\xi)\mathrm{d}\xi = \varepsilon(t)$$

（2）单位冲激函数的"筛分"性质。

由于当 $t\neq 0$ 时，$\delta(t)=0$，所以对任意在 $t=0$ 时连续的函数 $f(t)$，有

$$f(t)\delta(t) = f(0)\delta(t)$$

所以

$$\int_{-\infty}^{\infty} f(t)\delta(t)\mathrm{d}t = \int_{-\infty}^{\infty} f(0)\delta(t)\mathrm{d}t = f(0)\int_{-\infty}^{\infty} \delta(t)\mathrm{d}t = f(0)$$

同理可得

$$\int_{-\infty}^{\infty} f(t)\delta(t-t_0)\mathrm{d}t = f(t_0)$$

这就是说：冲激函数能把函数 $f(t)$ 在冲激存在时刻的函数值筛选出来，所以称为"筛分"性质，又称取样性质。

2. 冲激响应

电路在单位冲激激励作用下的零状态响应称为单位冲激响应，用 $h(t)$ 表示。因为单位冲激函数是单位脉冲函数宽度趋于零的极限，所以可以先求单位脉冲函数的响应，然后再求脉冲宽度趋于零的极限，就可以得到单位冲激响应。

单位脉冲函数 $f(t)$ 可写成阶跃函数和延迟阶跃函数之差，即

$$f(t) = \frac{1}{a}[\varepsilon(t) - \varepsilon(t-a)]$$

单位脉冲函数的响应为

$$\frac{1}{a}[s(t) - s(t-a)]$$

单位冲激响应为

$$h(t) = \lim_{a\to 0}\frac{1}{a}[s(t) - s(t-a)] = \frac{\mathrm{d}s(t)}{\mathrm{d}t}$$

（4 - 11）

可见，单位阶跃响应对时间的导数即为单位冲激响应。反过来，单位冲激响应对时间的积分就是单位阶跃响应，即

$$s(t) = \int_{0}^{t} h(\xi)\mathrm{d}\xi$$

显然，电路对冲激函数 $K\delta(t)$ 所产生的冲激响应为 $Kh(t)$。这表明，用冲激函数的强度乘以单位冲激响应便得到该冲激函数作用于电路所产生的冲激响应。也就是说，当脉冲宽度变得极小时，它对电路所产生的响应取决于脉冲面积的大小，而不是单独取决于脉冲的幅度或宽度。

冲激响应可以通过对阶跃响应求导得出，也可以根据单位冲激函数 $\delta(t)$ 的性质，即当

$t=0$ 时，$\delta(t)$ 的作用是建立起电路的初始状态，求出 $u_C(0_+)$、$i_L(0_+)$。当 $t\geqslant 0_+$ 时，由于 $\delta(t)=0$，电路转为求零输入响应，仍可按三要素公式求解。

下面讨论 RC、RL 电路的冲激响应。

【例 4 - 10】 图 4 - 26 所示为 RC 并联的零状态电路，激励为冲激电流源 $i_S(t)=K\delta(t)$。试求冲激响应 $u_C(t)$ 和 $i_C(t)$。

解 先求出电容电压的单位阶跃响应

$$s(t) = R(1-e^{-\frac{t}{RC}})\varepsilon(t)$$

于是电容电压的单位冲激响应为

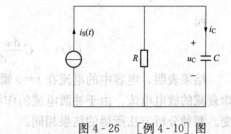

图 4 - 26 ［例 4 - 10］图

$$h(t) = \frac{ds(t)}{dt} = \frac{d}{dt}[R(1-e^{-\frac{t}{RC}})\varepsilon(t)]$$

$$= \frac{1}{C}e^{-\frac{t}{RC}}\varepsilon(t) + R(1-e^{-\frac{t}{RC}})\delta(t)$$

因为 $\delta(t)$ 只在 $t=0$ 时存在，而 $R(1-e^{-\frac{t}{RC}})$ 在 $t=0$ 时为零，故上式中第二项为零。所以

$$h(t) = \frac{1}{C}e^{-\frac{t}{RC}}\varepsilon(t)$$

电路对冲激电流源 $K\delta(t)$ 产生的电容电压响应为

$$u_C(t) = \frac{K}{C}e^{-\frac{t}{RC}}\varepsilon(t)$$

电容电流为

$$i_C(t) = C\frac{du_C(t)}{dt} = -\frac{K}{RC}e^{-\frac{t}{RC}}\varepsilon(t) + Ke^{-\frac{t}{RC}}\delta(t)$$

$$= -\frac{K}{RC}e^{-\frac{t}{RC}}\varepsilon(t) + K\delta(t)$$

$u_C(t)$ 和 $i_C(t)$ 随时间变化的曲线如图 4 - 27（a）和图 4 - 27（b）所示。

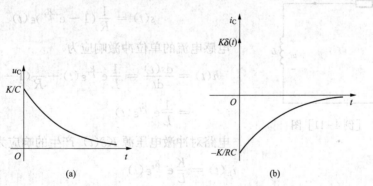

图 4 - 27 u_C、i_C 随时间变化的曲线

这个问题还可这样分析：因为当 $t<0$ 时，$K\delta(t)=0$，冲激电流源相当于开路，而电路是零状态，故 $u_C(0_-)=0$，在 $t=0$ 瞬间，冲激电流给电容充电，使电容获得电压。应当说明的是，在 $t=0$ 瞬间，电阻中不可能流过冲激电流，如果冲激电流流过电阻，则其两端电压为无限大，而电容即使有冲激电流给它充电，其电压只能是有限值，这样就会违背基尔霍夫电压定律。所以 $t=0$ 瞬间的情况就是冲激电流源给电容充电，电流如图 4 - 28（a）所示，故

$$u_C(0_+) = \frac{1}{C}\int_{0_-}^{0_+} K\delta(t)\mathrm{d}t = \frac{K}{C}$$

当 $t>0$ 时，$K\delta(t)=0$，冲激电流源相当于开路。于是已经充电的电容通过电阻放电，所产生的响应是零输入响应，电路如图 4 - 28（b）所示，则

$$u_C(t) = u_C(0_+)\mathrm{e}^{-\frac{t}{RC}}\varepsilon(t) = \frac{K}{C}\mathrm{e}^{-\frac{t}{RC}}\varepsilon(t)$$

而

$$i_C(t) = C\frac{\mathrm{d}u_C(t)}{\mathrm{d}t} = K\delta(t) - \frac{K}{RC}\mathrm{e}^{-\frac{t}{RC}}\varepsilon(t)$$

结果表明，电容中的电流在 $t=0$ 瞬间是一个冲激电流，随后立即变成绝对值按指数规律衰减的放电电流。由于冲激电流的作用，$u_C(0_+)\neq u_C(0_-)$，这种情况称为电容电压的跃变。两种分析方法所得的结果相同。

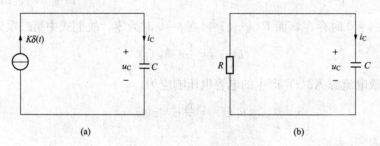

图 4 - 28　［例 4 - 10］图

【例 4 - 11】　图 4 - 29 所示为 RL 串联的零状态电路，激励为冲激电压源 $u_S(t)=K\delta(t)$ V。试求冲激响应 $i_L(t)$ 和 $u_L(t)$。

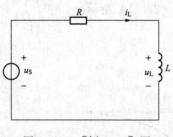

图 4 - 29　［例 4 - 11］图

解　该电路电感电流的单位阶跃响应为

$$s(t) = \frac{1}{R}(1-\mathrm{e}^{-\frac{R}{L}t})\varepsilon(t)$$

电感电流的单位冲激响应为

$$h(t) = \frac{\mathrm{d}s(t)}{\mathrm{d}t} = \frac{1}{L}\mathrm{e}^{-\frac{R}{L}t}\varepsilon(t) + \frac{1}{R}(1-\mathrm{e}^{-\frac{R}{L}t})\delta(t)$$

$$= \frac{1}{L}\mathrm{e}^{-\frac{R}{L}t}\varepsilon(t)$$

电路对冲激电压源 $K\delta(t)$ 产生的响应为

$$i_L(t) = \frac{K}{L}\mathrm{e}^{-\frac{R}{L}t}\varepsilon(t)$$

电感电压为

$$u_L(t) = L\frac{\mathrm{d}i_L(t)}{\mathrm{d}t} = L\frac{\mathrm{d}}{\mathrm{d}t}\left[\frac{K}{L}\mathrm{e}^{-\frac{R}{L}t}\varepsilon(t)\right] = -\frac{KR}{L}\mathrm{e}^{-\frac{R}{L}t}\varepsilon(t) + K\mathrm{e}^{-\frac{R}{L}t}\delta(t)$$

$$= -\frac{KR}{L}\mathrm{e}^{-\frac{R}{L}t}\varepsilon(t) + K\delta(t)$$

$i_L(t)$ 和 $u_L(t)$ 随时间变化的曲线如图 4 - 30 所示。

这个问题也可这样分析：当 $t<0$ 时，$K\delta(t)=0$，冲激电压源相当于短路，$i_L(0_-)=0$，在 $t=0$ 瞬间，冲激电压源作用于电感，电感中的电流 $i_L(0_-)=0$ 跃变为 $i_L(0_+)$。

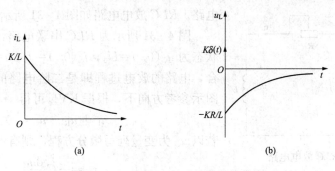

图 4-30 i_L 和 u_L 随时间变化的曲线

$$i_L(0_+) = \frac{1}{L}\int_{0_-}^{0_+} K\delta(t)\mathrm{d}t = \frac{K}{L}$$

当 $t>0$ 时，$K\delta(t)=0$，冲激电压源相当于短路。电感放电，产生零输入响应。所以，当 $t>0$ 时，电路中的电流为

$$i_L(t) = i_L(0_+)\mathrm{e}^{-\frac{R}{L}t}\varepsilon(t) = \frac{K}{L}\mathrm{e}^{-\frac{R}{L}t}\varepsilon(t)$$

电感电压在 $t=0$ 瞬间是一个冲激电压，随后变成绝对值按指数规律衰减的电压。即

$$u_L(t) = L\frac{\mathrm{d}i_L(t)}{\mathrm{d}t} = K\delta(t) - \frac{KR}{L}\mathrm{e}^{-\frac{R}{L}t}\varepsilon(t)$$

这种情况下，$i_L(0_+)\neq i_L(0_-)$，是因为冲激电压源使电感电流发生了跃变。

4.5 二 阶 电 路

【基本概念】

二阶线性微分方程：形如 $y''+py'+qy=f(x)$ 的方程称为二阶线性微分方程。其中 p、q 均为实数，$f(x)$ 为已知的连续函数。当 $f(x)=0$ 时，方程为 $y''+py'+qy=0$。这时称方程为二阶齐次线性微分方程，当 $f(x)\neq 0$ 时，称方程 $y''+py'+qy=f(x)$ 为二阶非齐次线性微分方程。

二阶电路：用二阶微分方程描述的电路统称为二阶电路，二阶电路中包含两个独立的动态元件（或可等效为两个独立的动态元件）。

【引入】

前面讨论了一阶电路暂态响应的特点和计算方法。由于一阶电路只含一个储能元件，所以从特点上看，一阶电路的暂态响应还缺少典型性。另外，在工程上还广泛使用一阶以上的电路。因此，本节在一阶电路的基础上介绍二阶电路暂态响应的特点和求解方法。

4.5.1 二阶电路的零输入响应

在二阶电路中，应含有两个独立的储能元件（如果遇两个动态元件同是电容，则两个电容不能并联或串联或在电路中与电压源构成回路；如果遇两个动态元件同是电感，则两个电感不能并联或串联或在电路中与电流源构成割集，否则，仍属一阶电路）。给定的初始条件应有两个，它们由储能元件的初始值决定。RLC 串联电路和 RLC 并联电路是最简单的二阶

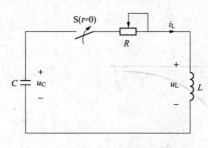

图 4 - 31　RLC 放电电路

电路。RLC 放电电路如图 4 - 31 所示。

图 4 - 31 所示为 RLC 串联电路，假设电路的原始状态为 $u_C(0_-)=U_0$，$i_L(0_-)=I_0$。$t=0$ 时，开关 S 闭合，电路的放电过程即是二阶电路的零输入响应。在图示参考方向下，根据 KVL 可得

$$u_L + u_R - u_C = 0 \qquad (4 - 12)$$

若以 u_C 为变量列写微分方程，则有

$$i_L = -C\frac{\mathrm{d}u_C}{\mathrm{d}t},$$

$$u_R = Ri_L = -RC\frac{\mathrm{d}u_C}{\mathrm{d}t},\ u_L = L\frac{\mathrm{d}i_L}{\mathrm{d}t} = -LC\frac{\mathrm{d}^2 u_C}{\mathrm{d}t^2}$$

代入式（4 - 12）得

$$LC\frac{\mathrm{d}^2 u_C}{\mathrm{d}t^2} + RC\frac{\mathrm{d}u_C}{\mathrm{d}t} + u_C = 0 \qquad (4 - 13)$$

这是一个二阶线性常系数齐次微分方程，设其解为 $u_C = A\mathrm{e}^{pt}$，代入式（4 - 13）得到微分方程的特征方程

$$LCp^2 + RCp + 1 = 0$$

其特征根为

$$\left.\begin{aligned}
p_1 &= -\frac{R}{2L} + \sqrt{\left(\frac{R}{2L}\right)^2 - \frac{1}{LC}} = -\delta + \sqrt{\delta^2 - \omega_0^2} \\
p_2 &= -\frac{R}{2L} - \sqrt{\left(\frac{R}{2L}\right)^2 - \frac{1}{LC}} = -\delta - \sqrt{\delta^2 - \omega_0^2}
\end{aligned}\right\} \qquad (4 - 14)$$

式中，$\delta = \dfrac{R}{2L}$；$\omega_0 = \dfrac{1}{\sqrt{LC}}$。

特征根 p_1、p_2 仅与电路的结构和参数有关。不同的 R、L、C 参数对应着 $\delta > \omega_0$，$\delta < \omega_0$ 和 $\delta = \omega_0$ 三种情况，零输入响应的形式也就有三种情况。

（1）当 $\delta > \omega_0$ 即 $R > 2\sqrt{\dfrac{L}{C}}$，非振荡放电过程（又称过阻尼情况）。

在图 4 - 31 中，L 和 C 取值一定，调节 R，当 $R > 2\sqrt{\dfrac{L}{C}}$ 时，$\delta > \omega_0$，p_1 和 p_2 为两个不相等的负实根。式（4 - 13）的通解为

$$u_C = A_1\mathrm{e}^{p_1 t} + A_2\mathrm{e}^{p_2 t} \qquad (4 - 15)$$

现在给定的初始条件为 $u_C(0_+)=u_C(0_-)=U_0$，$i_L(0_+)=i_L(0_-)=I_0$。由于 $i_L = -C\dfrac{\mathrm{d}u_C}{\mathrm{d}t}$，

因此 $\dfrac{\mathrm{d}u_C}{\mathrm{d}t}\bigg|_{0_+} = -\dfrac{i_L(0_+)}{C} = -\dfrac{I_0}{C}$，将这两个初始条件代入式（4 - 15）中，得

$$\left.\begin{aligned}
A_1 + A_2 &= U_0 \\
p_1 A_1 + p_2 A_2 &= -\frac{I_0}{C}
\end{aligned}\right\} \qquad (4 - 16)$$

解得

$$A_1 = \frac{p_2 U_0}{p_2 - p_1}$$

$$A_2 = -\frac{p_1 U_0}{p_2 - p_1}$$

因此电容电压为

$$u_C = A_1 e^{p_1 t} + A_2 e^{p_2 t} = \frac{U_0}{p_2 - p_1}(p_2 e^{p_1 t} - p_1 e^{p_2 t}) \tag{4-17}$$

电流为

$$i_L = -C\frac{du_C}{dt} = -\frac{C U_0 p_1 p_2}{p_2 - p_1}(e^{p_1 t} - e^{p_2 t}) = -\frac{U_0}{L(p_2 - p_1)}(e^{p_1 t} - e^{p_2 t}) \tag{4-18}$$

式（4-18）利用了 $p_1 p_2 = \dfrac{1}{LC}$ 的关系。

电感电压为

$$u_L = L\frac{di_L}{dt} = -\frac{U_0}{p_2 - p_1}(p_1 e^{p_1 t} - p_2 e^{p_2 t}) \tag{4-19}$$

u_C、i_L 和 u_L 的波形如图 4-32 所示。

从图 4-32 所示波形看出，u_C 从初始值开始一致衰减，i_L 恒为正，表明电容一直在释放能量。因此称为非振荡放电，又称过阻尼放电。u_L 在 $t < t_m$ 时为正，表明 $t < t_m$ 时段内，电感处于吸收能量状态，即电容释放的能量一部分被电阻消耗，一部分储存于电感。当 $t > t_m$ 时 $u_L < 0$，电感释放在 $0 < t < t_m$ 时间内储存的能量，这时电容和电感同时释放的能量均被电阻消耗。图 4-32 中电流达最大值的时刻 t_m，也是 u_L 过零的时刻，可由 $\dfrac{di_L}{dt} = 0$ 决定，即

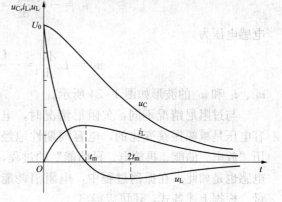

图 4-32　RLC 放电电路 u_C、i_L 和 u_L 非振荡放电响应曲线

$$t_m = \frac{\ln\left(\dfrac{p_2}{p_1}\right)}{p_1 - p_2}$$

对 u_L 求导，并令 $\dfrac{du_L}{dt} = 0$，就可以确定电感电压极值点出现的时刻，即

$$t = \frac{2\ln\left(\dfrac{p_2}{p_1}\right)}{p_1 - p_2} = 2t_m$$

（2）当 $\delta < \omega_0$ 即 $R < 2\sqrt{\dfrac{L}{C}}$，振荡放电过程（又称欠阻尼情况）。

在图 4-31 中，L 和 C 取值一定，调节 R，当 $R < 2\sqrt{\dfrac{L}{C}}$ 时，$\delta < \omega_0$，p_1 和 p_2 为一对共轭复根。令

$$\begin{cases} p_1 = -\delta + \sqrt{\delta^2 - \omega_0^2} = -\delta + j\omega_d \\ p_2 = -\delta - \sqrt{\delta^2 - \omega_0^2} = -\delta - j\omega_d \end{cases} \tag{4-20}$$

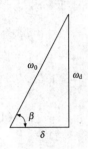

图 4-33　ω_0、ω_d、δ、β
之间关系

式（4-20）中

$$\omega_d = \sqrt{\omega_0^2 - \delta^2}$$

δ、ω_0 和 ω_d 构成图 4-33 所示的直角三角形，有

$$\delta = \omega_0 \cos\beta, \quad \omega_d = \omega_0 \sin\beta$$

根据 $e^{j\beta} = \cos\beta + j\sin\beta$，$e^{-j\beta} = \cos\beta - j\sin\beta$，$p_1$、$p_2$ 可写为

$$\begin{cases} p_1 = -\omega_0 \cos\beta + j\omega_0 \sin\beta = -\omega_0 e^{-j\beta} \\ p_2 = -\omega_0 \cos\beta - j\omega_0 \sin\beta = -\omega_0 e^{j\beta} \end{cases} \tag{4-21}$$

p_1 和 p_2 为共轭复根，微分方程的通解形式仍为式（4-15），u_C、i_L 和 u_L 的表达式仍如式（4-17）、式（4-18）和式（4-19）。将式（4-20）和式（4-21）代入上述式子并整理得

$$u_C = \frac{U_0}{p_2 - p_1}(p_2 e^{p_1 t} - p_1 e^{p_2 t}) = \frac{U_0}{(-\delta - j\omega_d) - (-\delta + j\omega_d)}\left[-\omega_0 e^{j\beta} e^{(-\delta + j\omega_d)t} + \omega_0 e^{-j\beta} e^{(-\delta - j\omega_d)t}\right]$$

$$= \frac{U_0 \omega_0}{\omega_d} e^{-\delta t} \frac{\left[e^{j(\omega_d t + \beta)} - e^{-j(\omega_d t + \beta)}\right]}{j2} = \frac{U_0 \omega_0}{\omega_d} e^{-\delta t} \sin(\omega_d t + \beta) \tag{4-22}$$

电感电流为

$$i_L = -C \frac{du_C}{dt} = \frac{U_0}{\omega_d L} e^{-\delta t} \sin(\omega_d t) \tag{4-23}$$

电感电压为

$$u_L = L \frac{di_L}{dt} = -\frac{U_0 \omega_0}{\omega_d} e^{-\delta t} \sin(\omega_d t - \beta) \tag{4-24}$$

u_C、i_L 和 u_L 的波形如图 4-34 所示。

与过阻尼情况不同，欠阻尼情况时，电容电压是减幅振荡变化的，电容周期性地经历"放电、储能、再放电、再储能"的过程，电感也是如此。在振荡过程中，电阻消耗能量。根据上述各式，还可以得出

1）$\omega t = k\pi$，$k = 0$，1，2，3，$\cdots$为电流 i_L 的过零点，即 u_C 的极值点。

2）$\omega t = k\pi + \beta$，$k = 0$，1，2，3，$\cdots$为电感电压 u_L 的过零点，也即电流 i_L 的极值点。

3）$\omega t = k\pi - \beta$，$k = 0$，1，2，3，$\cdots$为电容电压 u_C 的过零点。

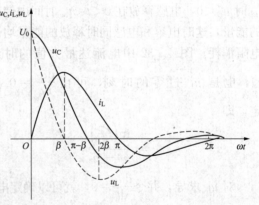

图 4-34　RLC 放电电路 u_C、i_L 和 u_L 振荡放电响应曲线

根据上述零点划分的时域可以看出元件之间能量转换、吸收的概况，见表 4-2。

表 4-2　　　　　　　　　　欠阻尼情况下的能量转换、吸收的概况

元件	$0 < \omega t < \beta$	$\beta < \omega t < \pi - \beta$	$\pi - \beta < \omega t < \pi$	$\cdots$
电容	释放	释放	吸收	
电感	吸收	释放	释放	
电阻	消耗	消耗	消耗	

（3）当 $\delta=\omega_0$ 即 $R=2\sqrt{\dfrac{L}{C}}$，临界非振荡放电过程（又称临界阻尼情况）。

当 $R=2\sqrt{\dfrac{L}{C}}$ 时，即 $\delta=\omega_0$，则 p_1 和 p_2 为两个相等的负实根。如果将 $p_1=p_2=-\delta$ 代入式（4-17）中，则 u_C 的表达式将为不定式，应用洛必达法则可得

$$u_C=U_0\lim_{p_1\to p_2}\frac{\dfrac{\mathrm{d}}{\mathrm{d}p_1}(p_2\mathrm{e}^{p_1 t}-p_1\mathrm{e}^{p_2 t})}{\dfrac{\mathrm{d}}{\mathrm{d}p_1}(p_2-p_1)}=U_0\lim_{p_1\to p_2}\frac{p_2 t\mathrm{e}^{p_1 t}-\mathrm{e}^{p_2 t}}{-1} \tag{4-25}$$

$$=U_0(1-p_2 t)\mathrm{e}^{p_2 t}=U_0(1+\delta t)\mathrm{e}^{-\delta t}$$

则 i_L 及 u_L 分别为

$$i_L=-C\frac{\mathrm{d}u_C}{\mathrm{d}t}=\frac{U_0}{L}t\mathrm{e}^{-\delta t} \tag{4-26}$$

$$u_L=L\frac{\mathrm{d}i_L}{\mathrm{d}t}=U_0\mathrm{e}^{-\delta t}(1-\delta t) \tag{4-27}$$

从以上各式可以看出，u_C、i_L 和 u_L 仍属于非振荡放电类型，但是，恰好介于非振荡与振荡之间，所以称为临界非振荡放电过程，电阻 $R=2\sqrt{\dfrac{L}{C}}$ 称为临界电阻，其波形与图 4-32 相似。

以上对二阶电路的分析，涉及决定二阶电路零输入响应特点的几个参数 p_1、p_2、δ、ω_0、ω_d。p_1、p_2 是微分方程的特征根，直接决定通解的形式，即决定二阶电路任何响应自由分量的形式，又称为电路的固有频率，与电路的原始状态及激励无关。δ 称为阻尼因子或衰减系数。ω_d 为衰减振荡角频率或阻尼振荡角频率。在 $R=0$ 的理想情况下，$\omega_d=\omega_0$，ω_0 称为无阻尼振荡角频率。在无阻尼条件下，各变量以 ω_0 为角频率进行等幅正弦振荡，称为无阻尼振荡。

【例 4-12】　如图 4-35 所示电路中，$U_S=4\mathrm{V}$，$R_0=100\Omega$，$R=600\Omega$，$L=1\mathrm{H}$，$C=20\mu\mathrm{F}$，开关 S 原来闭合在位置"1"处已达稳态，$t=0$ 时开关 S 由位置"1"接至位置"2"处。试求 $t>0$ 时的 $u_C(t)$ 和 $i_L(t)$。

解　由于换路前电路已达稳态，则

$$u_C(0_+)=u_C(0_-)=U_S=4(\mathrm{V})$$

$$i_L(0_+)=i_L(0_-)=0$$

换路后的电路为 RLC 串联放电电路，因而有

$$LC\frac{\mathrm{d}^2 u_C}{\mathrm{d}t^2}+RC\frac{\mathrm{d}u_C}{\mathrm{d}t}+u_C=0$$

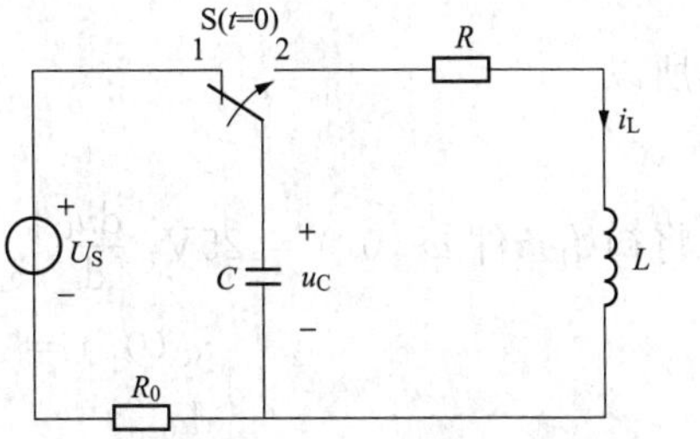

特征方程为

$$LCp^2+RCp+1=0$$

代入数据得

$$p^2+600p+50\,000=0$$

特征根为

$$p_1=-100,\quad p_2=-500$$

所以

图 4-35　[例 4-12] 图

$$u_C = A_1 e^{-100t} + A_2 e^{-500t}$$

将初始条件 $u_C(0_+) = 4\text{V}$，$\left.\dfrac{du_C}{dt}\right|_{0_+} = -\dfrac{i_L(0_+)}{C} = 0$ 代入得

$$\begin{cases} u_C(0_+) = A_1 + A_2 = 4 \\ \left.\dfrac{du_C}{dt}\right|_{0_+} = p_1 A_1 + p_2 A_2 = -100A_1 - 500A_2 = 0 \end{cases}$$

解得

$$A_1 = 5, \quad A_2 = -1$$

所以

$$u_C = 5e^{-100t} - e^{-500t} (\text{V})$$

$$i_L = -C\frac{du_C}{dt} = 0.01(e^{-100t} - e^{-500t})(\text{A})$$

【例 4 - 13】　图 4 - 36 所示电路，$U_S = 50\text{V}$，$R_0 = 5\Omega$，$R_1 = 20\Omega$，$R_2 = 5\Omega$，$L = 0.5\text{H}$，$C = 100\mu\text{F}$，开关 S 打开前电路已达稳态，$t = 0$ 时开关 S 打开。试求换路后 $u_C(t)$。

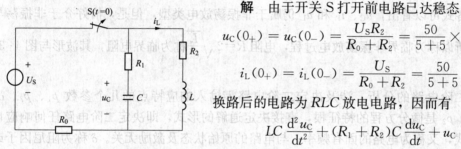

图 4 - 36　［例 4 - 13］图

解　由于开关 S 打开前电路已达稳态，则

$$u_C(0_+) = u_C(0_-) = \frac{U_S R_2}{R_0 + R_2} = \frac{50}{5+5} \times 5 = 25(\text{V})$$

$$i_L(0_+) = i_L(0_-) = \frac{U_S}{R_0 + R_2} = \frac{50}{5+5} = 5(\text{A})$$

换路后的电路为 RLC 放电电路，因而有

$$LC\frac{d^2 u_C}{dt^2} + (R_1 + R_2)C\frac{du_C}{dt} + u_C = 0$$

特征方程为

$$LCp^2 + (R_1 + R_2)Cp + 1 = 0$$

代入数据得

$$p^2 + 50p + 20000 = 0$$

特征根为

$$p_{1,2} = \frac{-50 \pm \sqrt{50^2 - 80000}}{2} \approx -25 \pm j139.2$$

所以

$$u_C = Ae^{-25t}\sin(139.2t + \beta)$$

将初始条件 $u_C(0_+) = 25\text{V}$，$\left.\dfrac{du_C}{dt}\right|_{0_+} = -\dfrac{i_L(0_+)}{C} = -50\,000$ 代入得

$$\begin{cases} u_C(0_+) = A\sin\beta = 25 \\ \left.\dfrac{du_C}{dt}\right|_{0_+} = -25A\sin\beta + 139.2A\cos\beta = -50\,000 \end{cases}$$

解得

$$A = -356, \quad \beta = -4.03°$$

所以

$$u_C(t) = -356e^{-25t}\sin(139.2t - 4.03°)(\text{V})$$

4.5.2 二阶电路的零状态响应和全响应

1. 二阶电路的零状态响应

二阶电路的初始储能为零（即电容两端的电压和电感中的电流都为零），仅由外施激励引起的响应称为二阶电路的零状态响应。二阶电路的零状态响应如图 4-37 所示。

图 4-37 所示为 RLC 并联电路，在开关 S 打开前电路处于稳态，$u_C(0_-)=0$，$i_L(0_-)=0$。$t=0$ 时开关 S 打开，电流源作用于电路，所产生的响应为二阶电路的零状态响应。换路后，根据 KCL 有

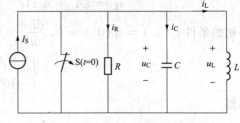

图 4-37 二阶电路的零状态响应

$$i_C + i_R + i_L = I_S \qquad (4-28)$$

若以 i_L 为变量列写微分方程，则有

$$u_L = L\frac{\mathrm{d}i_L}{\mathrm{d}t} = u_R = u_C, \quad i_R = \frac{u_R}{R} = \frac{L}{R}\frac{\mathrm{d}i_L}{\mathrm{d}t}, \quad i_C = C\frac{\mathrm{d}u_C}{\mathrm{d}t} = C\frac{\mathrm{d}u_L}{\mathrm{d}t} = LC\frac{\mathrm{d}^2 i_L}{\mathrm{d}t^2}$$

代入式（4-28）得

$$LC\frac{\mathrm{d}^2 i_L}{\mathrm{d}t^2} + \frac{L}{R}\frac{\mathrm{d}i_L}{\mathrm{d}t} + i_L = I_S$$

特征根

$$p_{1,2} = -\frac{1}{2RC} \pm \sqrt{\left(\frac{1}{2RC}\right)^2 - \frac{1}{LC}} = -\delta \pm \sqrt{\delta^2 - \omega_0^2}$$

这是一个二阶线性非齐次微分方程，它的解由特解和对应的齐次方程的通解组成。通解 i''_L 与零输入响应形式相同，同样存在过阻尼、临界阻尼和欠阻尼三种情况。而特解取稳态解 $i'_L = I_S$。所以三种情况下 i_L 的解分别为

$$i_L = A_1 e^{p_1 t} + A_2 e^{p_2 t} + I_S \quad (\text{过阻尼情况})$$

$$i_L = (A_1 + A_2 t)e^{-\delta t} + I_S \quad (\text{临界阻尼情况})$$

$$i_L = A e^{-\delta t}\sin(\omega_d t + \beta) + I_S \quad (\text{欠阻尼情况})$$

式中，$\omega_d = \sqrt{\omega_0^2 - \delta^2}\,(\omega_0 > \delta)$，待定常数 A_1、A_2、A、β 由 $i_L(0_+)$ 及 $\left.\dfrac{\mathrm{d}i_L}{\mathrm{d}t}\right|_{0_+}$ 确定，其中 $\left.\dfrac{\mathrm{d}i_L}{\mathrm{d}t}\right|_{0_+} = \dfrac{u_L(0_+)}{L} = \dfrac{u_C(0_+)}{L}$。

【例 4-14】 在图 4-37 所示电路中，$u_C(0_-)=0$，$i_L(0_-)=0$，$R=500\Omega$，$L=1\mathrm{H}$，$C=1\mu\mathrm{F}$，$I_S=1\mathrm{A}$，$t=0$ 时开关 S 打开。试求零状态响应 i_L、u_C 和 i_C。

解 以 i_L 为变量列写开关 S 打开后电路的微分方程

$$LC\frac{\mathrm{d}^2 i_L}{\mathrm{d}t^2} + \frac{L}{R}\frac{\mathrm{d}i_L}{\mathrm{d}t} + i_L = I_S$$

特征方程

$$p^2 + \frac{1}{RC}p + \frac{1}{LC} = 0$$

代入数据得

$$p^2 + 2\times10^3 p + 10^6 = 0$$

特征根为
$$p_1 = p_2 = -10^3$$

由于 p_1、p_2 是重根，为临界阻尼情况，其解为
$$i_L = (A_1 + A_2 t)e^{-\delta t} + I_S = (A_1 + A_2 t)e^{-10^3 t} + 1$$

将初始条件 $i_L(0_+) = i_L(0_-) = 0$，$\left.\dfrac{di_L}{dt}\right|_{0_+} = \dfrac{u_L(0_+)}{L} = \dfrac{u_C(0_+)}{L} = \dfrac{u_C(0_-)}{L} = 0$ 代入得

$$\begin{cases} 1 + A_1 + 0 = 0 \\ -10^3 A_1 + A_2 = 0 \end{cases}$$

解得
$$A_1 = -1, \quad A_2 = -10^3$$

所以零状态响应为

$$i_L = 1 - (1 + 10^3 t)e^{-10^3 t} \,(\text{A})$$

$$u_C = u_L = L\frac{di_L}{dt} = 10^6 t e^{-10^3 t} \,(\text{V})$$

$$i_C = C\frac{du_C}{dt} \doteq (1 - 10^3 t)e^{-10^3 t} \,(\text{A})$$

i_L、i_C 和 u_C 随时间变化的波形如图 4-38 所示。

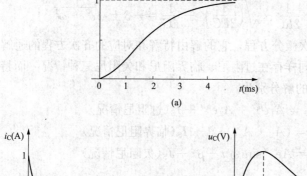

图 4-38　i_L、i_C 和 u_C 的波形图

2. 二阶电路的全响应

如果二阶电路的初始储能不为零，又接入外施激励，则电路的响应称为二阶电路的全响应。全响应是零输入响应和零状态响应的叠加，可以通过求解二阶非齐次微分方程的方法求得全响应。

【例 4-15】　图 4-39 所示电路中，$R_1 = 4\Omega$，$R_2 = 2\Omega$，$L = 1\text{H}$，$C = 0.5\text{F}$，$U_S = 12\text{V}$，开关 S 闭合前电路已达稳态，$t = 0$ 时开关 S 闭合。求全响应 $u_C(t)$ 和 $i_L(t)$。

解 由于开关 S 闭合前电路已达稳态，则

$$u_C(0_+) = u_C(0_-) = U_S = 12(\text{V})$$

$$i_L(0_+) = i_L(0_-) = 0$$

开关 S 闭合后，根据 KCL 有

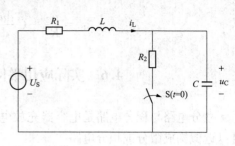

图 4-39 ［例 4-15］图

$$i_L = \frac{u_C}{R_2} + C \frac{\mathrm{d}u_C}{\mathrm{d}t}$$

根据 KVL 有

$$U_S = R_1 i_L + L \frac{\mathrm{d}i_L}{\mathrm{d}t} + u_C$$

以 u_C 为变量列写电路的微分方程

$$LC \frac{\mathrm{d}^2 u_C}{\mathrm{d}t^2} + \left(R_1 C + \frac{L}{R_2}\right) \frac{\mathrm{d}u_C}{\mathrm{d}t} + \left(1 + \frac{R_1}{R_2}\right) u_C = U_S$$

代入数据得

$$\frac{\mathrm{d}^2 u_C}{\mathrm{d}t^2} + 5 \frac{\mathrm{d}u_C}{\mathrm{d}t} + 6u_C = 24$$

特征方程

$$p^2 + 5p + 6 = 0$$

特征根为

$$p_1 = -2, \quad p_2 = -3$$

由于 p_1、p_2 是不等的负实根，为过阻尼情况，其解为

$$u_C = A_1 e^{p_1 t} + A_2 e^{p_2 t} + u_C'$$

其中，u_C 的特解取稳态解

$$u'_C = \frac{R_2}{R_1 + R_2} U_S = 4(\text{V})$$

所以

$$u_C = A_1 e^{-2t} + A_2 e^{-3t} + 4$$

由前面列出的 KCL 方程得

$$\frac{\mathrm{d}u_C}{\mathrm{d}t} = \frac{1}{C} i_L - \frac{1}{R_2 C} u_C$$

所以

$$\left. \frac{\mathrm{d}u_C}{\mathrm{d}t} \right|_{0_+} = \frac{1}{C} i_L(0_+) - \frac{1}{R_2 C} u_C(0_+) = 2i_L(0_+) - u_C(0_+) = -12(\text{V})$$

将初始条件 $u_C(0_+) = 12\text{V}$, $\left. \dfrac{\mathrm{d}u_C}{\mathrm{d}t} \right|_{0_+} = -12\text{V}$ 代入得

$$\begin{cases} 4 + A_1 + A_2 = 12 \\ -2A_1 - 3A_2 = -12 \end{cases}$$

解得

$$A_1 = 12, \quad A_2 = -4$$

所以全响应为

$$u_C = 4 + 12 e^{-2t} - 4 e^{-3t} (\text{V})$$

$$i_L = \frac{u_C}{R_2} + C\frac{du_C}{dt} = 2 - 6e^{-2t} + 4e^{-3t}(A)$$

4.6 实际应用举例——微分电路与积分电路

微分电路与积分电路是电容器充放电现象的一种应用。一阶 RC 电路在一定的条件下，可以近似构成微分或积分电路。

4.6.1 微分电路

如图 4-40（a）所示电路为微分电路，将周期性方波脉冲作为 RC 串联电路的输入信号 $u_1(t)$，电阻电压 $u_2(t)$ 作为输出信号，且满足 $\tau = RC \ll \frac{T}{2}$，此时 $u_C \gg u_2$，电容电压 $u_C \approx u_1$，则有

$$u_2 = Ri = RC\frac{du_C}{dt} \approx RC\frac{du_1}{dt}$$

输出电压 u_2 与输入电压 u_1 的微分近似成正比。微分电路的输出电压为正负相间的尖顶脉冲，输入、输出波形如图 4-40（b）所示。可见利用微分电路可以实现从方波到尖脉冲波形的转变，改变 τ 的大小可以改变脉冲的宽度。

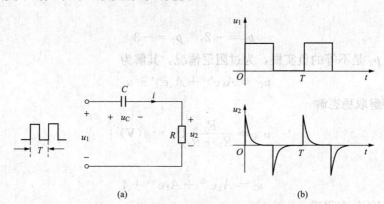

图 4-40　微分电路及其输入、输出波形

（a）微分电路；（b）微分电路输入、输出波形

4.6.2 积分电路

如图 4-41（a）所示电路为积分电路。RC 串联电路的输入信号为方波，电容电压作为输出，且满足 $\tau = RC \gg \frac{T}{2}$，此时 $u_R \gg u_2$，即 $u_R \approx u_1$，则有

$$u_2 = \frac{1}{C}\int i\,dt = \frac{1}{C}\int \frac{u_R}{R}dt \approx \frac{1}{RC}\int u_1\,dt$$

输出电压 u_2 与输入电压 u_1 的积分成正比，输入、输出波形如图 4-41（b）所示。可见利用积分电路可以实现从方波到三角波的转变。

微分电路和积分电路广泛应用在测量技术和自动控制系统中，如相位的超前矫正或滞后矫正等。

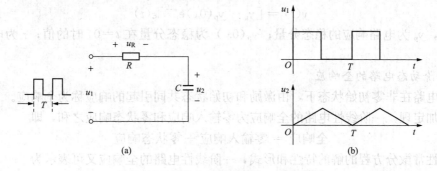

图 4-41　积分电路及其输入、输出波形

(a) 积分电路；(b) 积分电路输入、输出波形

小　结

1. 动态电路的方程及其初始条件

电容元件和电感元件的电压与电流约束关系是通过微分或积分关系来表达的，所以称为动态元件，又称储能元件。含动态元件的电路称为动态电路。动态电路由于储能元件的存在，从一个稳定状态变化到另一个稳定状态一般不能即时完成，需要有一个过程，此过程称为过渡过程。描述动态电路的方程是线性常微分方程。当电路中仅含一个动态元件时，所建立的电路方程将是一阶线性常微分方程，相应的电路称为一阶电路。

求解微分方程需要利用初始条件来确定解的积分常数。独立的初始条件由换路定则确定，即 $u_C(0_+)=u_C(0_-)$，$i_L(0_+)=i_L(0_-)$。其余的非独立初始条件由 $t=0_+$ 等效电路确定。

2. 一阶电路的零输入响应

动态电路中无外施激励电源（电路的输入为零），仅由于动态元件初始储能所产生的响应，称为动态电路的零输入响应。一阶动态电路的零输入响应的方程是常系数线性齐次微分方程。

假设电路在 $t=0$ 时发生换路，用 y 表示电路中的电压或电流响应，则电路的零输入响应可表示为

$$y(t) = y(0_+)e^{-\frac{t}{\tau}} \quad (t \geqslant 0)$$

式中，$y(0_+)$ 为电路响应 y 的初始值；τ 为电路的时间常数。对 RC 电路，$\tau=RC$；对 RL 电路，$\tau=\dfrac{L}{R}$。时间常数 τ 的大小反映了电路响应变化的快慢，时间常数 τ 越大，电路响应变化越慢。

3. 一阶动态电路的零状态响应

零状态响应是指电路在零初始状态下（动态元件的初始储能为零），仅由外施激励所产生的响应。一阶动态电路的零状态响应的方程是常系数线性非齐次微分方程，所以该电路微分方程的解是齐次解与特解之和。齐次解是零状态响应中的暂态分量（又称瞬态分量或自由分量）；特解是零状态响应中的稳态分量（又称强制分量）。

假设电路在 $t=0$ 时发生换路，用 y 表示电路中的电压或电流响应，则电路的零状态响应可表示为

$$y(t) = \left[y_\text{p} - y_\text{p}(0_+)\text{e}^{-\frac{t}{\tau}}\right]\varepsilon(t)$$

式中，y_p 为电路响应的稳态分量；$y_\text{p}(0_+)$ 为稳态分量在 $t=0_+$ 时的值；τ 为电路的时间常数。

4. 一阶动态电路的全响应

动态电路在非零初始状态下，由激励和初始状态共同引起的响应称为全响应。

由叠加定理，一阶线性电路的全响应为零输入响应和零状态响应之和，即

$$全响应 = 零输入响应 + 零状态响应$$

由线性常微分方程的解的特性和形式，一阶线性电路的全响应又可表示为

$$全响应 = 强制分量 + 自由分量$$

或

$$全响应 = 稳态分量 + 瞬态分量$$

求解一阶电路的全响应既可采用经典法，也可采用三要素法。一阶电路在直流或阶跃电源输入时，求解一阶电路全响应的三要素公式为

$$y(t) = y(\infty) + \left[y(0_+) - y(\infty)\right]\text{e}^{-\frac{t}{\tau}}$$

式中，初始值 $y(0_+)$、稳态解 $y(\infty)$ 和时间常数 τ 是求解一阶线性电路全响应 $y(t)$ 的三个要素。

5. 阶跃响应和冲激响应

（1）单位阶跃函数和阶跃响应。

单位阶跃函数是一种奇异函数，用 $\varepsilon(t)$ 表示，其定义为

$$\varepsilon(t) = \begin{cases} 0 & t < 0 \\ 1 & t > 0 \end{cases}$$

电路在单位阶跃激励下的零状态响应称为单位阶跃响应，用 $s(t)$ 表示。

（2）单位冲激函数和冲激响应。

单位冲激函数也是一种奇异函数，用 $\delta(t)$ 表示，其定义为

$$\delta(t) \begin{cases} \displaystyle\int_{-\infty}^{\infty} \delta(t)\text{d}t = 1 \\ \delta(t) = 0 \qquad t \neq 0 \end{cases}$$

单位冲激函数又称 δ 函数。它在 $t \neq 0$ 时为零，但在 $t=0$ 处是奇异的。

电路在单位冲激激励作用下的零状态响应称为单位冲激响应，用 $h(t)$ 表示。

单位阶跃响应和单位冲激响应具有线性、时不变性，即激励和响应的关系，见表 4 - 3。

表 4 - 3　　　　　　　　　　　　　　　　激励和响应的关系

激励	响应	激励	响应
$\varepsilon(t)$	$s(t)$	$K\delta(t)$	$Kh(t)$
$K\varepsilon(t)$	$Ks(t)$	$\delta(t-t_0)$	$h(t-t_0)$
$\varepsilon(t-t_0)$	$s(t-t_0)$	$\delta(t) = \dfrac{\text{d}\varepsilon(t)}{\text{d}t}$	$h(t) = \dfrac{\text{d}s(t)}{\text{d}t}$
$\delta(t)$	$h(t)$		

需要指出的是，当电路接入阶跃或冲激电源时，电路可以是零状态，也可以是非零状态。如果电路是非零状态，则其解为零状态电路的阶跃响应与由初始值引起的零输入响应的

叠加，即为全响应。

6. 经典法分析二阶电路的一般步骤

（1）根据电路定律及元件约束关系列写出以 $u_C(t)$ 或 $i_L(t)$ 为变量的二阶微分方程。

（2）确定电路的初始状态，即得出 $u_C(0_+)$，$\left.\dfrac{du_C}{dt}\right|_{0_+}$ 或 $i_L(0_+)$，$\left.\dfrac{di_L}{dt}\right|_{0_+}$ 的值。

（3）求出二阶微分方程的两个特征根 p_1、p_2，根据 p_1、p_2 的不同取值，确定二阶齐次方程通解的形式。一般分三种情况：

1）$p_1 \neq p_2$，为两个不相等实根，称过阻尼非振荡状态，二阶齐次方程通解的形式为：$A_1 e^{p_1 t} + A_2 e^{p_2 t}$。

2）$p_{1,2} = -\delta \pm j\omega$，为一对共轭复根，称欠阻尼或衰减振荡状态，二阶齐次方程通解的形式为：$A e^{-\delta t} \sin(\omega t + \beta)$。

3）$p_1 = p_2 = p$，为两个相等的负实根，称临界阻尼非振荡状态，二阶齐次方程通解的形式为：$(A_1 + A_2 t) e^{pt}$。

（4）由激励源的函数形式确定方程的特解形式。

（5）由初始条件，确定 A_1、A_2 或 A、β 等待定系数，得出确定的解。

二阶电路的结构和参数决定了电路的特征根（固有频率），而电路的特征根决定了二阶电路的响应形式，即电路瞬态过程的性质。外加激励和初始值虽然与二阶电路的响应性质无关，但它们的大小决定了二阶动态电路响应解中的待定系数，即影响着变量定解的形式。

7. RLC 串联电路的零输入响应

R、L、C 电路过渡过程的性质取决于电路元件的参数，当 $R > 2\sqrt{\dfrac{L}{C}}$ 时，为过阻尼非振荡过程。当 $R = 2\sqrt{\dfrac{L}{C}}$ 时，为临界阻尼非振荡过程。当 $R < 2\sqrt{\dfrac{L}{C}}$ 时，为欠阻尼振荡过程。

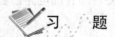
习 题

4-1 图 4-42 电路中，$U_{S1}=3V$，$U_{S2}=8V$，$R_1=10\Omega$，$R_2=15\Omega$，$L=0.1H$，原来开关 S 是闭合的，电路已达稳态，$t=0$ 时将开关 S 打开，求 $i_L(0_+)$、$u_L(0_+)$。

4-2 图 4-43 电路中，$U_{S1}=20V$，$U_{S2}=10V$，$R_1=6k\Omega$，$R_2=4k\Omega$，$C=5\mu F$，开关 S 打开前，电路已达稳态，$t=0$ 时将开关 S 打开，求 $u_C(0_+)$、$i_C(0_+)$。

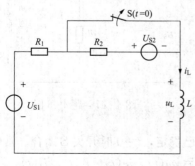

图 4-42 题 4-1 图

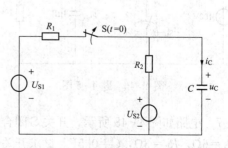

图 4-43 题 4-2 图

4-3　电路如图 4-44 所示，开关 S 闭合前电路已稳定，$t=0$ 时开关 S 闭合。其中 $U_S=$ 10V，$R_1=30\Omega$，$R_2=20\Omega$，$R_3=40\Omega$。试求开关 S 闭合时各支路电流和各元件电压的初始值。

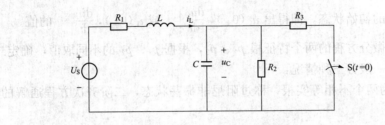

图 4-44　题 4-3 图

4-4　如图 4-45 所示电路，开关 S 打开前电路已稳态，当 $t=0$ 时开关打开。求初始值 $i_C(0_+)$、$u_L(0_+)$、$i_1(0_+)$、$\left.\dfrac{\mathrm{d}i_L}{\mathrm{d}t}\right|_{0_+}$、$\left.\dfrac{\mathrm{d}u_C}{\mathrm{d}t}\right|_{0+}$。

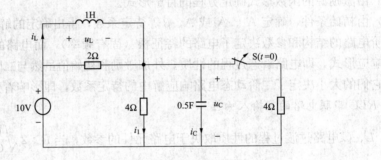

图 4-45　题 4-4 图

4-5　电路如图 4-46 所示，开关 S 闭合前电路已稳定，$t=0$ 时开关 S 闭合。试求开关 S 闭合后 $u_1(t)$。

4-6　为防止线圈断电时出现高电压，并联一个放电电阻如图 4-47 所示。若已知线圈电感 $L=0.5\mathrm{H}$，电阻 $R=10\Omega$，放电电阻 $R_1=30\Omega$，电源电压 $U_S=12\mathrm{V}$，电路达到稳态后将开关 S 断开，试求 i_L 和线圈电压 u_{RL}（包括 L 及 R 的电压）的变化情况。

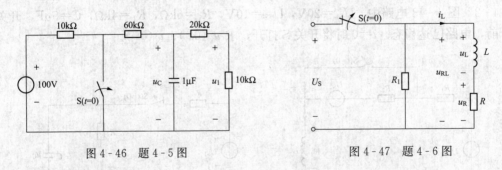

图 4-46　题 4-5 图　　　　　　　　　图 4-47　题 4-6 图

4-7　电路如图 4-48 所示，开关 S 闭合前电路已稳定，$t=0$ 时开关 S 闭合。其中 $I_S=$ 2A，$R_1=6\Omega$，$R_2=3\Omega$，$C=0.5\mathrm{F}$。试求开关 S 闭合后 $u_C(t)$、$i_C(t)$、$i_1(t)$、$i_2(t)$。

4-8　如图 4-49 所示电路，开关 S 打开前电路已处于稳态。$t=0$ 时开关 S 打开，试求开关 S 打开后的 $i_L(t)$、$u_L(t)$、$u(t)$。

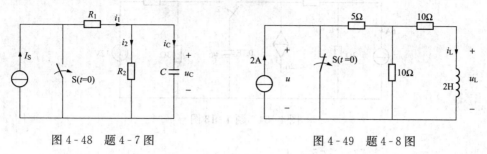

图 4-48 题 4-7 图　　　　　　图 4-49 题 4-8 图

4-9　如图 4-50 所示电路中，已知 $i_L(0_-)=0$，开关 S 闭合前电路已处于稳态。$t=0$ 时开关 S 闭合，求 $t \geqslant 0$ 时的 $i_L(t)$。

4-10　图 4-51 所示电路，开关 S 在 $t=0$ 时刻打开，开关动作前电路已处于稳态。求：$t \geqslant 0$ 时的 $u_C(t)$。

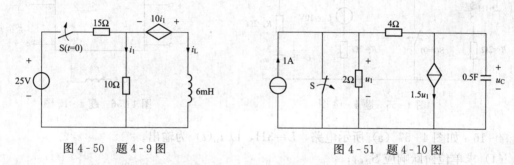

图 4-50 题 4-9 图　　　　　　图 4-51 题 4-10 图

4-11　如图 4-52 所示，电路原已达到稳态，$t=0$ 时，开关 S 由 "1" 倒向 "2"。试用三要素法求开关 S 动作后的电容电压 $u_C(t)$ 和电流 $i(t)$。

4-12　如图 4-53 所示电路中，$U_S=12V$，$I_S=6A$，$R_1=6\Omega$，$R_2=6\Omega$，$R_3=3\Omega$，$R_4=6\Omega$，$L=3H$。换路前电路处于稳态，$t=0$ 时开关 S 由 "1" 合向 "2"。试求换路后的 $i_L(t)$、$u(t)$。

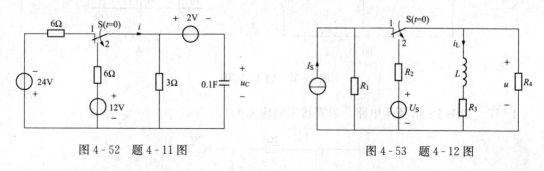

图 4-52 题 4-11 图　　　　　　图 4-53 题 4-12 图

4-13　如图 4-54 所示电路，开关 S 在 "1" 处电路已达稳态，在 $t=0$ 时开关 S 由 "1" 合向 "2"，求换路后的 $u_C(t)$。

4-14　如图 4-55 所示电路，开关 S 闭合前电路已处于稳态。$t=0$ 时开关 S 闭合，试求开关 S 闭合后的 $i_L(t)$ 和 $u_C(t)$。

4-15　如图 4-56 所示电路中，N 为线性时不变电阻网络，u_S 为单位阶跃电压源，当

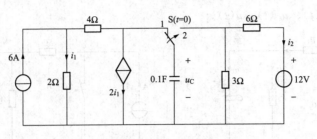

图 4 - 54　题 4 - 13 图

$L=2\mathrm{H}$ 时，零状态响应 $u_2(t)=\left(\dfrac{5}{8}-\dfrac{1}{8}\mathrm{e}^{-t}\right)\mathrm{V}(t>0)$。如用 $C=2\mathrm{F}$ 的电容替换 $L=2\mathrm{H}$ 的电感，试求零状态响应 $u'_2(t)$。

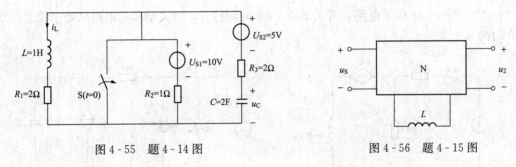

图 4 - 55　题 4 - 14 图　　　　　　　　图 4 - 56　题 4 - 15 图

4 - 16　如图 4 - 57（a）所示电路，$L=3\mathrm{H}$，以 $i_\mathrm{L}(t)$ 为输出。

（1）求单位阶跃响应 $S_{i_\mathrm{L}(t)}$；

（2）若输入信号 $u_\mathrm{S}(t)$ 如图 4 - 57（b）所示，求 $i_\mathrm{L}(t)$ 的零状态响应。

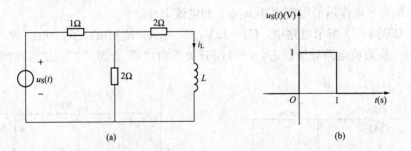

图 4 - 57　题 4 - 16 图

4 - 17　如图 4 - 58 所示电路，求零状态响应 $u_\mathrm{C}(t)$。

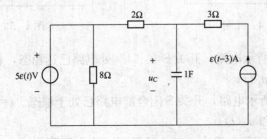

图 4 - 58　题 4 - 17 图

4-18 如图 4-59 所示电路，求：

(1) 单位阶跃响应 $S_{u_C(t)}$；

(2) 当 $u_S=2\delta(t-1)$V，$u_C(0_-)=5$V 时，求全响应 $u_C(t)$。

4-19 如图 4-60 所示电路，求：

(1) 单位阶跃响应 $S_{i_L(t)}$；

(2) 单位冲激响应 $h_{i_L(t)}$；

(3) 当 $i_S(t)=[8\varepsilon(t)-8\varepsilon(t-1)+4\delta(t-2)]$A 时，求零状态响应 $i_L(t)$。

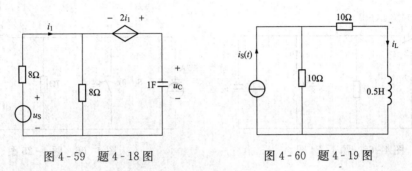

图 4-59 题 4-18 图   图 4-60 题 4-19 图

4-20 如图 4-61（a）所示电路，$C=0.25$F，若电压源 $u_S(t)$ 的波形如图 4-61（b）所示。试求零状态响应 $u_C(t)$。

4-21 如图 4-62 所示电路，电容原先已充电，$u_C(0_-)=U_0=6$V，$i_L(0_-)=0$，$R=2.5\Omega$，$L=0.25$H，$C=0.25$F。试求：

(1) 开关 S 闭合后的 $u_C(t)$ 和 $i(t)$。

(2) 使电路在临界阻尼下放电，当 L 和 C 不变时，电阻 R 应为何值？

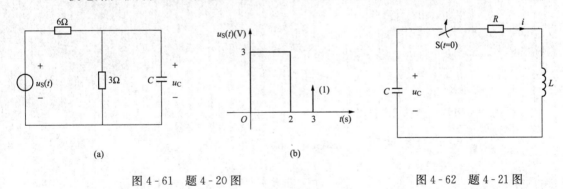

图 4-61 题 4-20 图   图 4-62 题 4-21 图

4-22 电路如题 4-63 图所示，建立关于电感电流 i_L 的微分方程。

4-23 如图 4-64 所示电路，开关 S 打开前电路已处于稳态。$t=0$ 时开关 S 打开，试求 S 打开后的 $u_C(t)$ 和 $u_L(t)$。

4-24 如图 4-65 所示电路原处于稳态，$t=0$ 时开关 S 由位置"1"换到位置"2"，求换路后的 $i_L(t)$ 和 $u_C(t)$。

4-25 如图 4-66 所示电路，开关 S 打开前电路已处于稳态。$t=0$ 时开关 S 打开，试求开关 S 打开后的 $u_C(t)$ 和 $i_L(t)$。

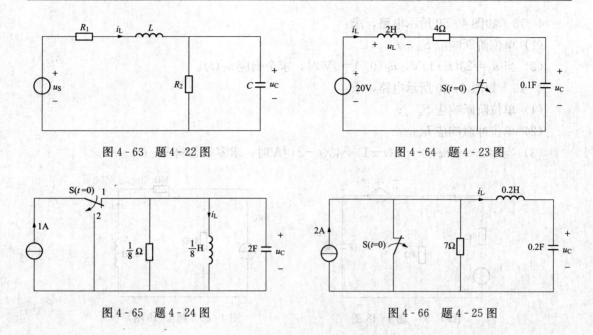

图 4-63　题 4-22 图　　　　　　　　　　　　　图 4-64　题 4-23 图

图 4-65　题 4-24 图　　　　　　　　　　　　　图 4-66　题 4-25 图

5　线性动态电路的复频域分析

前一章研究了线性动态电路的时域分析。经典时域分析法的优点是物理概念明确，缺点是建立和求解微分方程较复杂。为了简化计算，采用复频域分析法（或称运算法）来分析线性动态电路。复频域分析法是应用数学中的拉普拉斯变换分析线性动态网络的方法，首先要把时域形式的两类约束通过拉普拉斯变换转换为复频域形式，并引入复频域阻抗等概念，建立电路的复频域模型，再选用合适的电路分析方法，建立方程并求出响应变量的象函数，最后通过拉普拉斯反变换求出时域响应。本章还介绍了网络函数及其在电路分析中的应用，讨论了网络函数的零点、极点对时域响应和频率特性的影响。

【教学要求及目标】

知识要点	目标与要求	相关知识	掌握程度评价
拉普拉斯变换及反变换	熟练掌握	积分变换	
复频域电路模型	熟练掌握	电路的整体约束和局部约束	
复频域分析法	熟练掌握	方程分析法、电路定理	
网络函数	理解和掌握	单位冲激响应、自由分量	

5.1　拉普拉斯变换及其性质

【基本概念】

积分变换：通过积分运算，把一个函数 $f(x)$ 变换为另一个函数 $F(\alpha)$，即 $F(\alpha) = \int f(x)K(\alpha,x)\mathrm{d}x$，其中 $K(\alpha, x)$ 为积分变换的核，决定了变换的具体形式；$f(x)$ 为原函数；$F(\alpha)$ 为象函数。积分变换无论在数学理论或其他应用中都是一种非常有用的工具。常用的积分变换有傅里叶变换、拉普拉斯变换。

【引入】

拉普拉斯变换是工程数学中常用的一种积分变换，它提供了一种变换定义域的方法，把定义在时域上的函数映射到复频域上，而且这是一种一一对应的关系。有些情形下，一个实变量函数在时域中进行一些运算并不容易，但若将实变量函数作拉普拉斯变换，并在复频域中做各种运算，再将运算结果作拉普拉斯反变换来求得时域中的相应结果，往往在计算上容易得多。拉普拉斯变换的这种运算步骤对于求解线性微分方程尤为有效，它可把微分方程化为容易求解的代数方程来处理，从而使计算简化。在经典控制理论中，对控制系统的分析和综合，都是建立在拉普拉斯变换的基础上的。

5.1.1　拉普拉斯变换的定义

在数学中，定义一个在 $[0，\infty)$ 区间的时间函数 $f(t)$，它的拉普拉斯变换式 $F(s)$ 定

义为

$$F(s) = \int_{0_-}^{\infty} f(t) e^{-st} dt \tag{5-1}$$

式中，$s = \sigma + j\omega$ 为复数；$F(s)$ 为 $f(t)$ 的象函数；$f(t)$ 为 $F(s)$ 的原函数。拉普拉斯变换简称为拉氏变换。式（5-1）也可以简写成

$$L[f(t)] = F(s)$$

式（5-1）表明拉氏变换是一种积分变换。它把原函数 $f(t)$ 与 e^{-st} 的乘积从 $t = 0_-$ 到 ∞ 对 t 进行积分，则此积分结果不再是 t 的函数，而是复变量 s 的函数。所以拉氏变换把一个时域内的函数 $f(t)$ 变换为 s 域内的复变函数 $F(s)$。变量 s 称为复频率。

从式（5-1）中还可以看出，一个函数 $f(t)$ 存在拉氏变换的条件是其积分应为有限值。对于所有的 t，只要满足条件

$$|f(t)| \leqslant Me^{ct}$$

其中 M 和 c 为两个正的有限值常数，则 $f(t)$ 的拉氏变换式 $F(s)$ 总存在。因为总可以找到一个合适的 s 值，使式（5-1）中的积分值为有限值。本书假设涉及的 $f(t)$ 均满足这一条件。式（5-1）定义的拉氏变换的积分下限取 $t = 0_-$ 时刻，这是考虑到 $t = 0$ 时刻，$f(t)$ 中可能包含冲激，从而给分析中存在冲激电压和电流的电路带来方便。

如果 $F(s)$ 已知，要求出与它对应的原函数 $f(t)$，由 $F(s)$ 到 $f(t)$ 的变换称为拉普拉斯反变换，它定义为

$$f(t) = \frac{1}{2\pi j} \int_{\sigma-j\infty}^{\sigma+j\infty} F(s) e^{st} ds \tag{5-2}$$

式（5-2）也可以简写成

$$L^{-1}[F(s)] = f(t)$$

在拉氏变换中，习惯用小写字母表示原函数，大写字母表示对应的象函数。例如，电路中的电压 u 和电流 i 的象函数分别为 $U(s)$ 和 $I(s)$。

【例 5-1】 求单位阶跃函数 $f(t) = \varepsilon(t)$ 的象函数。

解 根据式（5-1），有

$$F(s) = L[f(t)] = \int_{0_-}^{\infty} \varepsilon(t) e^{-st} dt = \int_{0_-}^{\infty} e^{-st} dt = -\frac{1}{s} e^{-st} \Big|_{0_-}^{\infty} = \frac{1}{s}$$

即

$$L[\varepsilon(t)] = \frac{1}{s}$$

【例 5-2】 求单位冲激函数 $f(t) = \delta(t)$ 的象函数。

解

$$F(s) = L[f(t)] = \int_{0_-}^{\infty} \delta(t) e^{-st} dt = \int_{0_-}^{0_+} \delta(t) e^{-st} dt = e^{-s \cdot 0} = 1$$

即

$$L[\delta(t)] = 1$$

【例 5-3】 求函数 $f(t) = e^{-at}\varepsilon(t)$（$a$ 为实数）的象函数。

解

$$F(s) = L[f(t)] = \int_{0_-}^{\infty} e^{-at}\varepsilon(t) e^{-st} dt = \int_{0_-}^{\infty} e^{-(s+a)t} dt$$

$$= -\frac{1}{s+a} e^{-(s+a)t} \Big|_{0_-}^{\infty} = \frac{1}{s+a}$$

即
$$L[e^{-at}\varepsilon(t)] = \frac{1}{s+a}$$

5.1.2 拉普拉斯变换的基本性质

拉普拉斯变换有许多重要性质，本节仅介绍在分析线性动态电路的过程中起到重要作用的六个基本性质。

1. 唯一性

在区间 $[0, +\infty)$ 上定义的时间函数 $f(t)$ 与它的拉氏变换（象函数）$F(s)$ 是一一对应的。根据 $f(t)$ 可以唯一地确定象函数 $F(s)$。反之，根据 $F(s)$ 可以唯一确定 $f(t)$。

2. 线性性质

设 $\qquad L[f_1(t)] = F_1(s)$，$L[f_2(t)] = F_2(s)$，$L[f(t)] = F(s)$

若 $\qquad f(t) = A_1 f_1(t) + A_2 f_2(t)$

则 $\qquad F(s) = A_1 F_1(s) + A_2 F_2(s)$

证明

$$F(s) = L[f(t)] = \int_{0_-}^{\infty} f(t)e^{-st}\,dt = \int_{0_-}^{\infty} [A_1 f_1(t) + A_2 f_2(t)]e^{-st}\,dt$$

$$= A_1 \int_{0_-}^{\infty} f_1(t)e^{-st}\,dt + A_2 \int_{0_-}^{\infty} f_2(t)e^{-st}\,dt = A_1 F_1(s) + A_2 F_2(s)$$

【例 5-4】 求函数 $f(t) = 2 - 2e^{-3t}$ 的象函数。

解 $L[f(t)] = L[2 - 2e^{-3t}] = L[2] - L[2e^{-3t}] = \dfrac{2}{s} - \dfrac{2}{s+3} = \dfrac{6}{s(s+3)}$

【例 5-5】 求函数 $f(t) = \cos\omega t$ 的象函数。

解 由欧拉公式，得

$$\cos\omega t = \frac{e^{j\omega t} + e^{-j\omega t}}{2}$$

故

$$L[f(t)] = L[\cos\omega t] = L\left[\frac{e^{j\omega t} + e^{-j\omega t}}{2}\right] = \frac{1}{2}L[e^{j\omega t}] + \frac{1}{2}L[e^{-j\omega t}]$$

$$= \frac{1}{2}\left(\frac{1}{s - j\omega} + \frac{1}{s + j\omega}\right) = \frac{s}{s^2 + \omega^2}$$

3. 微分性质

若 $\qquad L[f(t)] = F(s)$

则 $\qquad L[f'(t)] = L\left[\dfrac{df(t)}{dt}\right] = sF(s) - f(0_-)$

证明 $\quad L[f'(t)] = \int_{0_-}^{\infty} f'(t)e^{-st}\,dt$，式中，$f'(t) = \dfrac{df(t)}{dt}$

利用分部积分公式，设 $f'(t)dt = dv$，$e^{-st} = u$，则 $v = f(t)$，$du = -se^{-st}$。由于 $\int u\,dv = uv - \int v\,du$ 所以

$$L[f'(t)] = \int_{0_-}^{\infty} f'(t)e^{-st}\,dt = f(t)e^{-st}\Big|_{0_-}^{\infty} - \int_{0_-}^{\infty} f(t)(-se^{-st})\,dt$$

$$= -f(0_-) + s\int_{0_-}^{\infty} f(t)e^{-st}\,dt$$

只要 s 的实部 σ 取得足够大，当 $t \rightarrow \infty$ 时，$e^{-st} f(t) \rightarrow 0$，则 $F(s)$ 存在，于是得

$$L[f'(t)] = sF(s) - f(0_-)$$

推广到一般情况，有

$$L\left[\frac{d^n f(t)}{dt^n}\right] = s^n F(s) - s^{n-1} f(0_-) - s^{n-2} f'(0_-) - \cdots - f^{(n-1)}(0_-)$$

【例 5 - 6】　求函数 $f(t) = \sin\omega t$ 的象函数。

解　因为 $\dfrac{d\cos\omega t}{dt} = -\omega\sin\omega t$，则 $\sin\omega t = -\dfrac{1}{\omega}\dfrac{d\cos\omega t}{dt}$

$$L[f(t)] = L[\sin\omega t] = L\left[-\frac{1}{\omega}\frac{d\cos\omega t}{dt}\right] = -\frac{1}{\omega}L\left[\frac{d\cos\omega t}{dt}\right]$$

$$= -\frac{1}{\omega}\left(s \cdot \frac{s}{s^2+\omega^2} - \cos\omega \cdot 0\right) = -\frac{1}{\omega}\left(\frac{s^2}{s^2+\omega^2} - 1\right) = \frac{\omega}{s^2+\omega^2}$$

4. 积分性质

若　　　　　　　　　　　　　　$$L[f(t)] = F(s)$$

则　　　　　　　　　　　　　　$$L\left[\int_0^t f(\xi)d\xi\right] = \frac{F(s)}{s}$$

证明　$$L\left[\int_{0_-}^t f(\xi)d\xi\right] = \int_{0_-}^\infty \left(\int_{0_-}^t f(\xi)d\xi\right)e^{-st}dt$$

$$= \int_{0_-}^\infty \left(\int_{0_-}^t f(\xi)d\xi\right)d\left(-\frac{1}{s}e^{-st}\right)$$

$$= \int_{0_-}^t f(\xi)d\xi \frac{e^{-st}}{-s}\Big|_{0_-}^\infty + \int_{0_-}^\infty \frac{e^{-st}}{s}f(t)dt$$

只要 $\text{Re}[s] = \sigma$ 足够大，那么第一项必趋于零。

因此

$$L\left[\int_{0_-}^t f(\xi)d\xi\right] = \frac{F(s)}{s}$$

【例 5 - 7】　求函数 $f(t) = t$ 的象函数。

解　由于 $f(t) = t = \int_0^t \varepsilon(\xi)d\xi$，所以

$$L[f(t)] = L[t] = \frac{1}{s} \cdot \frac{1}{s} = \frac{1}{s^2}$$

5. 时域延迟性质

若　　　　　　　　　　　　$$L[f(t)\varepsilon(t)] = F(s)$$

则　　　　　　　　　　　$$L[f(t-t_0)\varepsilon(t-t_0)] = e^{-st_0}F(s)$$

证明　$$L[f(t-t_0)\varepsilon(t-t_0)] = \int_{0_-}^\infty f(t-t_0)\varepsilon(t-t_0)e^{-st}dt = \int_{t_0}^\infty f(t-t_0)e^{-st}dt$$

令 $\tau = t - t_0$，则上式为

$$L[f(t-t_0)\varepsilon(t-t_0)] = \int_{0_-}^\infty f(\tau)e^{-s(\tau+t_0)}d\tau = e^{-st_0}\int_{0_-}^\infty f(\tau)e^{-s\tau}d\tau = e^{-st_0}F(s)$$

【例 5 - 8】　求函数 $f(t) = \varepsilon(t) - \varepsilon(t-T)$ 的象函数。

解　因为 $L[\varepsilon(t)] = \dfrac{1}{s}$，根据延迟性质，得

$$L[\varepsilon(t-T)] = \frac{1}{s}e^{-sT}$$

又根据线性性质得

$$L[f(t)] = L[\varepsilon(t) - \varepsilon(t-T)] = \frac{1}{s} - \frac{1}{s}e^{-sT} = \frac{1}{s}(1 - e^{-sT})$$

【例 5 - 9】 求函数 $f(t) = e^{-(t-2)}\varepsilon(t-2)$ 的象函数。

解 因为 $L[e^{-t}\varepsilon(t)] = \frac{1}{s+1}$，根据延迟性质，得

$$L[f(t)] = L[e^{-(t-2)}\varepsilon(t-2)] = \frac{1}{s+1}e^{-2s}$$

6. 频域位移性质

若 $$L[f(t)] = F(s)$$

则 $$L[e^{at}f(t)] = F(s-a)$$

证明 $L[e^{at}f(t)] = \int_{0_-}^{\infty}e^{at}f(t)e^{-st}dt = \int_{0_-}^{\infty}f(t)e^{-(s-a)t}dt = F(s-a)$

【例 5 - 10】 求函数 $f(t) = e^{at}\sin\omega t$ 的象函数。

解 因为 $L[\sin\omega t] = \frac{\omega}{s^2+\omega^2}$，根据频域位移性质，得

$$L[f(t)] = L[e^{at}\sin\omega t] = \frac{\omega}{(s-a)^2+\omega^2}$$

【例 5 - 11】 求函数 $f(t) = 5e^{-t}\varepsilon(t) + 5e^{-4t}\varepsilon(t-3) + 2\delta(t-6)$ 的象函数。

解

$$f(t) = 5e^{-t}\varepsilon(t) + 5e^{-4t}\varepsilon(t-3) + 2\delta(t-6)$$
$$= 5e^{-t}\varepsilon(t) + 5e^{-12}e^{-4(t-3)}\varepsilon(t-3) + 2\delta(t-6)$$

根据延迟性质和线性性质，得

$$L[f(t)] = L[5e^{-t}\varepsilon(t)] + L[5e^{-12}e^{-4(t-3)}\varepsilon(t-3)] + L[2\delta(t-6)]$$
$$= \frac{5}{s+1} + \frac{5e^{-12}}{s+4}e^{-3s} + 2e^{-6s} = \frac{5}{s+1} + \frac{5}{s+4}e^{-3(s+4)} + 2e^{-6s}$$

现将一些常用函数的拉氏变换列表于 5 - 1 中，以便查阅。

表 5 - 1 一些常用函数的拉氏变换

原函数 $f(t)$	象函数 $F(s)$	原函数 $f(t)$	象函数 $F(s)$
$\varepsilon(t)$	$\frac{1}{s}$	$e^{-at}\sin\omega t$	$\frac{\omega}{(s+a)^2+\omega^2}$
$\delta(t)$	1	$e^{-at}\cos\omega t$	$\frac{s+a}{(s+a)^2+\omega^2}$
e^{-at}	$\frac{1}{s+a}$	te^{-at}	$\frac{1}{(s+a)^2}$
t^n	$\frac{n!}{s^{n+1}}$	t^ne^{-at}	$\frac{n!}{(s+a)^{n+1}}$
$\sin\omega t$	$\frac{\omega}{s^2+\omega^2}$	$t\sin\omega t$	$\frac{2\omega s}{(s^2+\omega^2)^2}$
$\cos\omega t$	$\frac{s}{s^2+\omega^2}$	$t\cos\omega t$	$\frac{s^2-\omega^2}{(s^2+\omega^2)^2}$

表 5 - 1 中列出了常见的拉普拉斯变换式，其中原函数理解为 $f(t)\varepsilon(t)$，因为只有在 $t \geqslant 0$

时，拉普拉斯变换才存在。

5.2　拉普拉斯反变换

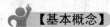【基本概念】

　　反变换：如果变换的原函数与其象函数之间是一一对应的关系，那么由象函数确定其原函数的过程，称为反变换。例如，反三角函数是其对应的三角函数的反变换，由相量结合角频率求正弦量的过程也可以看成是一种反变换。

　　实系数有理多项式的根：多项式的根是指使得该多项式的值为 0 的自变量的取值，实系数有理多项式的根或为实数，或者共轭成对。

【引入】

　　求拉普拉斯反变换通常有三种方法：围线积分法、查表法和部分分式展开法。围线积分法即按拉氏反变换的定义式即式（5-2）进行计算，但因该式是复变函数的积分，一般不易直接求解。表 5-1 给出的常用函数及其象函数对应表，显然具有局限性。下面我们介绍常用的部分分式展开法。

　　部分分式展开法适用于象函数 $F(s)$ 为有理函数的情况，它是将象函数 $F(s)$ 分解为多个能直接进行拉氏反变换的简单分式之和，然后求出原函数。用拉氏变换法求解线性电路时，电路中电压和电流的象函数通常可表示为两个实系数的 s 的多项式之比，即 s 的一个有理分式

$$F(s) = \frac{N(s)}{D(s)} = \frac{a_0 s^m + a_1 s^{m-1} + \cdots + a_m}{b_0 s^n + b_1 s^{n-1} + \cdots + b_n} \tag{5-3}$$

式中，m 和 n 为正整数，且 $n \geqslant m$。

　　用部分分式展开有理分式 $F(s)$ 时，需要把有理分式化为真分式。若 $n > m$，则 $F(s)$ 为真分式。若 $n = m$，则

$$F(s) = \frac{N(s)}{D(s)} = A + \frac{N_0(s)}{D(s)}$$

式中，A 是一个常数，其对应的时间函数为 $A\delta(t)$；余数项 $\dfrac{N_0(s)}{D(s)}$ 是真分式。

　　当分母多项式 $D(s)=0$ 的根的性质不同时，$F(s)$ 的展开式也不同，下面就这些不同情况分别进行讨论。

5.2.1　$D(s)=0$ 只含单根的情况

　　设 $D(s)=0$ 有 n 个单根 p_1、p_2、$\cdots$、p_n，则 $F(s)$ 可以展开成下列简单分式之和，即

$$F(s) = \frac{N(s)}{D(s)} = \frac{K_1}{s-p_1} + \frac{K_2}{s-p_2} + \cdots + \frac{K_n}{s-p_n} = \sum_{i=1}^{n} \frac{K_i}{s-p_i} \tag{5-4}$$

式中，K_1、K_2、$\cdots$、K_n 是待定系数。这些系数可以按下述方法确定

$$F(s)(s-p_1) = K_1 + \left(\frac{K_2}{s-p_2} + \cdots + \frac{K_n}{s-p_n} \right)(s-p_1)$$

令 $s=p_1$，则等式右边除第一项外都变为零，这样就求得

$$K_1 = F(s)(s-p_1) \Big|_{s=p_1}$$

同理

$$K_2 = F(s)(s-p_2)\Big|_{s=p_2}$$
$$\vdots$$
$$K_n = F(s)(s-p_n)\Big|_{s=p_n}$$

所以

$$K_i = F(s)(s-p_i)\Big|_{s=p_i} \quad (i=1,2,\cdots,n) \tag{5-5}$$

又因为 p_i 是 $D(s)=0$ 的一个根，所以

$$K_i = F(s)(s-p_i)\Big|_{s=p_i} = \frac{N(s)}{D(s)}(s-p_i)\Big|_{s=p_i} = \frac{0}{0}$$

根据洛必达法则

$$K_i = \lim_{s\to p_i}\left[\frac{N(s)}{D(s)}(s-p_i)\right] = \lim_{s\to p_i}\left[\frac{N(s)+N'(s)(s-p_i)}{D'(s)}\right] = \frac{N(p_i)}{D'(p_i)}$$

所以求式（5-4）中各待定系数的另一公式为

$$K_i = \frac{N(s)}{D'(s)}\Big|_{s=p_i} \quad (i=1,2,\cdots,n) \tag{5-6}$$

于是，象函数 $F(s)$ 的原函数 $f(t)$ 为

$$f(t) = L^{-1}[F(s)] = \sum_{i=1}^{n}K_i e^{p_i t} = \sum_{i=1}^{n}\frac{N(p_i)}{D'(p_i)}e^{p_i t}$$

【例 5-12】 求 $F(s)=\dfrac{2s+3}{s^2+5s+6}$ 的原函数 $f(t)$。

解 因为 $s^2+5s+6=0$ 的根为 $p_1=-2$，$p_2=-3$，所以

$$F(s) = \frac{K_1}{s+2} + \frac{K_2}{s+3}$$
$$K_1 = \frac{2s+3}{(s+2)(s+3)}(s+2)\Big|_{s=-2} = \frac{2s+3}{s+3}\Big|_{s=-2} = -1$$
$$K_2 = \frac{2s+3}{(s+2)(s+3)}(s+3)\Big|_{s=-3} = \frac{2s+3}{s+2}\Big|_{s=-3} = 3$$

或

$$K_1 = \frac{N(s)}{D'(s)}\Big|_{s=p_1} = \frac{2s+3}{2s+5}\Big|_{s=-2} = -1$$
$$K_2 = \frac{N(s)}{D'(s)}\Big|_{s=p_2} = \frac{2s+3}{2s+5}\Big|_{s=-3} = 3$$

则

$$F(s) = \frac{-1}{s+2} + \frac{3}{s+3}$$
$$f(t) = L^{-1}[F(s)] = L^{-1}\left[\frac{-1}{s+2} + \frac{3}{s+3}\right] = -e^{-2t} + 3e^{-3t}$$

5.2.2　$D(s)=0$ 含共轭复根的情况

设 $D(s)=0$ 具有共轭复根 $p_1=\alpha+j\omega$，$p_2=\alpha-j\omega$，则

$$K_1 = (s-\alpha-j\omega)F(s)\Big|_{s=\alpha+j\omega} = \frac{N(s)}{D'(s)}\Big|_{s=\alpha+j\omega}$$

$$K_2 = (s - \alpha + j\omega)F(s)\Big|_{s=\alpha-j\omega} = \frac{N(s)}{D'(s)}\Big|_{s=\alpha-j\omega}$$

由于 $F(s)$ 是实系数多项式之比，故 K_1、K_2 为共轭复数。

设 $K_1 = |K_1|e^{j\theta_1}$，则 $K_2 = |K_1|e^{-j\theta_1}$，有

$$f(t) = K_1 e^{(\alpha+j\omega)t} + K_2 e^{(\alpha-j\omega)t} = |K_1|e^{j\theta_1}e^{(\alpha+j\omega)t} + |K_1|e^{-j\theta_1}e^{(\alpha-j\omega)t}$$
$$= |K_1|e^{\alpha t}[e^{j(\omega t+\theta_1)} + e^{-j(\omega t+\theta_1)}] = 2|K_1|e^{\alpha t}\cos(\omega t + \theta_1) \tag{5-7}$$

【例 5-13】　求 $F(s) = \dfrac{s}{s^2+2s+5}$ 的原函数 $f(t)$。

解　因为 $s^2+2s+5=0$ 的根为 $p_1 = -1+j2$，$p_2 = -1-j2$

所以

$$F(s) = \frac{K_1}{s+1-j2} + \frac{K_2}{s+1+j2}$$

$$K_1 = \frac{N(s)}{D'(s)}\Big|_{s=p_1} = \frac{s}{2s+2}\Big|_{s=-1+j2} = \frac{1}{2} + j\frac{1}{4} = \frac{\sqrt{5}}{4}e^{j26.6°}$$

$$K_2 = |K_1|e^{-j\theta_1} = \frac{\sqrt{5}}{4}e^{-j26.6°}$$

根据式（5-7）可得

$$f(t) = L^{-1}[F(s)] = 2|K_1|e^{-t}\cos(2t+\theta_1) = \frac{\sqrt{5}}{2}e^{-t}\cos(2t+26.6°)$$

【例 5-14】　求 $F(s) = \dfrac{5s^2+4s-18}{(s+2)(s^2+2s+2)}$ 的原函数 $f(t)$。

解　因为 $(s+2)(s^2+2s+2)=0$ 的根分别为

$$p_1 = -1+j, \quad p_2 = -1-j, \quad p_3 = -2$$

则

$$F(s) = \frac{K_1}{s+1-j} + \frac{K_2}{s+1+j} + \frac{K_3}{s+2}$$

$$K_1 = \frac{N(s)}{D'(s)}\Big|_{s=p_1} = \frac{5s^2+4s-18}{3s^2+8s+6}\Big|_{s=-1+j} = 4+j7 = 8.06e^{j60.3°}$$

$$K_2 = |K_1|e^{-j\theta_1} = 4-j7 = 8.06e^{-j60.3°}$$

$$K_3 = \frac{N(s)}{D'(s)}\Big|_{s=p_3} = \frac{5s^2+4s-18}{3s^2+8s+6}\Big|_{s=-2} = -3$$

所以

$$f(t) = L^{-1}[F(s)] = 2|K_1|e^{-t}\cos(t+\theta_1) + K_3 e^{-2t}$$
$$= 16.12e^{-t}\cos(t+60.3°) - 3e^{-2t}$$

5.2.3　$D(s)=0$ 含重根的情况

如果 $D(s)=0$ 具有重根，则应含 $(s-p_1)^n$ 的因式。现设 $D(s)=0$ 具有一个三重根 p_1 和 $(n-1)$ 个单根 $p_i(i=2, 3, \cdots, n)$ 时，$F(s)$ 可以分解为

$$F(s) = \frac{K_{11}}{(s-p_1)^3} + \frac{K_{12}}{(s-p_1)^2} + \frac{K_{13}}{s-p_1} + \sum_{i=2}^{n} \frac{K_i}{s-p_i} \tag{5-8}$$

式中，K_{11}、K_{12}、K_{13} 及 $K_i(i=2, 3, \cdots, n)$ 是待定系数。下面来确定这些系数。

由于 $p_i(i=2, 3, \cdots, n)$ 是单根，所以系数 $K_i(i=2, 3, \cdots, n)$ 的确定方法和前述

相同，其计算公式仍为

$$K_i = \frac{N(s)}{D'(s)}\Big|_{s=p_i} \quad (i=2,3,\cdots,n)$$

而 K_{11}、K_{12}、K_{13} 可采用将分解式 (5-8) 两边乘以 $(s-p_1)^3$ 的方法求出，于是有

$$(s-p_1)^3 F(s) = (s-p_1)^2 K_{13} + (s-p_1)K_{12} + K_{11} + (s-p_1)^3 \sum_{i=2}^{n} \frac{K_i}{s-p_i} \quad (5-9)$$

待定系数 K_{11} 为

$$K_{11} = (s-p_1)^3 F(s)\big|_{s=p_1}$$

将式 (5-9) 两边对 s 求导，则 K_{12} 被分离出来，有

$$\frac{\mathrm{d}}{\mathrm{d}s}\big[(s-p_1)^3 F(s)\big] = 2(s-p_1)K_{13} + K_{12} + \frac{\mathrm{d}}{\mathrm{d}s}\Big[(s-p_1)^3 \sum_{i=2}^{n} \frac{K_i}{s-p_i}\Big]$$

待定系数 K_{12} 为

$$K_{12} = \frac{\mathrm{d}}{\mathrm{d}s}\big[(s-p_1)^3 F(s)\big]\Big|_{s=p_1}$$

同样地，可以确定

$$K_{13} = \frac{1}{2}\frac{\mathrm{d}^2}{\mathrm{d}s^2}\big[(s-p_1)^3 F(s)\big]\Big|_{s=p_1}$$

则

$$f(t) = L^{-1}[F(s)] = \frac{1}{2}K_{11}t^2 \mathrm{e}^{p_1 t} + K_{12}t\mathrm{e}^{p_1 t} + K_{13}\mathrm{e}^{p_1 t} + \sum_{i=2}^{n} K_i \mathrm{e}^{p_i t}$$

从上述分析过程可以推论得出，当 $D(s)=0$ 具有一个 q 阶重根 p_1 和 $(n-1)$ 个单根 $p_i(i=2,3,\cdots,n)$ 时，$F(s)$ 的分解式为

$$F(s) = \frac{K_{1q}}{s-p_1} + \frac{K_{1(q-1)}}{(s-p_1)^2} + \cdots + \frac{K_{11}}{(s-p_1)^q} + \sum_{i=2}^{n} \frac{K_i}{s-p_i} \quad (5-10)$$

式中

$$K_{11} = (s-p_1)^q F(s)\big|_{s=p_1}$$

$$K_{12} = \frac{\mathrm{d}}{\mathrm{d}s}\big[(s-p_1)^q F(s)\big]\Big|_{s=p_1}$$

$$K_{13} = \frac{1}{2}\frac{\mathrm{d}^2}{\mathrm{d}s^2}\big[(s-p_1)^q F(s)\big]\Big|_{s=p_1}$$

$$\vdots$$

$$K_{1q} = \frac{1}{(q-1)!}\frac{\mathrm{d}^{q-1}}{\mathrm{d}s^{q-1}}\big[(s-p_1)^q F(s)\big]\Big|_{s=p_1}$$

不难看出，当 $D(s)=0$ 具有多个重根时，只要利用具有一个重根时的结论，就可以写出 $F(s)$ 的分解式并能求出相应的待定系数。

【例 5-15】 求 $F(s) = \dfrac{s+4}{(s+2)^3(s+1)}$ 的原函数 $f(t)$。

解 因为 $(s+2)^3(s+1)=0$ 的根为 $p_1=-2$ 的三重根和 $p_2=-1$，则

$$F(s) = \frac{K_{13}}{s+2} + \frac{K_{12}}{(s+2)^2} + \frac{K_{11}}{(s+2)^3} + \frac{K_2}{s+1}$$

式中

$$K_{11} = (s+2)^3 F(s)\Big|_{s=-2} = \frac{s+4}{s+1}\Big|_{s=-2} = -2$$

$$K_{12} = \frac{\mathrm{d}}{\mathrm{d}s}\Big[(s+2)^3 F(s)\Big]\Big|_{s=-2} = \frac{\mathrm{d}}{\mathrm{d}s}\Big(\frac{s+4}{s+1}\Big)\Big|_{s=-2} = \frac{-3}{(s+1)^2}\Big|_{s=-2} = -3$$

$$K_{13} = \frac{1}{2}\frac{\mathrm{d}^2}{\mathrm{d}s^2}\Big[(s+2)^3 F(s)\Big]\Big|_{s=-2} = \frac{1}{2}\frac{\mathrm{d}^2}{\mathrm{d}s^2}\Big(\frac{s+4}{s+1}\Big)\Big|_{s=-2}$$

$$= \frac{1}{2}\times(-3)\times(-2)\frac{1}{(s+1)^3}\Big|_{s=-2} = -3$$

$$K_2 = (s+1)F(s)\Big|_{s=-2} = \frac{s+4}{(s+2)^3}\Big|_{s=-1} = 3$$

所以

$$f(t) = L^{-1}\Big[\frac{-3}{s+2} + \frac{-3}{(s+2)^2} + \frac{-2}{(s+2)^3} + \frac{3}{s+1}\Big] = -3\mathrm{e}^{-2t} - 3t\mathrm{e}^{-2t} - t^2\mathrm{e}^{-2t} + 3\mathrm{e}^{-t}$$

5.3 复频域中的电路定律与电路模型

【基本概念】

两类约束：集总电路中，各支路电流受到 KCL 约束，各支路电压受到 KVL 约束，这两种约束只与电路元件的连接方式有关，与元件特性无关，称为拓扑约束。集总电路的电压和电流还要受到元件特性的约束，这类约束只与元件的 VCR 有关，与元件的连接方式无关，称为元件约束。任何集总电路的电压和电流必须同时满足这两类约束。

【引入】

用拉普拉斯变换分析线性动态电路有两种基本方法：第一种，先在时域内列出描述电路的微分方程，然后对微分方程进行拉氏变换，得到复频域的代数方程并求解得出响应的象函数，再进行拉氏反变换得到响应的时间函数；第二种，先对电路定律和元件方程进行拉普拉斯变换，得到它们的复频域形式，进而建立出复频域形式的电路模型，然后直接列写复频域中的代数方程并求解，再对所解得的响应象函数进行拉氏反变换得出响应的时间函数。第二种方法不仅避开了建立高阶微分方程的难点，而且可以用分析线性直流电路的任意方法来分析复频域电路模型，因而更加实用。本节介绍复频域中的电路定律和电路元件的电压与电流的关系。

5.3.1 复频域中的基尔霍夫定律

对于时域电路中的任一节点，基尔霍夫电流定律（KCL）为

$$\sum i(t) = 0 \tag{5-11}$$

对式（5-11）两边取拉氏变换，并根据拉氏变换的线性性质得出复频域中的 KCL 方程为

$$\sum I(s) = 0 \tag{5-12}$$

式（5-12）表明，把时域电路变换为复频域电路模型，并将复频域中的所有支路电流表示为象函数后，在任一瞬间流入电路中任一节点的各支路电流象函数的代数和为零，称式（5-12）为 KCL 的复频域形式。

对于时域电路中的任一回路，基尔霍夫电压定律（KVL）为

$$\sum u(t) = 0 \qquad\qquad (5-13)$$

对式（5-13）两边取拉氏变换，并根据拉氏变换的线性性质得出复频域中的 KVL 方程为

$$\sum U(s) = 0 \qquad\qquad (5-14)$$

式（5-14）表明，在任一瞬间电路中沿任一回路各元件电压象函数的代数和恒为零，称式（5-14）为 KVL 的复频域形式。

5.3.2　复频域中的电路元件

1. 电阻元件

电阻元件的时域的伏安关系 $u(t) = Ri(t)$，参考方向如图 5-1（a）所示。

对时域伏安关系的等式两边取拉氏变换，有

$$L[u(t)] = L[Ri(t)]$$
$$U(s) = RI(s) \qquad\qquad (5-15)$$

式（5-15）是电阻元件伏安关系的复频域形式，相应的复频域电路模型如图 5-1（b）所示。

图 5-1　电阻元件的时域和复频域模型

2. 电感元件

电感元件的时域的伏安关系 $u_\mathrm{L}(t) = L\dfrac{\mathrm{d}i_\mathrm{L}(t)}{\mathrm{d}t}$，参考方向如图 5-2（a）所示。

对时域伏安关系的等式两边取拉氏变换，有

$$U_\mathrm{L}(s) = L[sI_\mathrm{L}(s) - i_\mathrm{L}(0_-)] = sLI_\mathrm{L}(s) - Li_\mathrm{L}(0_-) \qquad (5-16)$$

式中，sL 具有阻抗的量纲，称为电感的运算阻抗；$i_\mathrm{L}(0_-)$ 表示电感中的初始电流。这样可以得到图 5-2（b）所示的复频域电路模型，$Li_\mathrm{L}(0_-)$ 表示附加电压源的电压，它反映了电感中初始电流的作用。应当注意的是，它的参考方向与电感中初始电流的参考方向相反。还可以把式（5-16）改写为

$$I_\mathrm{L}(s) = \frac{1}{sL}U_\mathrm{L}(s) + \frac{i_\mathrm{L}(0_-)}{s} \qquad\qquad (5-17)$$

式中，$\dfrac{1}{sL}$ 具有导纳的量纲，称为电感的运算导纳；$\dfrac{i_\mathrm{L}(0_-)}{s}$ 表示附加电流源的电流。这样可以得到图 5-2（c）所示的复频域电路模型。

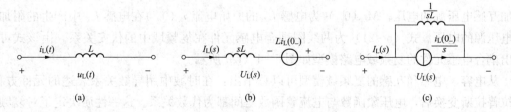

图 5-2　电感元件的时域和复频域模型

3. 电容元件

电容元件的时域的伏安关系 $i_C(t)=C\dfrac{du_C(t)}{dt}$，参考方向如图 5-3（a）所示。

对时域伏安关系的等式两边取拉氏变换，有

$$I_C(s) = C[sU_C(s) - u_C(0_-)] = sCU_C(s) - Cu_C(0_-) \tag{5-18}$$

或改写为

$$U_C(s) = \frac{1}{sC}I_C(s) + \frac{u_C(0_-)}{s} \tag{5-19}$$

式中，$\dfrac{1}{sC}$ 和 sC 分别为电容的运算阻抗和运算导纳；$\dfrac{u_C(0_-)}{s}$ 和 $Cu_C(0_-)$ 分别为反映电容初始电压的附加电压源的电压和附加电流源的电流。应当注意的是 $Cu_C(0_-)$ 的参考方向与电容上初始电压的参考方向相反。$\dfrac{u_C(0_-)}{s}$ 的参考方向与电容上初始电压的参考方向相同。由式（5-18）和式（5-19）可以作出电容元件的复频域电路模型分别为如图 5-3（b）和图 5-3（c）所示。

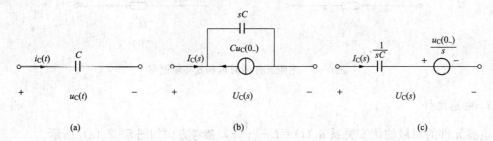

图 5-3 电容元件的时域和复频域模型

4. 耦合电感元件

如图 5-4（a）所示，两个耦合电感的电压与电流关系的时域形式为

$$\left. \begin{aligned} u_1 &= L_1 \frac{di_1}{dt} + M \frac{di_2}{dt} \\ u_2 &= L_2 \frac{di_2}{dt} + M \frac{di_1}{dt} \end{aligned} \right\} \tag{5-20}$$

对式（5-20）两边取拉氏变换，并利用线性性质和微分性质得

$$\left. \begin{aligned} U_1(s) &= sL_1I_1(s) - L_1i_1(0_-) + sMI_2(s) - Mi_2(0_-) \\ U_2(s) &= sL_2I_2(s) - L_2i_2(0_-) + sMI_1(s) - Mi_1(0_-) \end{aligned} \right\} \tag{5-21}$$

式中，sM 称为互感运算阻抗；$Mi_1(0_-)$ 为电感 L_1 的原始电流 $i_1(0_-)$ 在电感 L_2 中产生的附加互感电压源的电压；$Mi_2(0_-)$ 为电感 L_2 的原始电流 $i_2(0_-)$ 在电感 L_1 中产生的附加互感电压源的电压。式（5-21）为两线圈耦合电感元件在复频域中的伏安关系。由该式可以作出耦合电感元件的复频域电路模型如图 5-4（b）所示。

从电容、电感和互感的复频域模型可以总结出：在时域中用导数关系表述的元件方程，经拉普拉斯变换后，电压象函数与电流象函数之间都为代数关系。这一性质决定了对复频域电路模型只需列写代数方程。这是拉普拉斯变换用于分析暂态响应的重要效果之一。

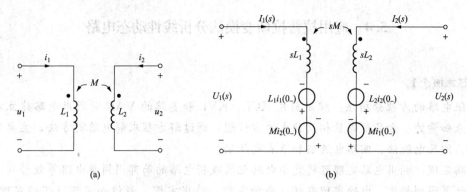

图 5-4　耦合电感元件的时域和复频域模型

由于受控源、理想变压器、理想运算放大电路的元件方程在时域中均为线性代数方程或方程组，所以根据拉普拉斯变换的线性性质，只要将这些元件时域方程中的电压与电流用相应的象函数代替，即得这些元件方程的复频域形式。电路中的独立电源一般是给定的常量或时间函数，对其进行拉普拉斯变换即得它们的复频域形式。

5.3.3　复频域电路模型

由于复频域中的基尔霍夫定律与时域中的相应方程在形式上是相似的，见式（5-12）和式（5-14），只是电压和电流变量被替换为它们的象函数。这就意味着，在复频域中，各元件的连接关系与时域中的连接关系是一致的。这样，将电路中所有元件均用其复频域模型表示，并保持连接关系不变，所得电路就是原电路的复频域模型或称运算电路。

例如，把 5-5（a）中的 R_1、R_2、L、C 和电压源 u_S 都用复频域模型表示，开关断开后不再考虑 R_3，便得到 $t>0$ 时原电路的复频域模型，如图 5-5（b）所示。其中附加电压源要通过电感电流和电容电压的原始值求得。例如，设图 5-5（a）中的 u_S 为直流电压源，$u_S = U_0$，在 $t<0$ 时电路处于稳态，由开关打开前的电路求得电感电流和电容电压的原始值分别为

$$i_L(0_-) = \frac{U_0}{R_1 + \dfrac{R_2 R_3}{R_2 + R_3}}$$

$$u_C(0_-) = \frac{R_2 R_3}{R_2 + R_3} i_L(0_-)$$

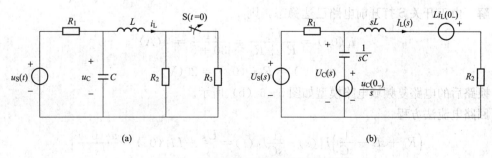

图 5-5　时域电路和其复频域电路模型

5.4　应用拉普拉斯变换法分析线性动态电路

【基本概念】

　　电阻电路的方程分析法：就是应用 KCL、KVL 和支路的 VAR 对所求电路建立以求解变量为未知量的、数目足够且相互独立的方程组，通过解方程求解电路的方法，主要有支路电流法、网孔电流法、回路电流法和节点电压法。

　　电路定理：利用电路定理可将复杂电路化简或将电路的局部用简单电路等效替代，以使电路的计算得到简化。电路定理包括：叠加定理、替代定理、戴维南定理（诺顿定理）、最大传输定理、特勒根定理、互易定理、对偶原理。

【引入】

　　复频域中的基尔霍夫定律方程与时域中的相应方程在形式上是相似的，各元件方程的复频域形式都是线性代数方程，与线性直流电路情况相似。因此，在前面对线性电路提出的各种分析方法、定理和公式均可推广用于电路的复频域模型。具体地说，只需要将以前方程和公式中的电阻推广为运算阻抗，将电导推广为运算导纳，将恒定电压、恒定电流推广为电压象函数、电流象函数，就可以用计算线性直流电路的方法计算复频域电路模型。使用这种分析方法的具体步骤是这一小节要介绍的内容。

　　根据电路的复频域模型（即运算电路），选用求解线性直流电路的各种方法，求出响应的象函数，再利用拉氏反变换求得响应的时间函数。把上述运用拉普拉斯变换求解线性动态电路时域响应的方法称为复频域分析法（或称运算法）。其具体步骤是：

　　（1）由换路前的电路求出电路所包含的全部电容的 $u_C(0_-)$ 值和全部电感的 $i_L(0_-)$ 值。

　　（2）画出换路后的复频域电路模型。将电路中所有元件用其运算模型表示，已知的和待求的所有电压与电流都用它们的象函数来表示。

　　（3）将求解线性直流电路的方法推广用于复频域电路模型，求出待求响应象函数。

　　（4）用拉普拉斯反变换求出响应象函数的原函数，即得响应随时间的变化规律。

　　【例 5-16】　　如图 5-6（a）所示电路中，已知 $U_S=140V$，$R_1=30\Omega$，$R_2=R_3=5\Omega$，$C=1000\mu F$，$L=0.1H$。开关 S 打开前电路已经处于稳态，$t=0$ 时开关 S 打开。

　　试求换路后的 $i_L(t)$、$u(t)$。

　　解　　由于开关 S 打开前电路已达稳态，则

$$i_L(0_-)=\frac{U_S}{R_1+R_2}=\frac{140}{30+5}=4(A)$$

$$u_C(0_-)=R_2 i_L(0_-)=20(V)$$

　　换路后的电路复频域电路模型如图 5-6（b）所示。
列写回路电流法方程

$$\left.\begin{aligned}\left(R_1+sL+\frac{1}{sC}\right)I_1(s)-\frac{1}{sC}I_2(s)&=\frac{U_S}{s}+Li_L(0_-)-\frac{u_C(0_-)}{s}\\[2mm]-\frac{1}{sC}I_1(s)+\left(R_2+R_3+\frac{1}{sC}\right)I_2(s)&=\frac{u_C(0_-)}{s}\end{aligned}\right\}$$

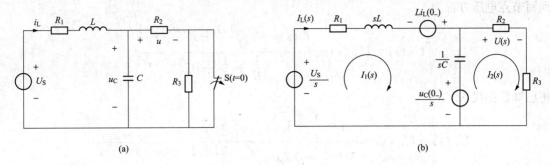

图 5-6 ［例 5-16］图

将已知数据代入

$$\left(30 + 0.1s + \frac{1000}{s}\right)I_1(s) - \frac{1000}{s}I_2(s) = \frac{140}{s} + 0.4 - \frac{20}{s}$$

$$-\frac{1000}{s}I_1(s) + \left(10 + \frac{1000}{s}\right)I_2(s) = \frac{20}{s}$$

解得

$$I_L(s) = I_1(s) = \frac{4s^2 + 1600s + 140\,000}{s^3 + 400s^2 + 40\,000s} = \frac{3.5}{s} + \frac{100}{(s+200)^2} + \frac{0.5}{s+200}$$

$$I_2(s) = \frac{2s^2 + 1000s + 140\,000}{s^3 + 400s^2 + 40\,000s} = \frac{3.5}{s} - \frac{100}{(s+200)^2} - \frac{1.5}{s+200}$$

$$U(s) = R_2 I_2(s) = \frac{10s^2 + 5000s + 700\,000}{s^3 + 400s^2 + 40\,000s} = \frac{17.5}{s} - \frac{500}{(s+200)^2} - \frac{7.5}{s+200}$$

取拉氏反变换得

$$i_L(t) = L^{-1}[I_L(s)] = (3.5 + 100te^{-200t} + 0.5e^{-200t})\text{A} \quad (t \geqslant 0)$$

$$u(t) = L^{-1}[U(s)] = (17.5 - 500te^{-200t} - 7.5e^{-200t})\text{V} \quad (t > 0)$$

【例 5-17】 如图 5-7（a）所示电路中，已知 $R=1\Omega$，$L=1\text{H}$，$C=0.5\text{F}$，激励电流源 $i_S(t) = \delta(t)$ A，初始条件 $u_C(0_-) = 2\text{V}$，$i_L(0_-) = 1\text{A}$。试求电路响应 $u_C(t)$（$t>0$）。

解

$$I_S(s) = L[i_S(t)] = L[\delta(t)] = 1$$

复频域电路模型如图 5-7（b）所示。

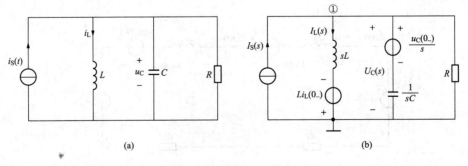

图 5-7 ［例 5-17］图

列写节点电压方程为

$$U_C(s) = U_{n1}(s) = \frac{I_S(s) - \dfrac{Li_L(0_-)}{sL} + sC\dfrac{u_C(0_-)}{s}}{\dfrac{1}{R} + \dfrac{1}{sL} + sC}$$

将已知数据代入

$$U_C(s) = U_{n1}(s) = \frac{1 - \dfrac{1}{s} + 1}{1 + \dfrac{1}{s} + 0.5s} = \frac{4s - 2}{s^2 + 2s + 2} = \frac{4s - 2}{(s+1)^2 + 1^2}$$

$$= \frac{4(s+1)}{(s+1)^2 + 1^2} - \frac{6}{(s+1)^2 + 1^2}$$

取拉氏反变换得

$$u_C(t) = L^{-1}[U_C(s)] = 4e^{-t}\cos t - 6e^{-t}\sin t = 7.12e^{-t}\cos(t + 56.3°)\text{V} \quad (t > 0)$$

【例 5 - 18】 如图 5 - 8（a）所示电路中，$U_{S1} = 12\text{V}$，$U_{S2} = 9\text{V}$，$R_1 = 6\Omega$，$R_2 = 3\Omega$，$L_1 = 3\text{H}$，$L_2 = \dfrac{3}{4}\text{H}$。开关 S 打开前电路已经处于稳态，$t = 0$ 时开关 S 打开。

试求换路后的 $i_{L1}(t)$、$u_{L1}(t)$、$i_{L2}(t)$、$u_{L2}(t)$。

解　由于开关 S 打开前电路已达稳态，则

$$i_{L1}(0_-) = \frac{U_{S1}}{R_1} = \frac{12}{6} = 2(\text{A})$$

$$i_{L2}(0_-) = -\frac{U_{S2}}{R_2} = -\frac{9}{3} = -3(\text{A})$$

换路后的电路复频域电路模型如图 5 - 8（b）所示。

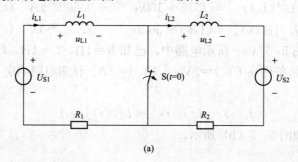

(a)

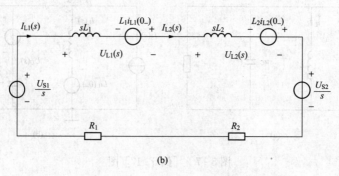

(b)

图 5 - 8　[例 5 - 18] 图

由电路的 KVL 得

$$I_{L1}(s) = I_{L2}(s) = \frac{\dfrac{U_{S1}}{s} - \dfrac{U_{S2}}{s} + L_1 i_{L1}(0_-) + L_2 i_{L2}(0_-)}{R_1 + R_2 + sL_1 + sL_2}$$

将已知数据代入

$$I_{L1}(s) = I_{L2}(s) = \frac{\dfrac{12}{s} - \dfrac{9}{s} + 6 - \dfrac{9}{4}}{6 + 3 + 3s + \dfrac{3}{4}s} = \frac{\dfrac{1}{3}}{s} + \frac{\dfrac{2}{3}}{s + \dfrac{12}{5}}$$

$$U_{L1}(s) = sL_1 I_{L1}(s) - L_1 i_{L1}(0_-) = 3s\left(\frac{\dfrac{1}{3}}{s} + \frac{\dfrac{2}{3}}{s + \dfrac{12}{5}} \right) - 6 = -3 - \frac{\dfrac{24}{5}}{s + \dfrac{12}{5}}$$

$$U_{L2}(s) = sL_2 I_{L2}(s) - L_2 i_{L2}(0_-) = \frac{3}{4}s\left(\frac{\dfrac{1}{3}}{s} + \frac{\dfrac{2}{3}}{s + \dfrac{12}{5}} \right) + \frac{9}{4} = 3 - \frac{\dfrac{6}{5}}{s + \dfrac{12}{5}}$$

取拉氏反变换得

$$i_{L1}(t) = i_{L2}(t) = L^{-1}[I_{L1}(s)] = \left(\frac{1}{3} + \frac{2}{3}e^{-2.4t} \right) \text{A} \quad (t \geqslant 0)$$

$$u_{L1}(t) = L^{-1}[U_{L1}(s)] = \left[-3\delta(t) - \frac{24}{5}e^{-2.4t}\varepsilon(t) \right] \text{V}$$

$$u_{L2}(t) = L^{-1}[U_{L2}(s)] = \left[3\delta(t) - \frac{6}{5}e^{-2.4t}\varepsilon(t) \right] \text{V}$$

$i_{L1}(0_-) = 2\text{A}$，$i_{L2}(0_-) = -3\text{A}$，而 $i_{L1}(0_+) = i_{L2}(0_+) = 1\text{A}$，可见两个电感电流都发生了跃变，电感电压中会有冲激函数出现，但 $u_{L1}(t) + u_{L2}(t)$ 中并无冲激函数出现，这是因为冲激电压部分大小相同，方向相反，故在整个回路中无冲激电压出现。

从这个例子可以看出，由于拉氏变换式中下限取 0_-，故自动地把冲激函数考虑进去，因此无需先求 $t = 0_+$ 时的跃变值。这是复频域分析法求解动态电路响应的优点之一。

【例 5-19】 图 5-9（a）所示电路，已知 $U_S = 1\text{V}$，$R_1 = R_2 = 1\Omega$，$L_1 = L_2 = 0.1\text{H}$，$M = 0.05\text{H}$，$t = 0$ 时开关 S 闭合。试求换路后的电流 $i_1(t)$、$i_2(t)$。

解 图 5-9（a）换路后电路的复频域电路模型如图 5-9（b）所示。

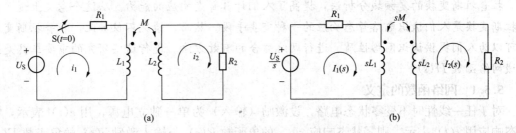

图 5-9 ［例 5-19］图

列出回路电流方程

$$(R_1 + sL_1)I_1(s) - sMI_2(s) = \frac{U_S}{s} \Bigg\}$$
$$-sMI_1(s) + (R_2 + sL_2)I_2(s) = 0 \Bigg\}$$

将已知数据代入

$$(1 + 0.1s)I_1(s) - 0.05sI_2(s) = \frac{1}{s} \Bigg\}$$
$$-0.05sI_1(s) + (1 + 0.1s)I_2(s) = 0 \Bigg\}$$

解得

$$I_1(s) = \frac{0.1s + 1}{s(0.75 \times 10^{-2}s^2 + 0.2s + 1)} = \frac{\frac{40}{3}s + \frac{400}{3}}{s\left(s^2 + \frac{80}{3}s + \frac{400}{3}\right)} = \frac{1}{s} + \frac{-0.5}{s + \frac{20}{3}} + \frac{-0.5}{s + 20}$$

$$I_2(s) = \frac{0.05}{0.75 \times 10^{-2}s^2 + 0.2s + 1} = \frac{\frac{20}{3}}{\left(s + \frac{20}{3}\right)(s + 20)} = \frac{0.5}{s + \frac{20}{3}} + \frac{-0.5}{s + 20}$$

取拉氏反变换得

$$i_1(t) = L^{-1}[I_1(s)] = 1 - 0.5e^{-\frac{20}{3}t} - 0.5e^{-20t} (\text{A}) \quad (t \geqslant 0)$$
$$i_2(t) = L^{-1}[I_2(s)] = 0.5e^{-\frac{20}{3}t} - 0.5e^{-20t} (\text{A}) \quad (t \geqslant 0)$$

5.5 网 络 函 数

 【基本概念】

单位冲激响应 $h(t)$：电路在单位冲激激励作用下的零状态响应，用 $h(t)$ 表示。

自由分量：动态电路的全响应中，对应微分方程通解的那部分，其变化规律取决于电路的结构和元件参数，与外加激励无关，所以称为自由分量。一般情况下，$h(t)$ 的特性就是时域响应中自由分量的特性。

【引入】

拉普拉斯变换的复频域分析法，提高了人们计算暂态响应的能力。从这个意义上说，拉普拉斯变换是人们认识电路暂态响应的一种重要手段。然而，情况不仅如此，拉普拉斯变换还可以为人们提供认识网络性质、进行网络综合的有效方法。进行这些研究的重要工具是复频域网络函数 $H(s)$。

5.5.1 网络函数的定义

对于任一线性时不变零状态电路，设激励（输入）为单一独立电源，用 $e(t)$ 表示，零状态响应用 $r(t)$ 表示，则零状态响应 $r(t)$ 的象函数 $R(s)$ 与输入激励 $e(t)$ 的象函数 $E(s)$ 之比为该电路相应响应的网络函数 $H(s)$，即

$$H(s) = \frac{R(s)}{E(s)} \tag{5-22}$$

式（5-22）中的激励 $E(s)$ 可以是独立电压源，也可以是独立电流源，响应 $R(s)$ 可以

是电路中任意两点之间的电压，也可以是通过任意支路的电流，如图 5 - 10（a）和图 5 - 10（b）所示。

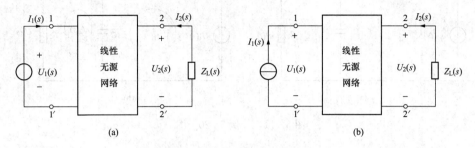

图 5 - 10 网络函数电路及其分类的说明

从图 5 - 10（a）可以看出，若输入激励 $E(s)$ 为独立电压源 $U_1(s)$ 时，响应 $R(s)$ 可能是 $I_1(s)$、$I_2(s)$ 和 $U_2(s)$ 中的某一个。从图 5 - 10（b）可以看出，若输入激励 $E(s)$ 为独立电流源 $I_1(s)$ 时，响应 $R(s)$ 可能是 $U_1(s)$、$I_2(s)$ 和 $U_2(s)$ 中的某一个。因此，网络函数一般有六种类型，它们为

驱动点阻抗：$\qquad Z_{11}(s) = \dfrac{U_1(s)}{I_1(s)}$

驱动点导纳：$\qquad Y_{11}(s) = \dfrac{I_1(s)}{U_1(s)}$

转移阻抗：$\qquad Z_{21}(s) = \dfrac{U_2(s)}{I_1(s)}$

转移导纳：$\qquad Y_{21}(s) = \dfrac{I_2(s)}{U_1(s)}$

转移电压比：$\qquad H_U(s) = \dfrac{U_2(s)}{U_1(s)}$

转移电流比：$\qquad H_I(s) = \dfrac{I_2(s)}{I_1(s)}$

驱动点阻抗和驱动点导纳是指输出响应和输入激励在同一端口的情况，而转移阻抗、转移导纳、转移电压比和转移电流比是指输出响应和输入激励在不同端口的情况。

【例 5 - 20】 如图 5 - 11（a）所示的低通滤波器电路，已知激励为电压源 $u_1(t)$。试求响应分别为 $i_1(t)$ 和 $u_2(t)$ 的网络函数。

解 作出图 5 - 11（a）所示电路的复频域模型如图 5 - 11（b）所示。用回路电流法列方程为

$$\left.\begin{aligned} \left(R_1 + sL + \frac{1}{sC}\right)I_1(s) - \frac{1}{sC}I_2(s) &= U_1(s) \\ -\frac{1}{sC}I_1(s) + \left(R_2 + \frac{1}{sC}\right)I_2(s) &= 0 \end{aligned}\right\}$$

解得

$$I_1(s) = \frac{sR_2C + 1}{s^2 R_2 LC + s(R_1 R_2 C + L) + (R_1 + R_2)} U_1(s)$$

$$I_2(s) = \frac{1}{s^2 R_2 LC + s(R_1 R_2 C + L) + (R_1 + R_2)} U_1(s)$$

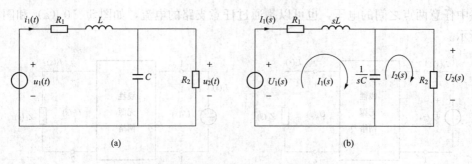

图 5-11　[例 5-20] 图

所以

$$H_1(s) = \frac{I_1(s)}{U_1(s)} = \frac{sR_2C + 1}{s^2R_2LC + s(R_1R_2C + L) + (R_1 + R_2)}$$

$$H_2(s) = \frac{U_2(s)}{U_1(s)} = \frac{R_2 I_2(s)}{U_1(s)} = \frac{R_2}{s^2R_2LC + s(R_1R_2C + L) + (R_1 + R_2)}$$

由例 5-20 可知,对于同一电路,在同一输入激励作用下,不同的输出响应相应的网络函数也不同。例如,$H_1(s) = \dfrac{I_1(s)}{U_1(s)}$ 为驱动点导纳,$H_2(s) = \dfrac{U_2(s)}{U_1(s)}$ 为转移电压比。其次,对于由 R、L (M)、C 及受控源等元件组成的电路,网络函数是 s 的实系数有理分式,它取决于网络的结构和元件参数,而与激励无关,所以,可以用网络函数来说明网络的动态特性。

5.5.2　网络函数与单位冲激响应

若网络的激励是 $\delta(t)$,其零状态响应就是单位冲激响应 $h(t)$。根据网络函数的定义有

$$H(s) = \frac{R(s)}{E(s)} = \frac{L[h(t)]}{L[\delta(t)]} = \frac{L[h(t)]}{1} = L[h(t)] \tag{5-23}$$

表明单位冲激响应的象函数等于网络函数。或者

$$h(t) = L^{-1}[H(s)] \tag{5-24}$$

表明网络函数的原函数等于单位冲激响应。总之,网络函数 $H(s)$ 与对应的单位冲激响应 $h(t)$ 构成了拉氏变换对。它说明,对于任一线性时不变网络,当它在激励为单位冲激函数 $\delta(t)$ 作用下的单位冲激响应 $h(t)$ 已知时,将 $h(t)$ 取拉氏变换就可得到该网络对应的网络函数 $H(s)$。反之,若该网络的网络函数 $H(s)$ 已求得,也可通过将 $H(s)$ 取拉氏反变换得到相应的单位冲激响应 $h(t)$。这个重要关系还告诉我们,网络函数和单位冲激响应都可以用来说明网络的动态特性。

根据网络函数的定义,从式 (5-22) 可知,网络响应 $R(s)$ 为

$$R(s) = H(s)E(s) \tag{5-25}$$

表明可以通过求网络函数 $H(s)$ 与任意激励的象函数 $R(s)$ 之积的拉氏反变换求得该网络在任何激励下的零状态响应。

【例 5-21】　如图 5-12 (a) 所示电路,已知 $R_1 = 10\Omega$,$R_2 = 20\Omega$,$L = 0.2$H,$C = 0.01$F。

试求:(1) 网络函数 $H(s) = \dfrac{U_C(s)}{U_S(s)}$ 和对应的单位冲激响应 $h(t)$。

（2）求当 $u_S(t) = 3e^{-t}\varepsilon(t)$ V 时的零状态响应 $u_C(t)$。

解　（1）作出图 5-12（a）电路的复频域模型如图 5-12（b）所示。节点电压方程为

$$\left(\frac{1}{R_1} + sC + \frac{1}{R_2 + sL}\right)U_{n1}(s) = \frac{U_S(s)}{R_1}$$

解得

$$U_C(s) = U_{n1}(s) = \frac{sL + R_2}{s^2 R_1 LC + s(R_1 R_2 C + L) + (R_1 + R_2)}U_S(s)$$

所以

$$H(s) = \frac{U_C(s)}{U_S(s)} = \frac{sL + R_2}{s^2 R_1 LC + s(R_1 R_2 C + L) + (R_1 + R_2)}$$

代入数据得

$$H(s) = \frac{10s + 1000}{s^2 + 110s + 1500}$$

将 $H(s)$ 展开部分分式为

$$H(s) = \frac{10s + 1000}{(s + 15.95)(s + 94.05)} = \frac{10.76}{s + 15.95} - \frac{0.76}{s + 94.05}$$

所以

$$h(t) = L^{-1}[H(s)] = 10.76e^{-15.95t} - 0.76e^{-94.05t}$$

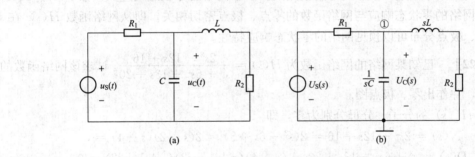

图 5-12　［例 5-21］图

（2）当 $u_S(t) = 3e^{-t}\varepsilon(t)$ V 时，有

$$U_S(s) = L[u_S(t)] = \frac{3}{s+1}$$

根据式（5-25），得响应的象函数为

$$U_C(s) = U_S(s)H(s) = \frac{3}{s+1} \times \frac{10s + 1000}{(s + 15.95)(s + 94.05)}$$

部分分式展开得

$$U_C(s) = \frac{2.14}{s+1} + \frac{-2.16}{s + 15.95} + \frac{0.03}{s + 94.05}$$

取拉氏反变换可得所求零状态响应

$$u_C(t) = L^{-1}[U_C(s)] = (2.14e^{-t} - 2.16e^{-15.95t} + 0.03e^{-94.05t})\text{V} \quad (t > 0)$$

5.5.3　网络函数的零点和极点

1. 零点、极点的定义和零、极点图

网络函数 $H(s)$ 的分子和分母均为 s 的多项式，故可设网络函数 $H(s)$ 的一般形式为

$$H(s) = \frac{N(s)}{D(s)} = \frac{b_m s^m + b_{m-1} s^{m-1} + \cdots + b_1 s + b_0}{a_n s^n + a_{n-1} s^{n-1} + \cdots + a_1 s + a_0}$$

$$= H_0 \frac{(s - z_1)(s - z_2) \cdots (s - z_i) \cdots (s - z_m)}{(s - p_1)(s - p_2) \cdots (s - p_j) \cdots (s - p_n)} \tag{5-26}$$

$$= H_0 \frac{\prod_{i=1}^{m}(s - z_i)}{\prod_{j=1}^{n}(s - p_j)}$$

式中，$H_0 = \dfrac{b_m}{a_n}$ 为一实常数。

z_1、z_2、$\cdots$、z_i、$\cdots$、z_m 是 $N(s) = 0$ 的根，当 $s = z_i (i = 1, 2, \cdots, m)$ 时，$H(s) = 0$，所以称 z_i 为网络函数 $H(s)$ 的零点。p_1、p_2、$\cdots$、p_j、$\cdots$、p_n 是 $D(s) = 0$ 的根，当 $s = p_j$ $(j = 1, 2, \cdots, n)$ 时，$H(s) \to \infty$，所以称 p_j 为网络函数 $H(s)$ 的极点。如果 $N(s) = 0$ 和 $D(s) = 0$ 分别有重根，则称为重零点和重极点。网络函数的零点和极点可能是实数、虚数或复数。

若以 s 的实部 σ 为横轴，虚部 $j\omega$ 为纵轴，这样的坐标平面称为复频率平面（简称 s 平面）。在 s 平面上标出 $H(s)$ 的零点和极点的位置，习惯上用"〇"表示零点，用"×"表示极点，这就是网络函数 $H(s)$ 的零、极点图。由于网络的零状态响应象函数 $R(s) = H(s)E(s)$，所以网络的零状态响应与网络函数的零点、极点密切相关。即从网络函数 $H(s)$ 在 s 平面上零点、极点分布可以预见网络的零状态响应特性。

【例 5-22】 已知某网络的网络函数为 $H(s) = \dfrac{2s^2 - 12s + 16}{s^3 + 6s^2 + 13s + 20}$。试求该网络函数的零点、极点，并作出零、极点图。

解 令 $H(s)$ 的分子、分母分别为零，即

$$N(s) = 2s^2 - 12s + 16 = 2(s^2 - 6s + 8) = 2(s - 2)(s - 4) = 0$$
$$D(s) = s^3 + 6s^2 + 13s + 20 = (s + 4)(s + 1 - j2)(s + 1 + j2) = 0$$

所以该网络函数 $H(s)$ 有两个零点和三个极点，它们分别为

$$z_1 = 2, \quad z_2 = 4,$$
$$p_1 = -4, \quad p_2 = -1 + j2, \quad p_3 = -1 - j2$$

其零、极点图如图 5-13 所示。

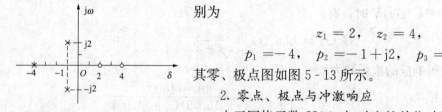

图 5-13 [例 5-22] 图

2. 零点、极点与冲激响应

由于网络函数 $H(s)$ 与对应的单位冲激响应 $h(t)$ 构成了拉氏变换对，所以

$$h(t) = L^{-1}[H(s)] = L^{-1}\left[\frac{N(s)}{D(s)}\right] = L^{-1}\left[\sum_{i=1}^{n}\frac{K_i}{s - p_i}\right] = \sum_{i=1}^{n}K_i e^{p_i t} \tag{5-27}$$

式中，p_i 为 $H(s)$ 的极点。从式（5-27）可知，零点在 s 平面上的位置只影响 K_i 的大小，而极点在 s 平面上的位置影响着冲激响应 $h(t)$ 的变化规律。假设网络函数为真分式，且仅含一阶极点。据此来讨论极点在 s 平面上位置与冲激响应之间的关系。

（1）极点位于原点，即 $p_i = 0$，则冲激响应对应的特性为阶跃函数，如图 5-14 中的 h_1。

（2）极点位于左半实轴上，即 $\mathrm{Re}[p_i]<0$，$\mathrm{Im}[p_i]=0$，则冲激响应按指数规律衰减。如图 5-14 中的 h_2。极点距原点越远，衰减越快。

（3）极点位于右半实轴上，即 $\mathrm{Re}[p_i]>0$，$\mathrm{Im}[p_i]=0$，则冲激响应按指数规律增长，如图 5-14 中的 h_3。极点距原点越远，增长越快。

．（4）极点位于左半平面但不包含实轴，即 $\mathrm{Re}[p_i]<0$，$\mathrm{Im}[p_i]\neq0$，复数极点成对出现（共轭复数），则冲激响应是振幅按指数衰减的自由振荡，如图 5-14 中的 h_4。极点距虚轴越远，衰减越快；距实轴越远，振荡频率越高。

（5）极点位于右半平面但不包含实轴，即 $\mathrm{Re}[p_i]>0$，$\mathrm{Im}[p_i]\neq0$，则冲激响应是振幅按指数增长的自由振荡，如图 5-14 中的 h_5。极点距虚轴越远，增长越快；距实轴越远，振荡频率越高。

（6）极点位于虚轴，即 $\mathrm{Re}[p_i]=0$，$\mathrm{Im}[p_i]\neq0$，虚极点成对出现，则冲激响应为不衰减的自由振荡，即按正弦规律变化，如图 5-14 中的 h_6。极点距原点越远，振荡频率越高。

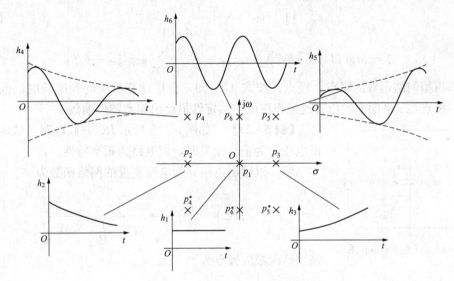

图 5-14　极点位置与单位冲激特性的关系

综上进一步概括：当极点全部位于左半平面时，网络的冲激特性随时间的增加而减小，最后衰减为零，这样的暂态过程是稳定的。反之，当极点位于右半平面时，网络的冲激特性随时间的增加而发散，这样的暂态过程是不稳定的。当极点位于虚轴时，属于临界稳定。另外，当极点全部位于实轴上时，冲激特性是非振荡的，否则便存在振荡的分量。这样，根据网络函数极点在 s 平面上的分布情况，就可以判断网络的暂态响应是稳定还是不稳定、是振荡还是非振荡等特性。

3. 零点、极点与频率特性

所谓频率特性，是指电路在正弦信号激励下，其稳态响应的幅度及相位随频率变化的情况。将网络函数 $H(s)$ 中的 s 用 $\mathrm{j}\omega$ 代替，即得复数形式的网络函数 $H(\mathrm{j}\omega)$。$H(\mathrm{j}\omega)$ 等于响应相量与激励相量之比，用它可以讨论网络的频率特性。

对于某一给定的角频率 ω 来说，$H(\mathrm{j}\omega)$ 通常是一个复数，即可以表示为

$$H(\mathrm{j}\omega)=|H(\mathrm{j}\omega)|\angle\theta(\mathrm{j}\omega) \tag{5-28}$$

式中，$|H(j\omega)|$ 为网络函数在频率 ω 处的模值；$\theta=\arg[H(j\omega)]$ 为网络函数在频率 ω 处的相位。将 $|H(j\omega)|$ 随 ω 变化的关系称为幅值频率响应，简称幅频特性。将 θ 随 ω 变化的关系称为相位频率响应，简称相频特性。

由于 $H(j\omega)$ 实际上是 $H(s)$ 的一种特例，因此，可以推论 $H(s)$ 的零点、极点与相应电路变量的频率特性之间具有密切的关系。根据式（5-26）有

$$H(j\omega) = H_0 \frac{\prod\limits_{i=1}^{m}(j\omega - z_i)}{\prod\limits_{j=1}^{n}(j\omega - p_j)}$$

于是有

$$\left.\begin{array}{l} |H(j\omega)| = H_0 \dfrac{\prod\limits_{i=1}^{m}|(j\omega - z_i)|}{\prod\limits_{j=1}^{n}|(j\omega - p_j)|} \\[4mm] \theta = \arg[H(j\omega)] = \sum\limits_{i=1}^{m}\arg(j\omega - z_i) - \sum\limits_{j=1}^{n}\arg(j\omega - p_j) \end{array}\right\} \qquad (5-29)$$

可以根据网络函数的零点、极点，按式（5-29）直接计算对应的频率响应；也可以根据零点、极点在 s 平面上的位置通过作图的方法定性描绘出频率特性曲线。

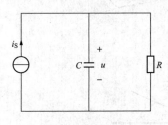
图 5-15　[例 5-23] 图

【例 5-23】　　如图 5-15 所示 RC 并联电路，试定性分析以电压 u 为输出变量时，该电路的频率特性。

解　以输出电压 u 为电路变量的网络函数为

$$H(s) = \frac{U(s)}{I_s(s)} = \frac{1}{sC + \dfrac{1}{R}} = \frac{\dfrac{1}{C}}{s + \dfrac{1}{RC}}$$

该网络函数的极点为

$$p_1 = -\frac{1}{RC}$$

令 $s=j\omega$，有

$$H(j\omega) = \frac{\dfrac{1}{C}}{j\omega + \dfrac{1}{RC}} = \frac{1}{C}\frac{1}{j\omega - \left(-\dfrac{1}{RC}\right)}$$

由此可得

$$\left.\begin{array}{l} |H(j\omega)| = \dfrac{1}{C}\dfrac{1}{\left|j\omega - \left(-\dfrac{1}{RC}\right)\right|} = \dfrac{1}{C}\dfrac{1}{\sqrt{\omega^2 + \left(\dfrac{1}{RC}\right)^2}} \\[4mm] \theta = -\arctan(\omega RC) \end{array}\right\} \qquad (5-30)$$

由式（5-30）可见，随着 ω 的增加，$|H(j\omega)|$ 将单调减少。在直流情况下，$H(0)=R$；在高频情况下，$|H(j\omega)| \to 0$。而随着 ω 的增加，θ 将单调减少。当 $\omega=0$ 时，$\theta=0°$；当 $\omega \to \infty$ 时，$\theta \to -90°$。频率响应曲线如图 5-16（a）所示。

下面根据零点、极点在 s 平面上的位置来定性分析频率特性。在图 5 - 16（b）中，极点位于实轴上的 $-\frac{1}{RC}$ 处，复数 $j\omega-\left(-\frac{1}{RC}\right)$ 代表一个向量，其顶点在 $s=j\omega$ 处，起点在极点处。因此 $d=\left|j\omega-\left(-\frac{1}{RC}\right)\right|$ 代表这个向量的长度，而 $\varphi=\arg\left[j\omega-\left(-\frac{1}{RC}\right)\right]$ 代表向量和实轴正方向的夹角。由式（5 - 30）得

$$\left.\begin{array}{c} |H(j\omega)|=\dfrac{1}{Cd} \\[2mm] \theta=-\varphi \end{array}\right\}$$

显然，在 $\omega=0$ 处，$H(0)=R$，$\theta=0°$；在 $\omega\rightarrow\infty$ 时，$|H(j\omega)|\rightarrow 0$，$\theta=-90°$。当 ω 沿虚轴从 $0\rightarrow\infty$ 增长时，如图 5 - 16（b）所示，d 单调增加（$d_1\rightarrow d_2\rightarrow d_3\cdots$），$|H(j\omega)|$ 将单调减少。φ 由 $0°$ 单调增加到 $90°$（$\varphi_1\rightarrow\varphi_2\rightarrow\varphi_3\cdots$），$\theta$ 从 $0°$ 趋近 $-90°$。从而可得到如图 5 - 16（a）所示的 $H(j\omega)$ 的幅频特性和相频特性曲线。

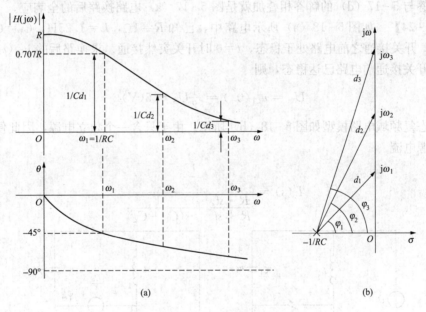

图 5 - 16　RC 并联电路的频率响应

5.6　实际应用举例——化为零初始状态电路的计算

当电路中含有多个非零状态的储能元件时，复频域电路模型中便含有较多的附加电源，使计算过程变得复杂。这类问题利用下面原理可以得到简化。

设图 5 - 17（a）电路原来处于稳态时开关 S 是断开的，此时两端存在电压 U_0。$t=0$ 时开关 S 突然接通，接通后的开关可以用两个大小相同、方向相反的理想电压源的串联来等效，如 5 - 17（b）所示。为利于计算，这两个电压源的电压大小都选作开关打开时的电压 U_0。根据叠加定理，对图 5 - 17（b）的计算可以分解成图 5 - 17（c）和图 5 - 17（d）的计算。

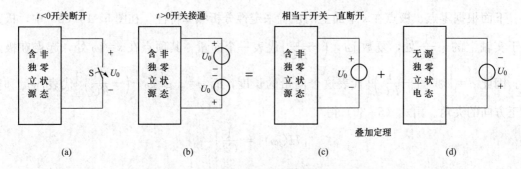

(a) (b) (c) (d)

图 5-17　化为零初始状态电路的计算原理图

其中图 5-17（c）实际就是开关一直保持断开时的电路。只是根据替代定理，开关用理想电压源代替了，因此流过电压源的电流为零，而图 5-17（d）的网络内部既无独立电源，又为零状态，因此它的复频域电路模型只含一个独立电源，无任何附加电源。将开关接通前电路的解答与 5-17（d）的解答相叠加就是图 5-17（a）电路换路后的全响应。

【例 5-24】　如图 5-18（a）所示电路中，已知 $R=1\Omega$，$L=1.25\text{H}$，$C_1=C_2=0.1\text{F}$，$U_\text{s}=10\text{V}$，开关接通之前电路处于稳态，$t=0$ 时开关突然接通。求换路后的 $u_{\text{C2}}(t)$。

解　开关接通前电路已达稳态，则

$$U_0=u_{\text{C1}}(0_-)=\frac{1}{2}U_\text{s}=5(\text{V})$$

建立零状态复频域电路模型如图 5-18（b）所示。由于只含一个独立电源，因此便于电路的计算。电源电流

$$I''(s)=\frac{\dfrac{U_0}{s}}{\dfrac{R\cdot sL}{R+sL}+\dfrac{1}{s(C_1+C_2)}}$$

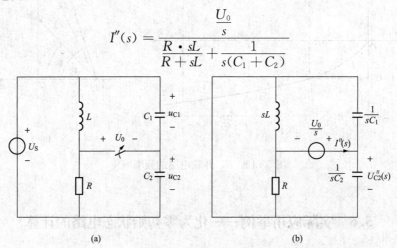

(a) (b)

图 5-18　[例 5-24] 图

电压象函数

$$U''_{\text{C2}}(s)=\frac{1}{s(C_1+C_2)}I''(s)=\frac{U_0(R+sL)}{s[RL(C_1+C_2)s^2+sL+R]}$$

$$=\frac{25s+20}{s(s^2+5s+4)}=\frac{5}{s}+\frac{\dfrac{5}{3}}{s+1}+\frac{-\dfrac{20}{3}}{s+4}$$

求拉氏反变换得

$$u''_{C2}(t) = L^{-1}[U''_{C2}(s)] = \left(5 + \frac{5}{3}e^{-t} - \frac{20}{3}e^{-4t}\right)\text{V} \quad (t \geqslant 0)$$

将上述电压与设想的开关一直未接通情况下的电容电压即 $u'_{C2} = u_{C2}(0_-) = 5\text{V}$ 相加就是所求的电压，即

$$u_{C2}(t) = u'_{C2}(t) + u''_{C2}(t) = \left(10 + \frac{5}{3}e^{-t} - \frac{20}{3}e^{-4t}\right)\text{V} \quad (t \geqslant 0)$$

如果直接使用图 5-18（a），换路后的复频域模型中将含有三个附加电源和一个外加的独立电源，使得计算非常繁杂。通过此例可以体会化为零状态计算的优点。

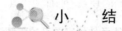

小　结

1. 拉普拉斯变换的定义

正变换：

$$F(s) = \int_{0_-}^{\infty} f(t)e^{-st}\,dt \qquad 简写为 L[f(t)] = F(s)$$

反变换：

$$f(t) = \frac{1}{2\pi j}\int_{\sigma-j\infty}^{\sigma+j\infty} F(s)e^{st}\,ds \qquad 简写为 L^{-1}[F(s)] = f(t)$$

式中，$s = \sigma + j\omega$ 为复数；$F(s)$ 称为 $f(t)$ 的象函数；$f(t)$ 称为 $F(s)$ 的原函数。

2. 拉普拉斯变换的性质

拉普拉斯变换有许多性质，与分析线性电路有关的一些基本性质如下。

（1）线性性质。

设 $L[f_1(t)] = F_1(s)$，$L[f_2(t)] = F_2(s)$，$L[f(t)] = F(s)$。

若 $f(t) = A_1 f_1(t) + A_2 f_2(t)$，则 $F(s) = A_1 F_1(s) + A_2 F_2(s)$。

（2）微分性质。

若 $L[f(t)] = F(s)$，则 $L[f'(t)] = L\left[\dfrac{df(t)}{dt}\right] = sF(s) - f(0_-)$。

（3）积分性质。

若 $L[f(t)] = F(s)$，则 $L\left[\displaystyle\int_0^t f(\xi)\,d\xi\right] = \dfrac{F(s)}{s}$。

（4）时域延迟性质。

若 $L[f(t)\varepsilon(t)] = F(s)$，则 $L[f(t-t_0)\varepsilon(t-t_0)] = e^{-st_0}F(s)$。

（5）频域位移性质。

若 $L[f(t)] = F(s)$，则 $L[e^{at}f(t)] = F(s-a)$。

3. 用部分分式展开求原函数的一般步骤

（1）若 $F(s) = \dfrac{N(s)}{D(s)}$ 是真分式，将分母 $D(s)$ 进行因式分解，得

$$D(s) = (s - p_1)(s - p_2)\cdots(s - p_n)$$

求得 $D(s) = 0$ 的根。

（2）根据单根、共轭复根或重根情况时，将 $F(s)$ 真分式展开成部分分式形式，并求各

系数。

（3）对 $F(s)$ 展开式的各项进行拉普拉斯反变换，再相加得到原函数。

（4）若 $F(s)$ 不是真分式，则需要先进行数学变换，把 $F(s)$ 分解为一个 s 的多项式或常数与一个真分式之和的形式，再对真分式部分进行部分分式展开。

4. 电路定律的复频域形式和电路元件的复频域模型

（1）基尔霍夫定律的复频域形式。

KCL：
$$\sum I(s) = 0$$

KVL：
$$\sum U(s) = 0$$

（2）电路元件的复频域模型归纳于表 5-2 中。

表 5-2　　　　　　　　　　　　常用电路元件伏安关系的复频域形式

元件	时域形式	频域形式 1	频域形式 2
R	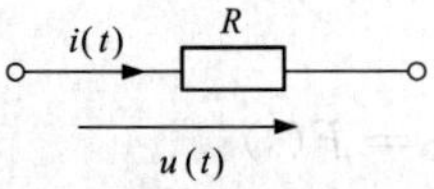 $u(t)=Ri(t)$	$U(s)=RI(s)$	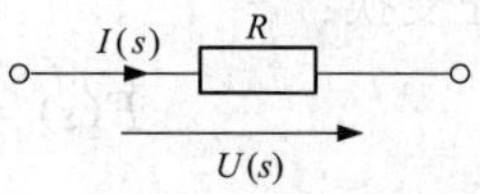
L	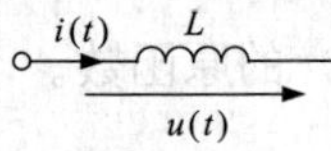 $u(t)=L\dfrac{di}{dt}$	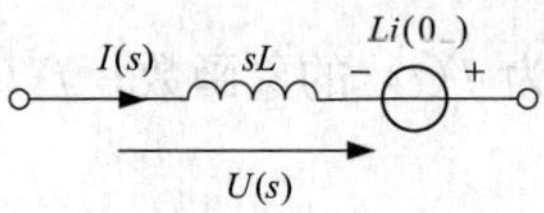 $U(s)=sLI(s)-Li(0_-)$	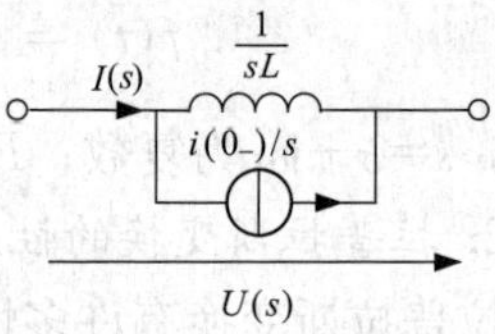 $I(s)=\dfrac{1}{sL}U(s)+\dfrac{i(0_-)}{s}$
C	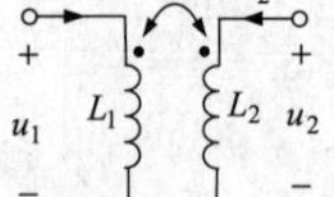 $u(t)=\dfrac{1}{C}\displaystyle\int_{0_-}^{t} i(t)\,dt + u(0_-)$	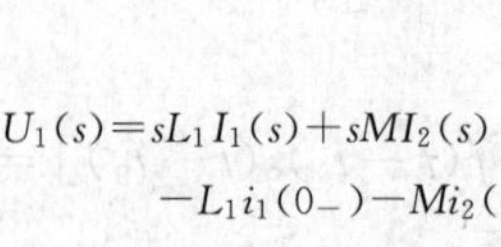 $U(s)=\dfrac{1}{sC}I(s)+\dfrac{u_C(0_-)}{s}$	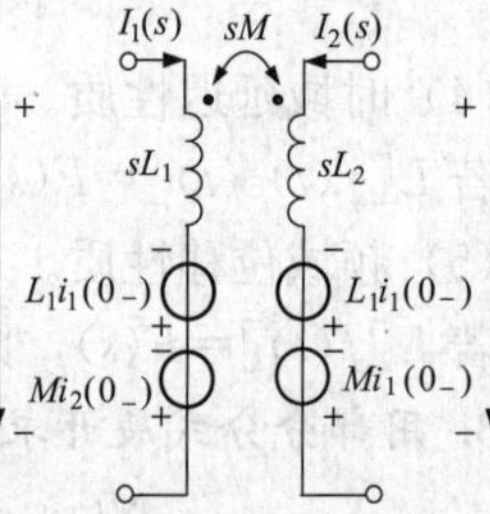 $I(s)=sCU(s)-Cu(0_-)$
M	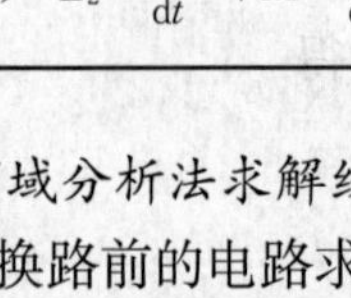 $u_1(t)=L_1\dfrac{di_1(t)}{dt}+M\dfrac{di_2(t)}{dt}$ $u_2(t)=L_2\dfrac{di_2(t)}{dt}+M\dfrac{di_1(t)}{dt}$	$U_1(s)=sL_1I_1(s)+sMI_2(s)$ $-L_1i_1(0_-)-Mi_2(0_-)$ $U_2(s)=sL_2I_2(s)+sMI_1(s)$ $-L_2i_2(0_-)-Mi_1(0_-)$	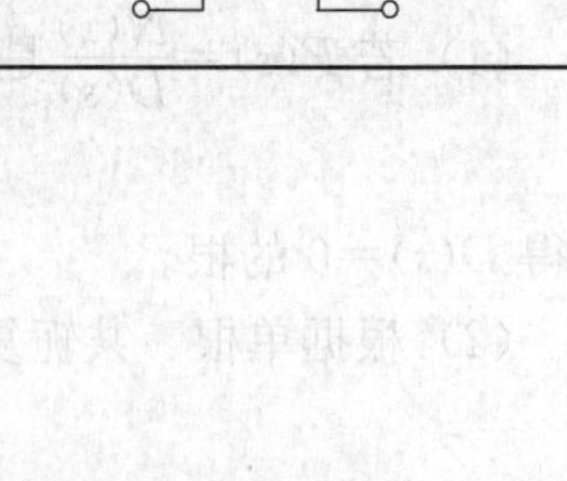

5. 复频域分析法求解线性动态电路的一般步骤

（1）由换路前的电路求出 $u_C(0_-)$ 和 $i_L(0_-)$ 值。

（2）画出换路后的复频域电路模型。

（3）利用线性电路的求解方法求出待求响应的象函数。

（4）用拉普拉斯反变换求原函数。

6．网络函数

在单一激励作用下的线性电路中，零状态响应的象函数 $R(s)$ 与激励象函数 $E(s)$ 之比，称为复频域的网络函数，即 $H(s)=\dfrac{R(s)}{E(s)}$。

网络函数与输出变量的冲激响应互为拉氏变换对，即 $h(t)=L^{-1}[H(s)]$。

在 s 平面上标出 $H(s)$ 的零点和极点的位置，这就是网络函数 $H(s)$ 的零、极点图。极点决定着电路动态过程的特性，利用极点在 s 平面的位置可以判断网络的稳定性。令网络函数 $H(s)$ 中的 $s=j\omega$，就可以得到复数形式的网络函数 $H(j\omega)$，进而可以讨论电路的频率特性。

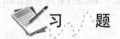 习 题

5-1 求下列函数的象函数。

（1）$3-2e^{-2t}$ （2）$\sin(\omega t+\varphi)$ （3）$(1-3t)e^{-3t}$

（4）$2t^2-4t+1$ （5）$\varepsilon(t)-\varepsilon(t-1)$ （6）$t\cos\omega t$

5-2 求下列函数的原函数。

（1）$\dfrac{2s+3}{s^2+5s+6}$ （2）$\dfrac{s+5}{s^2+4s+13}$ （3）$\dfrac{3s^2+9s+5}{(s+3)(s^2+2s+2)}$

（4）$\dfrac{2s^2+9s+9}{s^2+3s+2}$ （5）$\dfrac{s}{(s^2+1)^2}$ （6）$\dfrac{1}{s^2(s+2)(s+1)^3}$

5-3 如图 5-19（a）和图 5-19（b）所示电路原已处于稳态。试画出换路后的运算电路。

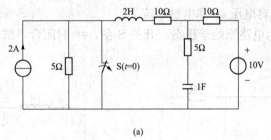

(a)

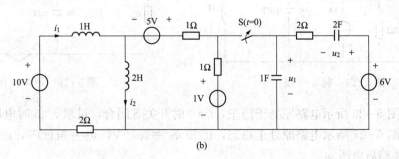

(b)

图 5-19 题 5-3 图

5-4　图 5-20 所示电路已达稳态，$t=0$ 时断开开关 S。试求换路后电压 u_C。

5-5　图 5-21 所示电路原处于稳态，$t=0$ 时开关 S 闭合，试求换路后电流 i_1。

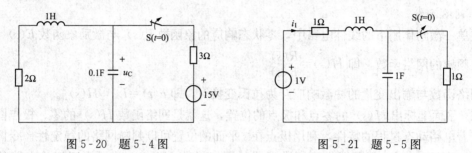

图 5-20　题 5-4 图　　　　　　　　图 5-21　题 5-5 图

5-6　图 5-22 所示电路原处于稳态，开关 S 在 $t=0$ 时闭合，试求 $t>0$ 时电流 i_L。

5-7　图 5-23 所示 RC 并联电路，激励源为电流源 $i_S(t)$ 若①$i_S=\varepsilon(t)$A；②$i_S=\delta(t)$A。试求零状态响应 $u(t\geqslant0)$。

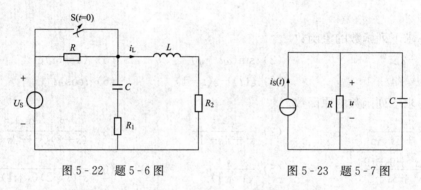

图 5-22　题 5-6 图　　　　　　　　图 5-23　题 5-7 图

5-8　图 5-24 所示电路，开关 S 在"1"处电路已达稳态，在 $t=0$ 时开关 S 由"1"合向"2"，试求 $t>0$ 时电容电压 u_C 和电感电流 i_L。

5-9　图 5-25 所示电路原处于稳态，开关 S 在 $t=0$ 时闭合，试求 $t>0$ 时 u_C、i_L。

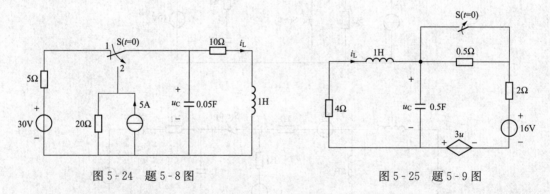

图 5-24　题 5-8 图　　　　　　　　图 5-25　题 5-9 图

5-10　图 5-26 所示电路原处于稳态，$t=0$ 时开关 S 闭合，试求 $t>0$ 时电压 u。

5-11　图 5-27 所示电路原处于稳态，已知 $u_{S1}=2e^{-2t}$V，$u_{S2}=5\varepsilon(t)$V，$t=0$ 时开关 S 闭合，试求换路后电压 u_L。

5-12　电路如图 5-28 所示，开关 S 在 $t=0$ 时闭合，试求零状态响应 u_C。

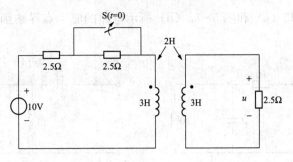

图 5 - 26 题 5 - 10 图

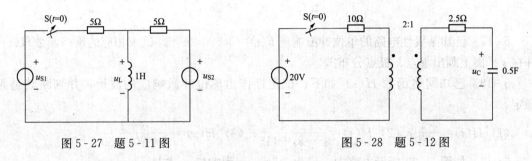

图 5 - 27 题 5 - 11 图   图 5 - 28 题 5 - 12 图

5 - 13 图 5 - 29 所示电路原处于稳态，开关 S 在 $t=0$ 时打开，试求 $t>0$ 时 i_1、u_{L1}。

5 - 14 电路如图 5 - 30 所示，已知 $u_S(t)=[\varepsilon(t)+\varepsilon(t-1)-2\varepsilon(t-2)]$ V，试求零状态响应 i_L。

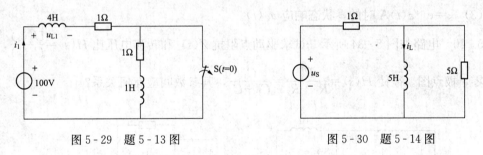

图 5 - 29 题 5 - 13 图   图 5 - 30 题 5 - 14 图

5 - 15 求图 5 - 31（a）和图 5 - 31（b）所示电路的转移电压函数 $H(s)=\dfrac{U_2(s)}{U_1(s)}$，并在 s 平面上画出零点、极点分布。

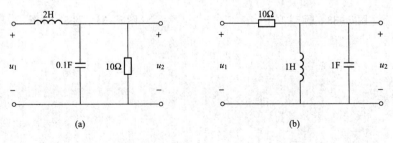

图 5 - 31 题 5 - 15 图

5 - 16　求图 5 - 32（a）和图 5 - 32（b）所示电路的驱动点导纳函数 $H(s) = \dfrac{I_1(s)}{U_S(s)}$ 及其冲激响应。

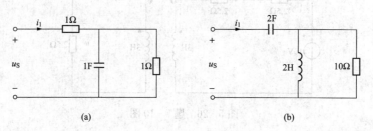

（a）　　　　　　　　　　　　　（b）

图 5 - 32　题 5 - 16 图

5 - 17　已知某线性电路的单位冲激响应 $h(t) = 3e^{-t} + 2e^{-2t}$。试求相应的网络函数 $H(s)$，并在 s 平面上画出零点、极点分布图。

5 - 18　已知网络函数 $H(s)$ 如下，试定性作出单位冲激响应的波形，并判断其是否稳定。

（1）$H(s) = \dfrac{5}{s-2}$；　（2）$H(s) = \dfrac{s-4}{s^2 - 8s + 116}$；　（3）$H(s) = \dfrac{s+8}{s^2 + 20s + 500}$

5 - 19　如图 5 - 33 所示电路中，i_S 为激励，u_C 为响应。试求：

（1）网络函数 $H(s) = \dfrac{U_C(s)}{U_S(s)}$，并画出其零、极点图；

（2）单位阶跃响应 $S_{u_C(t)}$；

（3）$i_S = e^{-3t}\varepsilon(t)$ A 时的零状态响应 $u_C(t)$。

5 - 20　电路如图 5 - 34 所示，试求驱动点阻抗 $Z(s)$ 和转移电压比 $H(s) = \dfrac{U_2(s)}{U_1(s)}$，并作出其零、极点图。欲使 $H(s) = \dfrac{R_2}{R_1 + R_2} = \dfrac{C_1}{C_1 + C_2}$，其参数间应有何关系？

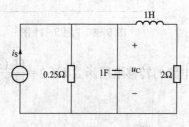

图 5 - 33　题 5 - 19 图

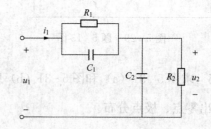

图 5 - 34　题 5 - 20 图

6 电路方程的矩阵形式

本章将主要介绍电路方程的矩阵形式及其系统建立法。首先，在图的基本概念的基础上介绍几个重要的矩阵：关联矩阵、回路矩阵和割集矩阵，并导出用这些矩阵表示的 KCL、KVL 方程。然后导出节点电压方程和回路（网孔）电流方程的矩阵形式。

【教学要求及目标】

知识要点	目标与要求	相关知识	掌握程度评价
割集	熟练掌握	图、子图、树支	
关联矩阵	熟练掌握	独立节点	
回路矩阵	熟练掌握	独立回路、基本回路	
割集矩阵	理解和掌握	基本割集	
回路电流方程	熟练掌握	回路矩阵表示的 KCL、KVL	
节点电压方程	熟练掌握	关联矩阵表示的 KCL、KVL	

6.1　基本回路和基本割集

【基本概念】

图 G：具有给定连接关系的节点和支路的集合。

子图：若图 G_1 中所有支路和节点都是图 G 中的支路和节点，则称 G_1 是 G 的子图。

树：是包含了所有的节点，但是不能形成闭合路径的连通图。

树支：即构成树的支路。

连支：包含于 G 而不属于树支的支路。

【引入】

在《电路（上册）》的第 3 章中曾经介绍过几种有效的电路分析方法，如回路电流法和节点电压法等。当电路规模较小，结构较简单时，上述方法不难由人工用观察法列写得出。但在实际工程应用中，电路规模日益增大，结构也日趋复杂。为了便于利用计算机作为辅助手段进行电路分析，非常有必要研究系统化建立电路方程的方法，而且为了便于用计算机求解，还要求这些方程用矩阵形式表示。

在上册第三章中已经介绍了电路的图、子图、树、树支、连支等的基本概念。这里还要补充介绍基本回路和基本割集，并介绍与树有关的基本回路组和基本割集组。

6.1.1　基本回路

由上册第 3 章知识可知，一个含有 n 个节点，b 条支路的连通图，对于任何一种树，树

支数为 $n-1$，连支数为 $l=b-n+1$。电路的独立节点数与其树支数相同，独立回路数与其连支数相同。电路有向图中各箭头方向表示各支路电流和电压的参考方向，简称为支路方向。在此，我们介绍一种更系统、更便于计算机辅助分析的方法——基本回路法。

对一个含有 n 个节点，b 条支路的连通图 G，选定一种树，根据树的定义，每一条连支和若干树支可构成一个回路，称为基本回路或单连支回路。l 条连支对应 l 个单连支回路，称为基本回路组。基本回路组中各回路含有不同的连支，因此基本回路组是独立回路组，它们的 KVL 方程是相互独立的。

例如，对图 6-1（a）所示的电路，若选定其一种树如图 6-1（b）所示，则该电路的三个基本回路如图 6-1（c）、（d）、（e）所示。显然，基本回路与所选择的树有关。

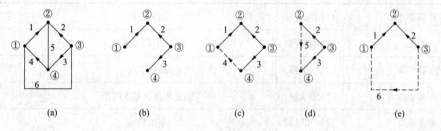

图 6-1　基本回路示例

6.1.2　基本割集

连通图 G 的一个割集 Q 定义为该图的某些支路的集合，它满足以下两个条件：①若将 Q 的全部支路移去，则图 G 将分离为两部分（两部分各自是连通的）；②少移去（任意放回）Q 中的一条支路，则 G 仍是连通的。

一般可以通过在连通图 G 上做闭合面的方法来确定图的割集。在图 G 上做一条包围一个或若干个节点的封闭曲线（闭合面）。该曲线将图 G 分成两部分：一部分在曲线内部，另一部分在曲线外部。若内外两部分的图分别是连通的，则该闭合面切割的支路集合就是图 G 的一个割集。如图 6-2（a）所示的连通图 G 中，支路集合 $Q_1 \sim Q_7$（图中用虚线所示的支路）都是 G 的割集，即 (a, d, f)、(a, b, e)、(b, c, f)、(c, d, e)、(b, d, e, f)、(a, e, c, f) 和 (a, b, c, d)；而支路集合 (a, d, e, f) 和 (a, b, c, d, e) 则不是 G 的割集。

将某割集支路去掉后，原连通图分成两部分，若将其中一部分看作"广义节点"，则可选定"指向"或"背离"该广义节点的方向为该割集的方向。如图 6-2（b）中，封闭曲线处的箭头表示对应割集 Q_1 的方向。

由于 KCL 适用于任何一个闭合面，因此属于同一割集的所有支路的电流应满足 KCL。当一个割集的所有支路都连接在同一个节点上，如图 6-2 中的 Q_1、Q_2、Q_3 和 Q_4，则割集的 KCL 方程变为节点上的 KCL 方程。于是，对于连通图，总共可以列出与割集数目相等的 KCL 方程，但这些方程并非都是线性独立的。对应于一组线性独立的 KCL 方程的割集称为独立割集。

前面我们知道，与某一种树有关的单连支回路组是一组独立回路，即基本回路。现在介绍一种借助于"树"来确定一组独立割集的方法。

对一个含有 n 个节点，b 条支路的连通图 G，选定一种树，根据树的定义，在树中去掉

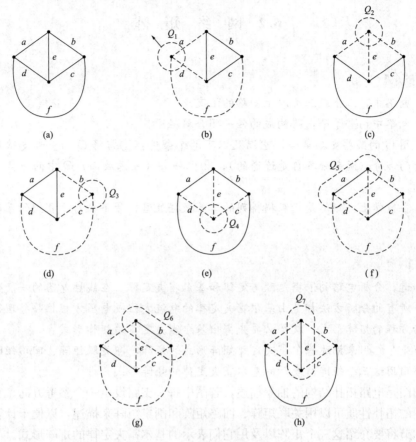

图 6 - 2　割集的定义

任一条树支，都会将该树分离成两个连通的部分。这说明去掉任一条树支和足够多的连支，可以将图 G 分离成两部分，即每一树支和若干连支可构成一个割集，称为基本割集或单树支割集。$n-1$ 条树支对应 $n-1$ 个单树支割集，称为基本割集组。基本割集组中各割集含有不同的树支，因此基本割集组是独立的。顺便指出，独立割集不一定是单树支割集，如同独立回路不一定是单连支回路一样。

　　由于连通图 G 可以有许多不同的树，所以可以选出许多基本割集组。例如，对前面图 6 - 1（a）所示的电路，若选定其中一种树如图 6 - 1（b）所示，支路 1、2、3 为树支，则三条树支对应的三个基本割集分别是 Q_1（1，4，6）、Q_2（2，5，4，6）和 Q_3（3，4，5），如图 6 - 3 中虚线所示。

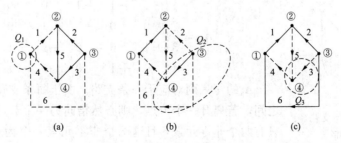

图 6 - 3　基本割集示例

6.2 网 络 矩 阵

【基本概念】

节点：电路中，三条或三条以上支路的汇交点。

回路：电路中由若干条支路构成的任一闭合路径。

割集：图 G 的某些支路集合，它满足以下两个条件：①若将 Q 的全部支路移去，则图 G 将分离为两部分（两部分各自是连通的）；②少移去（任意放回）Q 中的一条支路，则 G 仍是连通的。

矩阵：在数学上，矩阵是指纵横排列的二维数据表格，最早来自方程组的系数及常数所构成的方阵。

【引入】

我们知道，分析电路的依据是欧姆定律和基尔霍夫定律。在线性电路的一般分析方法中不难看出，所有的分析方法都是由基尔霍夫定律的电流方程或电压方程推导整理得出的。要想得出电路方程的矩阵形式，就势必要先得出基尔霍夫定律的矩阵形式。

在本节先介绍用来描述基尔霍夫定律矩阵形式的矩阵，即关联矩阵、回路矩阵、割集矩阵，进而得出用这三个矩阵所表示的基尔霍夫定律的矩阵形式。

电路的图是电路拓扑结构的抽象描述，若图中每一支路设定一个参考方向，它就是有向图。有向图的拓扑性质可以用关联矩阵、回路矩阵和割集矩阵来描述，以便于计算机的识别和处理。本节将要介绍这三个矩阵以及用它们表示的基尔霍夫定律的矩阵形式。

6.2.1 关联矩阵

若一条支路与某两节点连接，则称该支路与这两个节点相关联。支路与节点的关联关系可用关联矩阵描述。关联矩阵与网络的有向图是一一对应关系。

一个节点数为 n，支路数为 b 的有向图，其增广关联矩阵 A_a 是一个 $n \times b$ 阶的矩阵。A_a 的每一行对应着一个节点，每一列对应着一条支路，它的第 j 行、第 k 列元素 a_{jk} 定义如下：

(1) 若支路 k 与节点 j 无关联，则 $a_{jk} = 0$；

(2) 若支路 k 与节点 j 有关联，且它的方向背离该节点，则 $a_{jk} = +1$；

(3) 若支路 k 与节点 j 有关联，且它的方向指向该节点，则 $a_{jk} = -1$。

例如，图 6-4 所示的有向图，它的关联矩阵是

$$A_a = \begin{array}{c} \\ 1 \\ 2 \\ 3 \\ 4 \end{array} \begin{array}{cccccc} 1 & 2 & 3 & 4 & 5 & 6 \\ \left[\begin{array}{cccccc} -1 & -1 & +1 & 0 & 0 & 0 \\ 0 & 0 & -1 & -1 & 0 & +1 \\ +1 & 0 & 0 & +1 & +1 & 0 \\ 0 & +1 & 0 & 0 & -1 & -1 \end{array}\right] \end{array} \qquad (6-1)$$

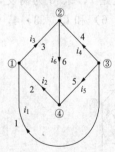

图 6-4　节点与支路的关联性质

A_a 的每一列对应于一条支路。由于每条支路连接在两个节点之间，若离开一个节点，则必然指向另一个节点，因此每一列中只有两个非零元素，且这两个非零元素一个为 +1，一个为 -1。

将所有行的元素按列相加即得到一行全为零的元素。这说明 A_a 的行不是相互独立的，或者说按 A_a 的每一列只有 +1 和 -1 两个非零元素这一特点，A_a 中的任一行必能从其他的 $(n-1)$ 行导出。

在有向图上任意设定一个节点为参考点，将 A_a 中该节点所对应的行划去，剩下的 $(n-1) \times b$ 阶矩阵用 A 表示，称为降阶关联矩阵（简称关联矩阵）。例如，图 6-4 中，若指定节点④为参考节点，将式（6-1）中的第 4 行划去，得

$$A = \begin{matrix} & \begin{matrix} 1 & \ \ 2 & \ \ 3 & \ \ 4 & \ \ 5 & \ \ 6 \end{matrix} \\ \begin{matrix} 1 \\ 2 \\ 3 \end{matrix} & \begin{bmatrix} -1 & -1 & +1 & 0 & 0 & 0 \\ 0 & 0 & -1 & -1 & 0 & +1 \\ +1 & 0 & 0 & +1 & +1 & 0 \end{bmatrix} \end{matrix}$$

矩阵 A 的某些列将只具有一个 +1 或者一个 -1，每一个这样的列必对应于一条与划去节点相关联的支路。被划去的行对应的节点可以当作参考节点。

基尔霍夫定律的矩阵形式用关联矩阵 A 表示如下：

在有向图中，设支路电流的参考方向就是支路的方向，电路中的 b 个支路电流可以用一个 b 阶列向量表示，即

$$\boldsymbol{i}_b = \begin{bmatrix} i_1 & i_2 & \cdots & i_b \end{bmatrix}^T$$

若用矩阵 A 左乘支路电流列向量，则乘积是一个 $(n-1)$ 阶列向量，根据关联矩阵 A 的定义及矩阵乘法规则，可得该列向量的每一个元素即为对应节点所关联的各支路电流的代数和。根据基尔霍夫电流定律，有

$$\boldsymbol{A}\boldsymbol{i}_b = 0 \tag{6-2}$$

式（6-2）是用矩阵 A 表示的独立节点 KCL 的矩阵形式。例如，对图 6-4 有

$$\boldsymbol{A}\boldsymbol{i}_b = \begin{bmatrix} -i_1 - i_2 + i_3 \\ -i_3 - i_4 + i_6 \\ i_1 + i_4 + i_5 \end{bmatrix} = \begin{bmatrix} 0 \\ 0 \\ 0 \end{bmatrix}$$

在有向图中，设支路电压的参考方向就是支路的方向，电路中的 b 个支路电压可以用一个 b 阶列向量表示，即

$$\boldsymbol{u}_b = \begin{bmatrix} u_1 & u_2 & \cdots & u_b \end{bmatrix}^T$$

$(n-1)$ 个节点电压可以用一个 $(n-1)$ 阶列向量表示，即

$$\boldsymbol{u}_n = \begin{bmatrix} u_{n1} & u_{n2} & \cdots & u_{n(n-1)} \end{bmatrix}^T$$

由于矩阵 A 的每一列，也就是矩阵 A^T 的每一行，表示每一对应支路与节点的关联情况，所以有

$$\boldsymbol{u}_b = \boldsymbol{A}^T \boldsymbol{u}_n \tag{6-3}$$

例如，对图 6-4 有

$$\begin{bmatrix} u_1 \\ u_2 \\ u_3 \\ u_4 \\ u_5 \\ u_6 \end{bmatrix} = \begin{bmatrix} -1 & 0 & 1 \\ -1 & 0 & 0 \\ 1 & -1 & 0 \\ 0 & -1 & 1 \\ 0 & 0 & 1 \\ 0 & 1 & 0 \end{bmatrix} \begin{bmatrix} u_{n1} \\ u_{n2} \\ u_{n3} \end{bmatrix} = \begin{bmatrix} -u_{n1} + u_{n3} \\ -u_{n1} \\ u_{n1} - u_{n2} \\ -u_{n2} + u_{n3} \\ u_{n3} \\ u_{n2} \end{bmatrix}$$

可见式（6-3）表明电路中的各支路电压可以用与该支路关联的两个节点的节点电压（参考节点的节点电压为零）表示，这正是节点电压法的基本思想。同时，可以认为该式是用矩阵 A 表示的 KVL 的矩阵形式。

6.2.2 回路矩阵

若一个回路由某些支路组成，则称这些支路与该回路相关。支路与回路的关联关系可用回路矩阵描述。下面仅介绍独立回路矩阵，简称为回路矩阵。

一个节点数为 n，支路数为 b 的有向图，其独立回路数 $l=b-n+1$。其回路矩阵 B 是一个 $l \times b$ 阶的矩阵，B 的每一行对应着一个独立回路，每一列对应着一条支路，它第 j 行、第 k 列的元素 b_{jk} 定义如下：

（1）若支路 k 与回路 j 无关联，则 $b_{jk}=0$；

（2）若支路 k 与回路 j 有关联，且支路方向与回路绕行方向相同，则 $b_{jk}=+1$；

（3）若支路 k 与回路 j 有关联，且支路方向与回路绕行方向相反，则 $b_{jk}=-1$。

例如，对于图 6-4 所示的有向图 [重画于图 6-5（a）]，独立回路数等于 3。若选一组独立回路如图 6-5（b）所示，则对应的回路矩阵为

$$B = \begin{array}{c} \\ 1 \\ 2 \\ 3 \end{array} \begin{array}{cccccc} 1 & 2 & 3 & 4 & 5 & 6 \\ \left[\begin{array}{cccccc} 1 & 0 & 1 & 0 & -1 & 1 \\ 0 & 1 & 1 & 0 & 0 & 1 \\ 0 & 0 & 0 & 1 & -1 & 1 \end{array}\right] \end{array}$$

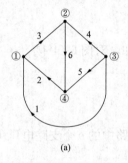 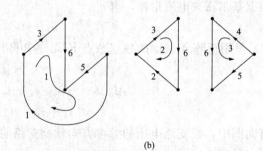

图 6-5 回路与支路的关联性质

若所选独立回路组是对应于一个树的单连支回路组，这种回路矩阵就称为基本回路矩阵，用 B_f 表示。写 B_f 时，注意安排其行、列次序如下：把 l 条连支依次排列在对应于 B_f 的第 1～第 l 列，然后再排列树支；取每一单连支回路的序号为对应连支所在列的序号。且以该连支的方向为对应的回路绕行方向，B_f 中将出现一个 l 阶的单位子矩阵，即有

$$B_f = \begin{bmatrix} 1_l & B_t \end{bmatrix} \tag{6-4}$$

式中，下标 l 和 t 分别表示与连支和树支对应的部分。例如，对 6-5（a）所示有向图，若选支路 3、5、6 为树支，则支路 1、2、4 即为连支，所以图 6-5（b）所示一组独立回路即为一组单连支回路，可以将回路矩阵写成基本回路矩阵形式，即

$$B_f = \begin{array}{c} \\ 1 \\ 2 \\ 3 \end{array} \begin{array}{cccccc} 1 & 2 & 4 & 3 & 5 & 6 \\ \left[\begin{array}{cccccc} 1 & 0 & 0 & 1 & -1 & 1 \\ 0 & 1 & 0 & 1 & 0 & 1 \\ 0 & 0 & 1 & 1 & 0 & -1 & 1 \end{array}\right] \end{array}$$

今后，基本回路矩阵一般都写成式（6-4）的形式。

回路矩阵左乘支路电压列向量，所得乘积是一个 l 阶列向量。由于矩阵 B 的每一行表示每一对应回路与支路的关联情况，由矩阵的乘法规则可知乘积列向量中每一元素将等于每一对应回路各支路电压的代数和，即

$$\boldsymbol{B}_f \boldsymbol{u}_b = 0 \tag{6-5}$$

式（6-5）是用矩阵 $\boldsymbol{B}_f$ 表示的 KVL 的矩阵形式。例如，对图 6-5（a），若选如图 6-5（b）所示的一组独立回路，有

$$\boldsymbol{B}_f \boldsymbol{u}_b = \begin{bmatrix} u_1 + u_3 - u_5 + u_6 \\ u_2 + u_3 + u_6 \\ u_4 - u_5 + u_6 \end{bmatrix} = \begin{bmatrix} 0 \\ 0 \\ 0 \end{bmatrix}$$

l 个独立回路电流可用一个 l 阶列向量表示，即 $\boldsymbol{i}_l = \begin{bmatrix} i_{l1} & i_{l2} & \cdots & i_{ll} \end{bmatrix}^{\mathrm{T}}$。

由于矩阵 $\boldsymbol{B}_f$ 的每一列，也就是矩阵 $\boldsymbol{B}_f^{\mathrm{T}}$ 的每一行，表示每一对应支路与回路的关联情况，所以按矩阵的乘法规则可知

$$\boldsymbol{i}_b = \boldsymbol{B}_f^{\mathrm{T}} \boldsymbol{i}_l \tag{6-6}$$

例如，对图 6-5（a）有

$$\begin{bmatrix} i_1 \\ i_2 \\ i_3 \\ i_4 \\ i_5 \\ i_6 \end{bmatrix} = \begin{bmatrix} 1 & 0 & 0 \\ 0 & 1 & 0 \\ 1 & 1 & 0 \\ 0 & 0 & 1 \\ -1 & 0 & -1 \\ 1 & 1 & 1 \end{bmatrix} \begin{bmatrix} i_{l1} \\ i_{l2} \\ i_{l3} \end{bmatrix} = \begin{bmatrix} i_{l1} \\ i_{l2} \\ i_{l1} + i_{l2} \\ i_{l3} \\ -i_{l1} - i_{l3} \\ i_{l1} + i_{l2} + i_{l3} \end{bmatrix}$$

式（6-6）表明电路中各支路电流可以用与该支路关联的所有回路中的回路电流表示，这正是回路电流法的基本思想。该式是用矩阵 $\boldsymbol{B}_f$ 表示的 KCL 的矩阵形式。

6.2.3 割集矩阵

若一个割集由某些支路组成，则称这些支路与该割集相关。支路与割集的关联关系可用割集矩阵描述。下面仅介绍独立割集矩阵，简称为割集矩阵。

一个节点数为 n，支路数为 b 的有向图，其独立割集数为 $(n-1)$，每个独立割集有一个指定方向。其割集矩阵 $\boldsymbol{Q}$ 是一个 $(n-1) \times b$ 阶的矩阵，$\boldsymbol{Q}$ 的每一行对应着一个独立割集，每一列对应着一条支路，它第 j 行、第 k 列的元素 q_{jk} 定义如下：

（1）若支路 k 与割集 j 无关联，则 $q_{jk} = 0$；

（2）若支路 k 与割集 j 有关联，且支路方向与割集方向相同，则 $q_{jk} = +1$；

（3）若支路 k 与割集 j 有关联，且支路方向与割集方向相反，则 $q_{jk} = -1$。

例如，对图 6-4 所示的有向图［重画于图 6-6（a）］，独立割集数等于 3。若选一组独立割集如图 6-6（b）所示，对应的割集矩阵为

$$\boldsymbol{Q} = \begin{array}{c} \\ 1 \\ 2 \\ 3 \end{array} \begin{array}{cccccc} 1 & 2 & 3 & 4 & 5 & 6 \\ \begin{bmatrix} -1 & -1 & 1 & 0 & 0 & 0 \\ 1 & 0 & 0 & 1 & 1 & 0 \\ -1 & -1 & 0 & -1 & 0 & 1 \end{bmatrix} \end{array}$$

如果选一组单树支割集为一组独立割集，这种割集矩阵称为基本割集矩阵，用 $\boldsymbol{Q}_f$ 表示。

在写 $\boldsymbol{Q}_f$ 时，注意安排其行、列次序如下：把（$n-1$）条树支依次排列在对应 $\boldsymbol{Q}_f$ 的第 1 至第（$n-1$）列，然后排列连支，再取每一单树支割集的序号与相应树支所在列的序号相同，且选割集方向与相应树支方向一致，则 $\boldsymbol{Q}_f$ 有如下形式：

$$\boldsymbol{Q}_f = \begin{bmatrix} \boldsymbol{1}_t & \boldsymbol{Q}_l \end{bmatrix} \tag{6-7}$$

式中，下标 t 和 l 分别表示对应于树支和连支部分。例如，对于图 6-6（a）所示的有向图，若选支路 3、5、6 为树支，一组单树支割集如图 6-6（b）所示，可得

$$\boldsymbol{Q}_f = \begin{matrix} & 3 & 5 & 6 & 1 & 2 & 4 \\ 1 \\ 2 \\ 3 \end{matrix} \begin{bmatrix} 1 & 0 & 0 & -1 & -1 & 0 \\ 0 & 1 & 0 & 1 & 1 & 1 \\ 0 & 0 & 1 & -1 & -1 & -1 \end{bmatrix} \tag{6-8}$$

今后，基本割集矩阵一般都写成式（6-7）的形式。

前面介绍割集概念时曾指出，属于一个割集所有支路电流的代数和等于零。根据割集矩阵的定义和矩阵的乘法规则不难得出

$$\boldsymbol{Q}_f \boldsymbol{i}_b = 0 \tag{6-9}$$

式（6-9）是利用矩阵 $\boldsymbol{Q}_f$ 表示的 KCL 的矩阵形式。例如，图 6-6（a）所示有向图，若选如图 6-6（b）所示的一组独立割集，则有

$$\boldsymbol{Q}_f \boldsymbol{i}_b = \begin{bmatrix} -i_1 - i_2 + i_3 \\ i_1 + i_4 + i_5 \\ -i_1 - i_2 - i_4 + i_6 \end{bmatrix} = \begin{bmatrix} 0 \\ 0 \\ 0 \end{bmatrix}$$

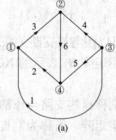

(a)

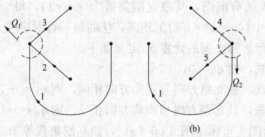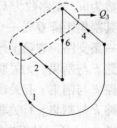

(b)

图 6-6　割集与支路的关联性质

电路中（$n-1$）个树支电压可以用（$n-1$）阶列向量表示，即

$$\boldsymbol{u}_t = \begin{bmatrix} u_{t1} & u_{t2} & \cdots & u_{t(n-1)} \end{bmatrix}^{\mathrm{T}}$$

由于通常选单树支割集为独立割集，此时树支电压又可视为对应的割集电压，所以 $\boldsymbol{u}_t$ 又是基本割集组的割集电压列向量。由于 $\boldsymbol{Q}_f$ 的每一列，也就是 $\boldsymbol{Q}_f^{\mathrm{T}}$ 的每一行，表示一条支路与

割集的关联情况，按矩阵相乘的规则可得

$$u_b = Q_f^T u_t \tag{6-10}$$

式（6-10）是用矩阵 Q_f 表示的 KVL 的矩阵形式。例如，对图 6-6（a）所示有向图，若选支路 3、5、6 为树支，Q_f 如式（6-8）所示，则有

$$u_b = \begin{bmatrix} u_3 & u_5 & u_6 & u_1 & u_2 & u_4 \end{bmatrix}^T$$

可得

$$u_b = Q_f^T u_t = \begin{bmatrix} 1 & 0 & 0 \\ 0 & 1 & 0 \\ 0 & 0 & 1 \\ -1 & 1 & -1 \\ -1 & 0 & -1 \\ 0 & 1 & -1 \end{bmatrix} \begin{bmatrix} u_{t1} \\ u_{t2} \\ u_{t3} \end{bmatrix} = \begin{bmatrix} u_{t1} \\ u_{t2} \\ u_{t3} \\ -u_{t1} + u_{t2} - u_{t3} \\ -u_{t1} - u_{t3} \\ u_{t2} - u_{t3} \end{bmatrix}$$

式（6-10）表明电路的支路电压可以用树支电压（割集电压）表示。

6.3 节点电压方程的矩阵形式

【基本概念】

节点电压法：对一个具有 n 个节点的电路，其中有 $(n-1)$ 个节点是独立的，以独立节点电压为待解变量，列出 $(n-1)$ 个 KCL 方程分析电路的方法。

关联矩阵：描述支路与节点的关联关系的矩阵。一个节点数为 n，支路数为 b 的有向图，其关联矩阵 A_a 是一个 $n \times b$ 阶的矩阵。A_a 的每一行对应着一个节点，每一列对应着一条支路。

降阶关联矩阵：将 A_a 中参考节点所对应的行划去，剩下的 $(n-1) \times b$ 阶矩阵用 A 表示，称为降阶关联矩阵（简称关联矩阵）。

基尔霍夫定律的矩阵形式：用降阶关联矩阵 A 表示的 KCL 方程为 $A i_b = 0$；KVL 方程为 $u_b = A^T u_n$。

【引入】

对于 n 个节点的电路（没有受控源的），列写节点电压方程为

$$\begin{cases} G_{11} u_{n1} + G_{12} u_{n2} + G_{13} u_{n3} + \cdots + G_{1(n-1)} u_{n(n-1)} = i_{S11} \\ G_{21} u_{n1} + G_{22} u_{n2} + G_{23} u_{n3} + \cdots + G_{2(n-1)} u_{n(n-1)} = i_{S22} \\ \cdots \\ G_{(n-1)1} u_{n1} + G_{(n-1)2} u_{n2} + G_{(n-1)3} u_{n3} + \cdots + G_{(n-1)(n-1)} u_{n(n-1)} = i_{S(n-1)(n-1)} \end{cases}$$

方程中的未知量为节点电压，如果我们只看未知量前面的系数，那么它是一个 $(n-1) \times (n-1)$ 阶的方阵，即

$$\begin{bmatrix} G_{11} & G_{12} & \cdots & G_{1(n-1)} \\ G_{21} & G_{22} & \cdots & G_{2(n-1)} \\ \cdots & \cdots & \cdots & \cdots \\ G_{(n-1)1} & G_{(n-1)2} & \cdots & G_{(n-1)(n-1)} \end{bmatrix}$$

我们称之为节点电压方程的系数矩阵。事实上，我们可以把上面的 $(n-1)$ 个方程简写成一个矩阵方程，即节点电压方程的矩阵形式。

本节和下一节以正弦电流电路为例，讨论线性电路分析方法的矩阵形式，在此我们仅讨论不包含受控源的电路。

节点电压法以节点电压为变量列写方程，对于大规模电路，将支路（元件）特性及基尔霍夫定律采用矩阵方程表达，可推出节点电压方程的矩阵形式。

6.3.1 复合支路

为了便于写出支路特性的矩阵方程，定义电路中的复合支路如图 6-7 所示，为了使分析结果具有普遍性，该图采用了相量模型。由于该模型反映了电路中支路的一般情况，通常电路中的支路都是它的特例，所以也称为一般支路。

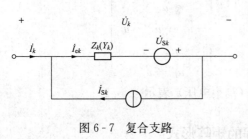

图 6-7 复合支路

其中下标 k 表示第 k 条支路，$\dot{I}_{Sk}$ 和 $\dot{U}_{Sk}$ 分别为该支路中独立电流源的电流相量和独立电压源的电压相量，Z_k 为该支路的阻抗，且规定它只能是单一的电阻、电感或电容，而不能是它们的组合，即

$$Z_k = \begin{cases} R_k \\ j\omega L_k \\ \dfrac{1}{j\omega C_k} \end{cases}$$

总之，复合支路的定义指出了一条支路最多可以包含的不同元件数及其连接方式，但不是说每条支路都必须包含这几种元件。另外，应用运算法时，可以采用相应的运算形式。若电路中无受控源和耦合电感，在图 6-7 所示各电压和电流参考方向下，支路的伏安关系可表示为

$$\dot{U}_k = Z_k(\dot{I}_k + \dot{I}_{Sk}) - \dot{U}_{Sk} \tag{6-11}$$

或

$$\dot{I}_k = Y_k(\dot{U}_k + \dot{U}_{Sk}) - \dot{I}_{Sk} \tag{6-12}$$

式中，$Y_k = Z_k^{-1}$ 为该支路的导纳。

由此可得，电路中所有支路的伏安关系用矩阵形式可表示为

$$\dot{U}_b = \boldsymbol{Z}(\dot{I}_b + \dot{I}_S) - \dot{U}_S \tag{6-13}$$

或用支路导纳矩阵形式可表示为

$$\dot{I}_b = \boldsymbol{Y}(\dot{U}_b + \dot{U}_S) - \dot{I}_S \tag{6-14}$$

式中，$\boldsymbol{Z}$ 为支路阻抗矩阵，定义为

$$\boldsymbol{Z} = \mathrm{diag}[Z_1 \quad Z_2 \quad \cdots \quad Z_b]$$

$\boldsymbol{Y}$ 是支路导纳矩阵，定义为

$$\boldsymbol{Y} = \boldsymbol{Z}^{-1} = \mathrm{diag}[Y_1 \cdot Y_2 \quad \cdots \quad Y_b]$$

$\dot{\boldsymbol{I}}_S$ 是支路电流源列向量，定义为

$$\dot{\boldsymbol{I}}_S = [\dot{I}_{S1} \quad \dot{I}_{S2} \quad \cdots \quad \dot{I}_{Sb}]^{\mathrm{T}}$$

$\dot{U}_{\mathrm{S}}$ 是支路电压源列向量，定义为

$$\dot{U}_{\mathrm{S}} = [\dot{U}_{\mathrm{S}1} \quad \dot{U}_{\mathrm{S}2} \quad \cdots \quad \dot{U}_{\mathrm{S}b}]^{\mathrm{T}}$$

注意 $\dot{I}_{\mathrm{S}}$ 和 $\dot{U}_{\mathrm{S}}$ 与支路电流和电压的方向。

6.3.2 节点电压方程

对于一个节点数为 n，支路数为 b 的正弦电流电路，将其（$n-1$）个节点电压用一个（$n-1$）阶节点电压列向量 $\dot{U}_n$ 表示，即

$$\dot{U}_n = [\dot{U}_{n1} \quad \dot{U}_{n2} \quad \cdots \quad \dot{U}_{n(n-1)}]^{\mathrm{T}}$$

由于每条支路的支路电压等于它所关联的两个节点的节点电压之差，而关联矩阵 A 的每一列，即矩阵 A^{T} 的每一行，表示对应支路与节点的关联关系，因此，支路电压列向量 $\dot{U}_b$ 与节点电压列向量 $\dot{U}_n$ 的关系可表示为

$$\dot{U}_b = A^{\mathrm{T}} \dot{U}_n \tag{6-15}$$

式（6-15）是正弦电路中用矩阵 A 表示的 KVL 的矩阵形式。

为了导出节点电压方程的矩阵形式，写出所需三组方程，分别为

$$\dot{I}_b = Y(\dot{U}_b + \dot{U}_{\mathrm{S}}) - \dot{I}_{\mathrm{S}} \quad \text{（支路伏安关系矩阵方程）}$$

$$A \dot{I}_b = 0 \quad \text{（KCL）}$$

$$\dot{U}_b = A^{\mathrm{T}} \dot{U}_n \quad \text{（KVL）}$$

先将 KVL 方程代入支路伏安关系矩阵方程，再把支路方程代入 KCL 方程，可得

$$AYA^{\mathrm{T}} \dot{U}_n = A \dot{I}_{\mathrm{S}} - AY \dot{U}_{\mathrm{S}} \tag{6-16}$$

式（6-16）即节点电压方程的矩阵形式。可简写为

$$Y_n \dot{U}_n = \dot{J}_n \tag{6-17}$$

式中，$Y_n = AYA^{\mathrm{T}}$ 称为节点导纳矩阵；$\dot{J}_n = A \dot{I}_{\mathrm{S}} - AY \dot{U}_{\mathrm{S}}$ 称为节点电流源列向量。由式（6-17）求出（$n-1$）个节点电压后，即可求出其他待求量。

当电路中存在耦合电感时，式（6-13）和式（6-14）所表示的支路伏安关系形式不变，只是其中的支路阻抗矩阵 Z 由于互感的存在不再是对角阵，如果考虑各支路间均有互感存在，则支路阻抗矩阵 Z 可表示为

$$Z = \begin{bmatrix} Z_1 & \pm \mathrm{j}\omega M_{12} & \cdots & \pm \mathrm{j}\omega M_{1b} \\ \pm \mathrm{j}\omega M_{21} & Z_2 & & \pm \mathrm{j}\omega M_{2b} \\ \vdots & \vdots & \ddots & \vdots \\ \pm \mathrm{j}\omega M_{b1} & \pm \mathrm{j}\omega M_{b2} & \cdots & Z_b \end{bmatrix} \tag{6-18}$$

式（6-18）中各互感前的正负号由各线圈的同名端以及支路电流和电压的参考方向决定。支路导纳矩阵 Y 仍定义为 $Y = Z^{-1}$，显然也不是对角阵。

当电路中存在受控源时，原则上仍可采用复合支路的形式列节点电压方程，但是要考虑到电路内同时存在四种受控源，这时各支路电压和电流间的关系将因受控源的存在而变得复杂，使得节点方程的建立过程也相对复杂。另外，当电路中存在由纯独立电压源构成的无伴电压源支路时，由于该支路的支路阻抗为零，使节点方程的列写发生困难，这时可用无伴电压源的转移，将其变换为有伴电压源；也可采用改进的节点法。这些方面的内容可参考其他文献。

【例 6 - 1】　电路如图 6 - 8 (a) 所示，图中元件的数字下标代表支路标号。列出电路的矩阵形式的节点电压方程。

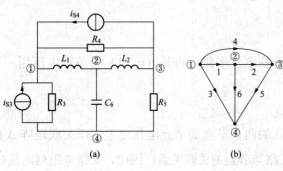

图 6 - 8　[例 6 - 1] 图

解　作出图 6 - 8 (a) 所示电路的有向图如图 6 - 8 (b) 所示。若选节点④为参考点，则关联矩阵为

$$A = \begin{bmatrix} 1 & 0 & 1 & 1 & 0 & 0 \\ -1 & 1 & 0 & 0 & 0 & 1 \\ 0 & -1 & 0 & -1 & 1 & 0 \end{bmatrix}$$

支路电压源列向量 $\dot{U}_S = 0$，支路电流源列向量为

$$\dot{I}_S = \begin{bmatrix} 0 & 0 & \dot{I}_{S3} & \dot{I}_{S4} & 0 & 0 \end{bmatrix}^T$$

支路导纳矩阵为

$$Y = \mathrm{diag}\begin{bmatrix} \dfrac{1}{\mathrm{j}\omega L_1} & \dfrac{1}{\mathrm{j}\omega L_2} & \dfrac{1}{R_3} & \dfrac{1}{R_4} & \dfrac{1}{R_5} & \mathrm{j}\omega C_6 \end{bmatrix}$$

节点电压方程为

$$AYA^T \dot{U}_n = A\dot{I}_S - AY\dot{U}_S$$

即

$$\begin{bmatrix} \dfrac{1}{R_3} + \dfrac{1}{R_4} + \dfrac{1}{\mathrm{j}\omega L_1} & -\dfrac{1}{\mathrm{j}\omega L_1} & -\dfrac{1}{R_4} \\ -\dfrac{1}{\mathrm{j}\omega L_1} & \dfrac{1}{\mathrm{j}\omega L_1} + \dfrac{1}{\mathrm{j}\omega L_2} + \mathrm{j}\omega C_6 & -\dfrac{1}{\mathrm{j}\omega L_2} \\ -\dfrac{1}{R_4} & -\dfrac{1}{\mathrm{j}\omega L_2} & \dfrac{1}{R_4} + \dfrac{1}{R_5} + \dfrac{1}{\mathrm{j}\omega L_2} \end{bmatrix} \begin{bmatrix} \dot{U}_{n1} \\ \dot{U}_{n2} \\ \dot{U}_{n3} \end{bmatrix} = \begin{bmatrix} \dot{I}_{S3} + \dot{I}_{S4} \\ 0 \\ -\dot{I}_{S4} \end{bmatrix}$$

【例 6 - 2】　试写出图 6 - 9 (a) 所示电路的矩阵形式节点电压方程。

解　该电路对应的有向图如图 6 - 9 (b) 所示，若取节点 4 为参考节点，则关联矩阵为

$$A = \begin{bmatrix} 1 & 0 & 0 & 1 & 0 & 0 \\ 0 & 0 & 0 & -1 & 1 & 1 \\ 0 & 1 & 1 & 0 & -1 & 0 \end{bmatrix}$$

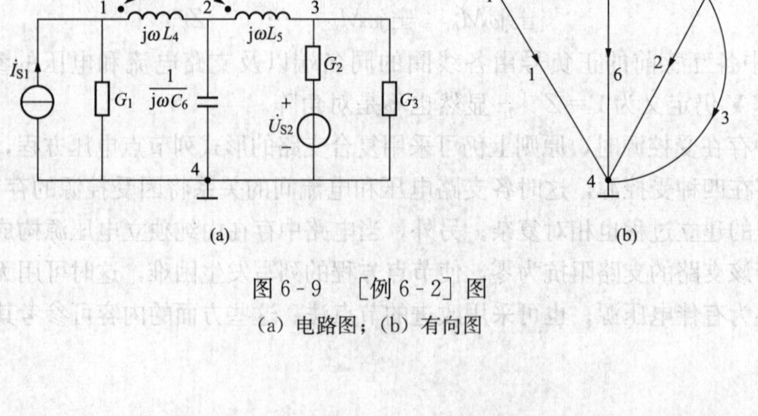

图 6 - 9　[例 6 - 2] 图

(a) 电路图；(b) 有向图

支路电压源列向量

$$\dot{\boldsymbol{U}}_\mathrm{S} = \begin{bmatrix} 0 & -\dot{U}_{S2} & 0 & 0 & 0 & 0 \end{bmatrix}^\mathrm{T}$$

支路电流源列向量

$$\dot{\boldsymbol{I}}_\mathrm{S} = \begin{bmatrix} \dot{I}_{S1} & 0 & 0 & 0 & 0 & 0 \end{bmatrix}^\mathrm{T}$$

支路阻抗矩阵

$$\boldsymbol{Z} = \begin{bmatrix} R_1 & 0 & 0 & 0 & 0 & 0 \\ 0 & R_2 & 0 & 0 & 0 & 0 \\ 0 & 0 & R_3 & 0 & 0 & 0 \\ 0 & 0 & 0 & j\omega L_4 & j\omega M & 0 \\ 0 & 0 & 0 & j\omega M & j\omega L_5 & 0 \\ 0 & 0 & 0 & 0 & 0 & \dfrac{1}{j\omega C_6} \end{bmatrix}$$

因此支路导纳阵为

$$\boldsymbol{Y} = \boldsymbol{Z}^{-1} = \begin{bmatrix} G_1 & 0 & 0 & 0 & 0 & 0 \\ 0 & G_2 & 0 & 0 & 0 & 0 \\ 0 & 0 & G_3 & 0 & 0 & 0 \\ 0 & 0 & 0 & \dfrac{L_5}{j\omega D} & -\dfrac{M}{j\omega D} & 0 \\ 0 & 0 & 0 & -\dfrac{M}{j\omega D} & \dfrac{L_4}{j\omega D} & 0 \\ 0 & 0 & 0 & 0 & 0 & j\omega C_6 \end{bmatrix}$$

式中，$D = L_4 L_5 - M^2$。

由节点电压方程

$$\boldsymbol{Y}_n \dot{\boldsymbol{U}}_n = \dot{\boldsymbol{J}}_n$$

可得

$$\begin{bmatrix} G_1 + \dfrac{L_5}{j\omega D} & -\dfrac{L_5 + M}{j\omega D} & \dfrac{M}{j\omega D} \\ -\dfrac{L_5 + M}{j\omega D} & \dfrac{L_4 + L_5 + 2M}{j\omega D} & -\dfrac{L_4 + M}{j\omega D} \\ \dfrac{M}{j\omega D} & -\dfrac{L_4 + M}{j\omega D} & G_2 + G_3 + \dfrac{L_5}{j\omega D} \end{bmatrix} \begin{bmatrix} \dot{U}_{n1} \\ \dot{U}_{n2} \\ \dot{U}_{n3} \end{bmatrix} = \begin{bmatrix} \dot{I}_{S1} \\ 0 \\ G_2 \dot{U}_{S2} \end{bmatrix}$$

6.4　回路电流方程的矩阵形式

【基本概念】

　　回路电流法：以独立回路电流为待解变量，对 $l = b - (n-1)$ 个独立回路列写 KVL 方程分析电路的方法。

　　回路矩阵：描述支路与回路关联关系的矩阵。一个节点数为 n，支路数为 b 的有向图，

其独立回路数 $l=b-n+1$。其回路矩阵 $\boldsymbol{B}$ 是一个 $l\times b$ 阶的矩阵，$\boldsymbol{B}$ 的每一行对应着一个独立回路，每一列对应着一条支路。

基本回路矩阵：即所选独立回路组是对应于一个树的单连支回路组，简称为回路矩阵，用 B_f 表示。

基尔霍夫定律的矩阵形式：用基本回路矩阵表示的 KCL 方程为 $\dot{\boldsymbol{I}}_b=\boldsymbol{B}_f^{\mathrm{T}}\dot{\boldsymbol{I}}_l$；KVL 方程为 $\boldsymbol{B}_f\dot{\boldsymbol{U}}_b=0$。

【引入】

在《电路（上册）（第二版）》第 3 章的分析方法中，对于 n 个节点，b 条支路的电路（没有受控源的），其独立的回路数是 $l=b-(n-1)$，列写回路电流方程为

$$R_{11}i_{l1}+R_{12}i_{l2}+R_{13}i_{l3}+\cdots+R_{1l}i_{ll}=u_{\mathrm{S}11}$$
$$R_{21}i_{l1}+R_{22}i_{l2}+R_{23}i_{l3}+\cdots+R_{2l}i_{2l}=u_{\mathrm{S}22}$$
$$\cdots$$
$$R_{l1}i_{l1}+R_{l2}i_{l2}+R_{l3}i_{l3}+\cdots+R_{ll}i_{ll}=u_{\mathrm{S}l}$$

方程中的未知量为回路电流，如果我们只看未知量前面的系数，那么它是一个 $l\times l$ 阶的方阵，即

$$\begin{bmatrix} R_{11} & R_{12} & \cdots & R_{1l} \\ R_{21} & R_{22} & \cdots & R_{2l} \\ \cdots & \cdots & \cdots & \cdots \\ R_{l1} & R_{l2} & \cdots & R_{ll} \end{bmatrix}$$

我们称之为回路电流方程的系数矩阵。事实上，我们可以把上面的 l 个方程简写成一个矩阵方程，即回路电流方程的矩阵形式。

回路电流法以回路电流为变量列方程，对于一个节点数为 n，支路数为 b 的正弦电流电路，将其 $l=b-(n-1)$ 个独立回路电流用一个 l 阶列向量 $\dot{\boldsymbol{I}}_l$ 表示，称为回路电流列向量，即

$$\dot{\boldsymbol{I}}_l=\begin{bmatrix} \dot{I}_{l1} & \dot{I}_{l2} & \cdots & \dot{I}_{ll} \end{bmatrix}^{\mathrm{T}}$$

若所选独立回路为基本回路，则回路电流相量即连支电流向量。

为了导出回路电流方程的矩阵形式，写出所需三组方程为

$$\dot{\boldsymbol{U}}_b=\boldsymbol{Z}(\dot{\boldsymbol{I}}_b+\dot{\boldsymbol{I}}_{\mathrm{S}})-\dot{\boldsymbol{U}}_{\mathrm{S}} \quad \text{（支路阻抗矩阵方程）}$$

$$\dot{\boldsymbol{I}}_b=\boldsymbol{B}_f^{\mathrm{T}}\dot{\boldsymbol{I}}_l \quad \text{（KCL）}$$

$$\boldsymbol{B}_f\dot{\boldsymbol{U}}_b=0 \quad \text{（KVL）}$$

先将 KCL 方程代入支路阻抗方程，再把支路方程代入 KVL 方程，可得

$$\boldsymbol{B}_f\boldsymbol{Z}\boldsymbol{B}_f^{\mathrm{T}}\dot{\boldsymbol{I}}_l=\boldsymbol{B}_f\dot{\boldsymbol{U}}_{\mathrm{S}}-\boldsymbol{B}_f\boldsymbol{Z}\dot{\boldsymbol{I}}_{\mathrm{S}} \quad\quad\quad\quad\quad (6\text{-}19)$$

式（6-19）即回路电流方程的矩阵形式。可简写为

$$\boldsymbol{Z}_l\dot{\boldsymbol{I}}_l=\dot{\boldsymbol{U}}_l \quad\quad\quad\quad\quad (6\text{-}20)$$

式中，$\boldsymbol{Z}_l=\boldsymbol{B}_f\boldsymbol{Z}\boldsymbol{B}_f^{\mathrm{T}}$ 称为回路阻抗矩阵；$\dot{\boldsymbol{U}}_l=\boldsymbol{B}_f\dot{\boldsymbol{U}}_{\mathrm{S}}-\boldsymbol{B}_f\boldsymbol{Z}\dot{\boldsymbol{I}}_{\mathrm{S}}$ 称为回路电压源列向量。由式（6-20）求出 l 个回路电流后，即可求出其他待求量。

【例 6 - 3】 写出图 6 - 10（a）所示电路的矩阵形式回路电流方程。

解 给定电路的有向图如图 6 - 10（b）所示，选支路 3、4 为树支，则基本回路方向同连支方向。

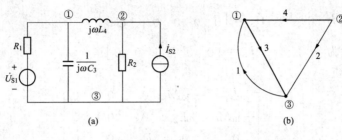

图 6 - 10 ［例 6 - 3］图

(a) 电路图；(b) 有向图

基本回路矩阵为

$$B_f = \begin{bmatrix} 1 & 0 & 1 & 0 \\ 0 & 1 & -1 & 1 \end{bmatrix}$$

支路电压源列向量为

$$\dot{U}_S = \begin{bmatrix} \dot{U}_{S1} & 0 & 0 & 0 \end{bmatrix}^T$$

支路电流源列向量为

$$\dot{I}_S = \begin{bmatrix} 0 & \dot{I}_{S2} & 0 & 0 \end{bmatrix}^T$$

支路阻抗矩阵为

$$Z = \mathrm{diag} \begin{bmatrix} R_1 & R_2 & \dfrac{1}{j\omega C_3} & j\omega L_4 \end{bmatrix}$$

由回路电流方程

$$Z_l \dot{I}_l = \dot{U}_l$$

可得

$$\begin{bmatrix} R_1 + \dfrac{1}{j\omega C_3} & -\dfrac{1}{j\omega C_3} \\[2mm] -\dfrac{1}{j\omega C_3} & R_2 + \dfrac{1}{j\omega C_3} + j\omega L_4 \end{bmatrix} \begin{bmatrix} \dot{I}_{l1} \\[2mm] \dot{I}_{l2} \end{bmatrix} = \begin{bmatrix} \dot{U}_{S1} \\[2mm] -R_2 \dot{I}_{S2} \end{bmatrix}$$

【例 6 - 4】 写出图 6 - 11（a）所示电路的矩阵形式回路电流方程。

解 给定电路的有向图如图 6 - 11（b）所示，选支路 3、4、5 为树支，则基本回路方向同连支方向。

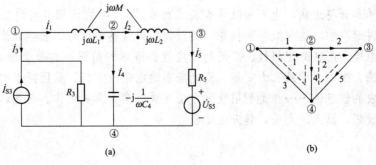

图 6 - 11 ［例 6 - 4］图

基本回路矩阵为

$$B_f = \begin{bmatrix} 1 & 0 & -1 & 1 & 0 \\ 0 & 1 & 0 & -1 & 1 \end{bmatrix}$$

支路电压源列向量为
$$\dot{U}_S = \begin{bmatrix} 0 & 0 & 0 & 0 & -\dot{U}_{S5} \end{bmatrix}^T$$

支路电流源列向量为
$$\dot{I}_S = \begin{bmatrix} 0 & 0 & \dot{I}_{S3} & 0 & 0 \end{bmatrix}^T$$

支路阻抗矩阵为

$$Z = \begin{bmatrix} j\omega L_1 & -j\omega M & 0 & 0 & 0 \\ -j\omega M & j\omega L_2 & 0 & 0 & 0 \\ 0 & 0 & R_3 & 0 & 0 \\ 0 & 0 & 0 & \dfrac{1}{j\omega C_4} & 0 \\ 0 & 0 & 0 & 0 & R_5 \end{bmatrix}$$

由回路电流方程

$$Z_l \dot{I}_l = \dot{U}_l$$

可得

$$\begin{bmatrix} j\omega L_1 + R_3 + \dfrac{1}{j\omega C_4} & -\dfrac{1}{j\omega C_4} - j\omega M \\ -\dfrac{1}{j\omega C_4} - j\omega M & j\omega L_2 + \dfrac{1}{j\omega C_4} + R_5 \end{bmatrix} \begin{bmatrix} \dot{I}_{l1} \\ \dot{I}_{l2} \end{bmatrix} = \begin{bmatrix} R_3 \dot{I}_{S3} \\ -\dot{U}_{S5} \end{bmatrix}$$

　　列写回路电流方程必须选择一组独立回路，一般用基本回路组，从而可以通过选择一个合适的树来处理。数的选择固然可以在计算机上按编好的程序自动进行，但与节点电压法相比，就显得麻烦些。另外，由于实际的复杂电路中，独立节点数往往少于独立回路数，因此目前在计算机辅助分析的程序中（如电力系统的计算，电子电路的分析等），广泛采用节点法，而不采用回路法。

【拓展与思考】

　　读者也许感到，电路课程中这么多的数学和公式，特别是本章又引入了网络矩阵，有点难学难记。这里做简短说明。

　　数学是以数和形表现世界联系的科学，是数学方法的集大成者。爱因斯坦说过："这个世界可以由音乐和音符组成，也可由数学和公式组成。"人类的认识只有通过高度的概括与抽象，才能称得起科学。这种概括和抽象，离开数学必然苍白无力。数学方法的独特之处在于：高度的抽象性、严密的逻辑性、广泛的适应性、语言的简明性和蕴含着美学的规律性。欧拉提出的图论、牛顿力学的三大定律、麦克斯韦的电磁波方程、爱因斯坦的相对论、维纳的控制论和香农的信息论……都是利用数学方法完成的名垂青史之作。因此，读者应善于拿起数学方法的武器，原天地之美，解万物之密。

6.5　实际应用举例——电梯接近开关、同轴电缆

6.5.1　电梯接近开关

触摸控制开关应用很广，如电梯控制和台灯控制等。电梯接近开关以电容为元件，当触摸开关时，电容的容量发生变化，从而引起电压的变化，形成开关动作。

电梯接近开关按钮如图 6-12（a）所示，每一按钮都由金属环电极和圆形金属平板构成电容的两极。电极由绝缘膜覆盖。当手指触到按钮时，好像电路另外增加了一个到地的电极，并与按钮的两极间产生电容 C_2。图 6-12（b）所示 C_1 为接近开关电容模型，图 6-13（c）为手指触摸后的电路模型。通常电容 C_1、C_2 的数值范围为 10～50pF。

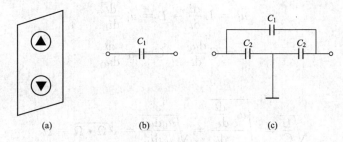

图 6-12　电梯接近开关

接近开关工作状态分析如下。图 6-13（a）所示为电梯接近开关电路，C 为一固定电容，设 $C=C_1=C_2=25$pF。当手指未触摸时，得图 6-13（b）所示等效电路，输出电压

$$u(t) = \frac{C_1}{C_1+C}u_S(t) = \frac{1}{2}u_S(t)$$

当触摸按钮时，由电路图 6-13（c）可得

$$u(t) = \frac{C_1}{C_1+\left(\dfrac{CC_2}{C+C_2}\right)}u_S(t) = \frac{1}{3}u_S(t)$$

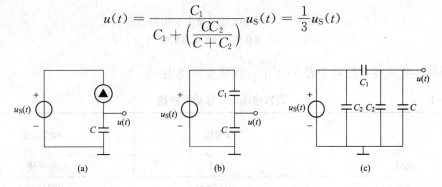

图 6-13　接近开关工作原理图

分析可知，当手指未按时，输出电压为输入电压 $u_S(t)$ 的 $\dfrac{1}{2}$；当手指按下时，输出电压为输入电压的 $\dfrac{1}{3}$。控制电梯的计算机正是按照检测到的电压变化去指令电梯升降的。

6.5.2　同轴电缆的应用

同轴电缆在 TV、通信、测试设备中被广泛地用作传输线。它的特点是无噪声干扰，传

输信号时损耗非常低，特别在高频信号下更佳。工作频率范围很宽，从低频（15Hz～20kHz）、射频（20kHz～300MHz）到微波（300MHz～300GHz）都可以。

图 6-14（a）所示为同轴电缆的示意图。它由内导体（芯线）、绝缘层和外导体组成，最外层是高强度柔性塑胶外皮。外导体用铜或铝材料制成编织状，它不但可以传输信号，而且可以防止外界的噪声和电磁的干扰。同轴线按特性阻抗不同分为两类。一类特性阻抗 $Z_C = 75\Omega$（实际为 73.5Ω），另一类特性阻抗 $Z_C = 50\Omega$（实际为 53.5Ω）。75Ω 电缆常用于电视和通信系统；50Ω 电缆常用于测试设备、电视和乡村广播站等。

图 6-14（b）所示为同轴电缆的电路模型。其中 L 和 C 为传输线单位长度的等效电感和电容。传输线的特性阻抗为 $\sqrt{\dfrac{L}{C}}\Omega$。其量纲之所以为欧姆，理由如下。

$$u_L = L \frac{di}{dt} \rightarrow L = u_L \frac{dt}{di_L}$$

$$i_C = C \frac{du_C}{dt} \rightarrow C = i_C \frac{dt}{du_C}$$

所以

$$\sqrt{\frac{L}{C}} = \sqrt{\frac{u_L \dfrac{dt}{di_L}}{i_C \dfrac{dt}{du_C}}} = \sqrt{\frac{u_L du_C}{i_C di_L}} = \sqrt{\Omega \cdot \Omega} = \Omega$$

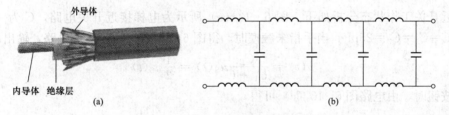

图 6-14　同轴电缆示意图和电路模型
（a）示意图；（b）电路模型

同轴电缆的一些重要参数列于表 6-1 中，以便参考使用。

表 6-1　　　　　　　　　　　　　同轴电缆的部分重要参数

参数　　　　　　　电缆	75Ω 电缆	50Ω 电缆
芯线	40%铝	95%锡
电阻	44.5Ω/300m	10Ω/300m
电容	12.6pF/30.5cm	28.5pF/30.5cm
损耗	1MHz　0.8dB/30.5cm	1MHz　0.3dB/30.5cm
	10MHz　1dB/30.5cm	10MHz　1.1dB/30.5cm
	50MHz　1.8dB/30.5cm	50MHz　2.5dB/30.5cm
	100MHz　2.5dB/30.5cm	100MHz　14.5dB/30.5cm

$$\text{小　结}$$

（1）大规模线性网络分析中，为了方便常用矩阵形式来表示。本章定义了：

关联矩阵 A：一个节点数为 n，支路数为 b 的有向图，其关联矩阵 A_a 是一个 $n\times b$ 阶的矩阵。A_a 的每一行对应着一个节点，每一列对应着一条支路，它第 j 行、第 k 列的元素 a_{jk} 定义如下：

1）若支路 k 与节点 j 无关联，则 $a_{jk}=0$；

2）若支路 k 与节点 j 有关联，且它的方向背离该节点，则 $a_{jk}=+1$；

3）若支路 k 与节点 j 有关联，且它的方向指向该节点，则 $a_{jk}=-1$。

在有向图上任意设定一个节点为参考点，将 A_a 中该节点所对应的行划去，剩下的 $(n-1)\times b$ 阶矩阵用 A 表示，称为降阶关联矩阵（简称关联矩阵）。

基本回路矩阵 B_f：一个节点数为 n，支路数为 b 的有向图，其独立回路数 $l=b-n+1$。其回路矩阵 B 是一个 $l\times b$ 阶的矩阵，B 的每一行对应着一个独立回路，每一列对应着一条支路，它第 j 行、第 k 列的元素 b_{jk} 定义如下：

1）若支路 k 与回路 j 无关联，则 $b_{jk}=0$；

2）若支路 k 与回路 j 有关联，且支路方向与回路绕行方向相同，则 $b_{jk}=+1$；

3）若支路 k 与回路 j 有关联，且支路方向与回路绕行方向相反，则 $b_{jk}=-1$。

若所选独立回路组是对应于一个树的单连支回路组，这种回路矩阵就称为基本回路矩阵，用 B_f 表示。

基本割集矩阵 Q_f：一个节点数为 n，支路数为 b 的有向图，其独立割集数为 $(n-1)$，每个独立割集有一个指定方向。其割集矩阵 Q 是一个 $(n-1)\times b$ 阶的矩阵，Q 的每一行对应着一个独立割集，每一列对应着一条支路，它第 j 行、第 k 列的元素 q_{jk} 定义如下：

1）若支路 k 与割集 j 无关联，则 $q_{jk}=0$；

2）若支路 k 与割集 j 有关联，且支路方向与割集方向相同，则 $q_{jk}=+1$；

3）若支路 k 与割集 j 有关联，且支路方向与割集方向相反，则 $q_{jk}=-1$。

如果选一组单树支割集为一组独立割集，这种割集矩阵称为基本割集矩阵，用 Q_f 表示。

（2）基尔霍夫定律的矩阵形式有三种如表 6-2 所示。

表 6-2　　　　　　　　　基尔霍夫定律的三种矩阵形式

	A	B_f	Q_f
KCL	$Ai_b=0$	$i_b=B_f^{\mathrm{T}}i_l$	$Q_f i_b=0$
KVL	$u_b=A^{\mathrm{T}}u_n$	$B_f u_b=0$	$u_b=Q_f^{\mathrm{T}}u_t$

（3）矩阵形式的节点电压方程为 $AYA^{\mathrm{T}}\dot{U}_n=A\dot{I}_\mathrm{S}-AY\dot{U}_\mathrm{S}$。

简写为 $Y_n\dot{U}_n=\dot{J}_n$。

矩阵形式的回路电流方程为 $B_f ZB_f^{\mathrm{T}}\dot{I}_l=B_f\dot{U}_\mathrm{S}-B_f Z\dot{I}_\mathrm{S}$。

简写为 $Z_l\dot{I}_l=\dot{U}_l$。

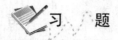
习　题

6-1　网络拓扑图如图 6-15 所示,判断下列支路集合中哪些是割集:

(1) (9, 2, 5, 7, 8, 3);

(2) (5, 6, 7, 8);

(3) (5, 6, 7, 8, 3);

(4) (2, 3, 6, 9, 10)。

6-2　以节点⑤为参考点,写出图 6-16 所示有向图的关联矩阵 **A**。

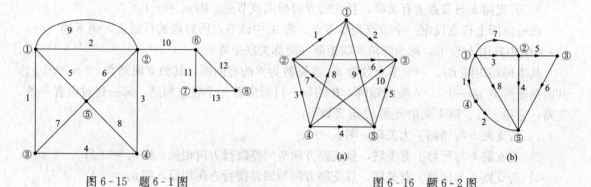

图 6-15　题 6-1 图　　　　　　　　　　　　　图 6-16　题 6-2 图

6-3　已知一个网络的降阶关联矩阵为

$$
\mathbf{A} =
\begin{array}{c}
\\ n_1 \\ n_2 \\ n_3 \\ n_4
\end{array}
\begin{array}{cccccc}
b_1 & b_2 & b_3 & b_4 & b_5 & b_6 \\
\begin{bmatrix}
1 & 0 & 0 & 0 & 0 & -1 \\
0 & -1 & 0 & -1 & 1 & 0 \\
0 & 1 & 1 & 0 & 0 & 1 \\
0 & 0 & -1 & 0 & -1 & 0
\end{bmatrix}
\end{array}
$$

试画出该网络的有向图。

6-4　对于图 6-17 所示有向图,若选支路 1、2、3、7 为树支,试写出基本回路矩阵和基本割集矩阵;若以网孔作为基本回路再写出回路矩阵。

6-5　对于图 6-18 所示有向图,若选支路 1、2、3、5、8 为树支,试写出基本回路矩阵和基本割集矩阵。

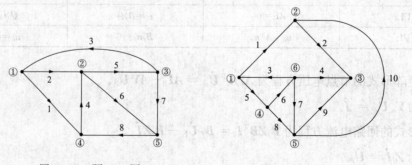

图 6-17　题 6-4 图　　　　　　　　　　　　图 6-18　题 6-5 图

6-6 对图 6-19 所示电路，选支路 1、2、4、7 为树支，用矩阵形式列出其回路电流方程。各支路电阻均为 5Ω，各电压源电压均为 3V，各电流源电流均为 2A。

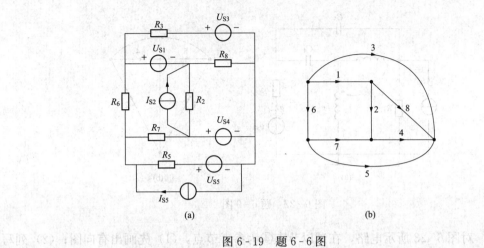

图 6-19 题 6-6 图

6-7 对图 6-20 所示电路，选支路 1、2、3、4、5 为树支，用矩阵形式列出其回路电流方程。

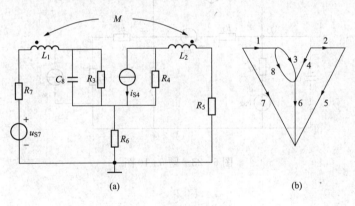

图 6-20 题 6-7 图

6-8 对图 6-21 所示电路，以节点 d 为参考点，在正弦稳态情况下，列出节点电压方程的矩阵形式。

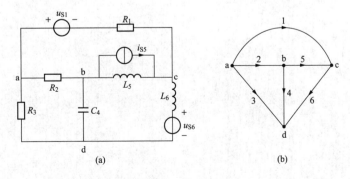

图 6-21 题 6-8 图

6-9　对图6-22所示电路，在下列两种不同情况下列出节点电压方程：

（1）电感L_5和L_6之间无互感；（2）电感L_5和L_6之间有互感M。

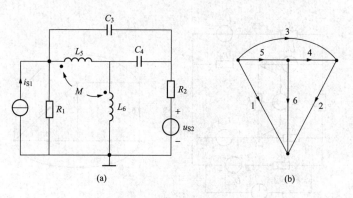

图6-22　题6-9图

6-10　对图6-23所示电路，在试以节点④为参考节点，（1）先画出有向图；（2）列写出该电路的节点电压方程的矩阵形式。

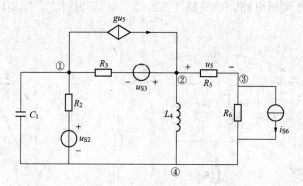

图6-23　题6-10图

7 二端口网络

本章主要介绍二端口网络及其方程、二端口的 Y、Z、T、H 等参数矩阵以及它们之间的转换关系。本章介绍的二端口网络的转移函数、T 型和 π 型等效电路以及二端口的连接等知识都会有助于掌握二端口网络的分析方法。此外，本章将介绍两种特殊的二端口网络——回转器和负阻抗变换器。

【教学要求及目标】

知识要点	目标与要求	相关知识	掌握程度评价
二端口网络的概念	理解	端子、端口	
二端口的参数方程和参数	熟练掌握	VCR、矩阵的求逆	
二端口的等效电路	理解并掌握	等效的概念、电阻的 Y 联结与 △ 联结	
二端口的转移函数	理解并掌握	网络函数	
二端口的连接	理解并掌握	串联与并联、矩阵的乘法运算	
回转器和负阻抗变换器	理解并掌握	电感与电容、负电阻	

7.1 二 端 口

【基本概念】

端口：实际应用中的大部分电路或网络，总是向外伸出一些端子供外部连接或测量。如果某端子流入的电流总是等于另一端子流出的电流，则称这样的一对端子为一个端口。

一端口网络：具有向外伸出一对端子的电路或网络称为一端口网络或二端网络。

二端口网络：通过两个端口与外电路相连的网络，称为二端口网络。

【引入】

前面讨论过线性二端网络，对于无源二端网络，电流从一个端子流入，从另一个端子流出，这样一对端子形成了网络的一个端口，故二端网络也称为一端口网络。其端口的 VCR 满足欧姆定律，即端口的两个物理量仅需一个参数（电阻 R 或阻抗 Z）来联系。而对于二端口网络，共有四个端口变量，我们又如何来描述它们之间的关系呢？

四端网络有四个端子，如果在任何瞬时，某两个端子电流量值相等，并且电流从一个端子流入而从另一个端子流出，这样的一对端子称为一个端口，这就是端口条件。如图 7-1 所示的四端网络，如果满足 $i_1'=i_1$，$i_2'=i_2$，则称该网络为二端口网络。其中 1-1' 端口通常称为输入端口，2-2' 端口称为输出端口。本章仅讨论线性无源二端口，并采用相量法进行分析。

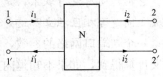

图 7-1 二端口网络

对于线性无源的二端口网络，两个端口共有四个物理量，要研究端口的电压和电流之间的关系，任选其中两个为自变量，另外作为函数，由此得到六组 VCR，称为二端口的参数方程。对于线性无源二端口网络，其参数方程均为线性代数方程，若用相量表示，则有如下形式

$$\left.\begin{aligned}\dot{Y}_1 &= K_{11}\,\dot{X}_1 + K_{12}\,\dot{X}_2 \\ \dot{Y}_2 &= K_{21}\,\dot{X}_1 + K_{22}\,\dot{X}_2\end{aligned}\right\}$$

或用矩阵形式表示为

$$\begin{bmatrix}\dot{Y}_1 \\ \dot{Y}_2\end{bmatrix} = \begin{bmatrix}K_{11} & K_{12} \\ K_{21} & K_{21}\end{bmatrix}\begin{bmatrix}\dot{X}_1 \\ \dot{X}_2\end{bmatrix}$$

式中，$\dot{Y}_1$、$\dot{Y}_2$ 及 $\dot{X}_1$、$\dot{X}_2$ 代表不同方程组中的电压相量或电流相量；K_{11}、K_{12}、K_{21}、K_{22} 是（复）常数，代表不同方程组中的参数，这四个参数的名称因方程不同而不同。本章介绍常用的 Y 参数方程、Z 参数方程、T（或称 A）参数方程和 H 参数方程。这种通过参数或参数方程分析二端口网络的方法称为参数方程法。

用二端口概念分析电路的意义在于：一旦二端口的参数确定后，当一个端口的电压、电流确定后，就可以通过参数方程确定另一个端口的电压、电流。同时，还可以利用这些参数比较不同的二端口在传递电能和信号方面的性能，从而评价它们的质量。另外，一个复杂的二端口可以看作由若干简单二端口组合而成，或者说，通过简单二端口的合成，可以改造一个复杂的二端口。这比直接设计一个复杂二端口容易，而且调试方便。如果已知简单二端口的参数，根据它们与复杂二端口的关系，可以直接求出后者在端口处的电压、电流关系，而不再涉及它内部的任何计算。

7.2　二端口的参数和参数方程

【基本概念】

欧姆定律：正弦稳态条件下，无源单口网络的电压、电流在关联参考方向下，满足相量形式的欧姆定律，即 $\dot{U} = Z\dot{I}$ 或 $\dot{I} = Y\dot{U}$。

逆矩阵：设 A 是数域上的一个 n 阶方阵，若在相同数域上存在另一个 n 阶矩阵 B，使得 $AB = BA = 1$（单位阵）。则称 B 是 A 的逆矩阵，而 A 则被称为可逆矩阵。

非奇异矩阵：A 是可逆矩阵的充分必要条件是 $|A| \neq 0$，即可逆矩阵就是非奇异矩阵（当 $|A| = 0$ 时，A 称为奇异矩阵）。

【引入】

描述二端口特性的参数有六套，这六套参数是如何定义的？它们的物理意义分别是什么？它们之间有没有联系，是否可以相互转换？另外，每一套参数都包含四个参数，这四个参数之间是否相互独立？这是这一节要搞清楚的问题。

一个二端口网络的参数，在内部结构、元件参数已知的情况下，可以通过二端口参数的定义计算得到，如果不知道内部结构或元件参数，可以采用实验的方法来测定。我们规定：线性无源二端口网络的端口电压和端子电流（对二端口来说）取关联参考方向，在分析中将

按正弦稳态情况考虑，并应用相量法，如图 7-2 所示。当然，也可以应用运算法讨论（应用运算法时，独立的初始条件均为零，即不存在附加电源）。

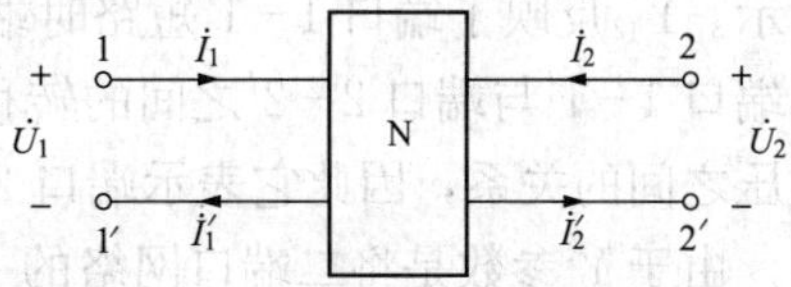

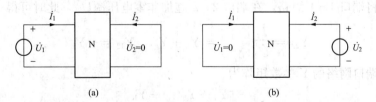

图 7-2 线性无源二端口网络

7.2.1 Y 参数及其方程

图 7-2 中，假设端口电压 $\dot{U}_1$、$\dot{U}_2$ 已知，利用替代定理，把端口 1-1′ 以左以及端口 2-2′ 以右的两部分电路分别用两个和 $\dot{U}_1$、$\dot{U}_2$ 等值的独立电压源替代。根据叠加定理，两个端子电流 $\dot{I}_1$、$\dot{I}_2$ 应分别等于各个独立电压源单独作用时产生的电流之和，即

$$\left.\begin{aligned}\dot{I}_1 &= Y_{11}\dot{U}_1 + Y_{12}\dot{U}_2\\ \dot{I}_2 &= Y_{21}\dot{U}_1 + Y_{22}\dot{U}_2\end{aligned}\right\} \tag{7-1}$$

写成矩阵形式为

$$\begin{bmatrix}\dot{I}_1\\ \dot{I}_2\end{bmatrix} = \begin{bmatrix}Y_{11} & Y_{12}\\ Y_{21} & Y_{22}\end{bmatrix}\begin{bmatrix}\dot{U}_1\\ \dot{U}_2\end{bmatrix} = Y\begin{bmatrix}\dot{U}_1\\ \dot{U}_2\end{bmatrix}$$

其中

$$Y \overset{\text{def}}{=\!=\!=} \begin{bmatrix}Y_{11} & Y_{12}\\ Y_{21} & Y_{22}\end{bmatrix}$$

称为二端口的 Y 参数矩阵，而 Y_{11}、Y_{12}、Y_{21}、Y_{22} 称为二端口的 Y 参数，由二端口内部结构和元件参数决定，与外施激励无关。显然，它们具有导纳量纲。

在式 (7-1) 中令 $\dot{U}_2 = 0$，则有

$$Y_{11} = \left.\frac{\dot{I}_1}{\dot{U}_1}\right|_{\dot{U}_2=0}, \quad Y_{21} = \left.\frac{\dot{I}_2}{\dot{U}_1}\right|_{\dot{U}_2=0}$$

相当于在端口 1-1′ 外加电压 $\dot{U}_1$，而把端口 2-2′ 短路，即 $\dot{U}_2 = 0$，工作情况如图 7-3 (a) 所示。Y_{11} 反映了端口 2-2′ 短路时端口 1-1′ 的电流与电压之间的关系，所以它表示端口 1-1′ 的输入导纳或策动点导纳；Y_{21} 反映了端口 2-2′ 短路时端子 2 的电流与端口 1-1′ 的电压之间的关系，因此它表示端口 2-2′ 与端口 1-1′ 之间的转移导纳。

图 7-3 二端口 Y 参数的测定

同理，若令 $\dot{U}_1 = 0$，则有

$$Y_{12} = \left.\frac{\dot{I}_1}{\dot{U}_2}\right|_{\dot{U}_1=0}, \quad Y_{22} = \left.\frac{\dot{I}_2}{\dot{U}_2}\right|_{\dot{U}_1=0}$$

相当于在端口 2-2′ 外加电压 $\dot{U}_2$，而把端口 1-1′ 短路，即 $\dot{U}_1 = 0$，工作情况如图 7-3 (b)

所示。Y_{12}反映了端口 $1-1'$ 短路时端子 1 的电流与端口 $2-2'$ 的电压之间的关系，所以它表示端口 $1-1'$ 与端口 $2-2'$ 之间的转移导纳；Y_{22} 反映了端口 $1-1'$ 短路时端口 $2-2'$ 的电流与电压之间的关系，因此它表示端口 $2-2'$ 的输入导纳或策动点导纳。

　　由于 Y 参数是将二端口网络的一个端口短路后经计算或测量得到，所以又称为短路导纳参数。

【例 7-1】　求图 7-4（a）所示二端口的 Y 参数。

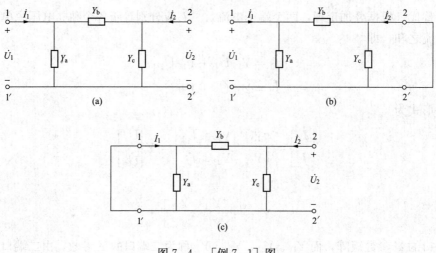

图 7-4　［例 7-1］图

　　解　解法一：这是一个典型的具有 π 型结构的二端口。计算其 Y 参数的常用方法是采用前述的测试方法。计算 Y_{11} 和 Y_{21} 时，如图 7-4（b）所示，将端口 $2-2'$ 短路，在端口 $1-1'$ 施加非零电压源 $\dot{U}_1$，此时可得

$$\dot{I}_1 = (Y_a + Y_b)\dot{U}_1, \quad \dot{I}_2 = -Y_b \dot{U}_1$$

得

$$Y_{11} = \left.\frac{\dot{I}_1}{\dot{U}_1}\right|_{\dot{U}_2=0} = Y_a + Y_b, \quad Y_{21} = \left.\frac{\dot{I}_2}{\dot{U}_1}\right|_{\dot{U}_2=0} = -Y_b$$

类似地，将端口 $1-1'$ 短路，在端口 $2-2'$ 施加非零电压源 $\dot{U}_2$，此时可得

$$Y_{22} = \left.\frac{\dot{I}_2}{\dot{U}_2}\right|_{\dot{U}_1=0} = Y_b + Y_c, \quad Y_{12} = -Y_b$$

所以该二端口网络的 Y 参数矩阵为

$$\boldsymbol{Y} = \begin{bmatrix} Y_a + Y_b & -Y_b \\ -Y_b & Y_b + Y_c \end{bmatrix}$$

解法二：直接写出端口方程，则可直接读出 Y 参数

$$\begin{cases} \dot{I}_1 = Y_a \dot{U}_1 + Y_b(\dot{U}_1 - \dot{U}_2) = (Y_a + Y_b)\dot{U}_1 - Y_b \dot{U}_2 \\ \dot{I}_2 = Y_c \dot{U}_2 + Y_b(\dot{U}_2 - \dot{U}_1) = -Y_b \dot{U}_1 + (Y_b + Y_c)\dot{U}_2 \end{cases}$$

与 Y 参数方程（7-1）作系数比较，即可得出

$$Y_{11} = Y_a + Y_b$$

$$Y_{12} = Y_{21} = -Y_b$$
$$Y_{22} = Y_b + Y_c$$

因此，对于特定的二端口求参数时，直接按照参数方程的形式列写电路方程，能够一次性求得二端口的全部四个参数。π型电路列写 Y 参数方程十分方便，也可以作为结论记住。

由［例7-1］可见，$Y_{12} = Y_{21}$。这个结论虽然出自一个特殊的例题，但是根据互易定理不难证明，如果一个由线性的 R、$L(M)$、C 元件构成的二端口网络，它的 Y 参数中总有 $Y_{12} = Y_{21}$ 成立，此时称二端口具有互易性。对于互易二端口，只要三个独立参数就足以表征它的性能。如果二端口的 Y 参数中，除了 $Y_{12} = Y_{21}$ 外，还有 $Y_{11} = Y_{22}$ 成立，则二端口在电气特性上具有对称性，简称对称二端口。此时它的 Y 参数只有两个是独立的。结构上对称的二端口在电气特性上一定对称，但是电气特性上对称的二端口并不意味着结构对称。

7.2.2 Z 参数及其方程

图7-2所示的电路中，设端子电流 $\dot{I}_1$、$\dot{I}_2$ 已知，利用替代定理，把端口 1-1' 以左以及端口 2-2' 以右的两部分电路分别用两个和 $\dot{I}_1$、$\dot{I}_2$ 等值的独立电流源替代。根据叠加定理，两个端口电压 $\dot{U}_1$、$\dot{U}_2$ 应分别等于各个独立电流源单独作用时产生的电压之和，即

$$\left.\begin{array}{l}\dot{U}_1 = Z_{11}\dot{I}_1 + Z_{12}\dot{I}_2\\ \dot{U}_2 = Z_{21}\dot{I}_1 + Z_{22}\dot{I}_2\end{array}\right\} \tag{7-2}$$

写成矩阵形式为

$$\begin{bmatrix}\dot{U}_1\\ \dot{U}_2\end{bmatrix} = \begin{bmatrix}Z_{11} & Z_{12}\\ Z_{21} & Z_{22}\end{bmatrix}\begin{bmatrix}\dot{I}_1\\ \dot{I}_2\end{bmatrix} = Z\begin{bmatrix}\dot{I}_1\\ \dot{I}_2\end{bmatrix}$$

其中

$$Z \xlongequal{\text{def}} \begin{bmatrix}Z_{11} & Z_{12}\\ Z_{21} & Z_{22}\end{bmatrix}$$

称为二端口的 Z 参数矩阵，而 Z_{11}、Z_{12}、Z_{21}、Z_{22} 称为二端口的 Z 参数。显然，它们具有阻抗量纲。

Z 参数可以仿照 Y 参数的方法计算和测量。令式（7-2）中的 $\dot{I}_2 = 0$，对应的电路如图7-5（a）所示，即端口 2-2' 开路，在端口 1-1' 施加电流源 $\dot{I}_1$，求得

$$Z_{11} = \frac{\dot{U}_1}{\dot{I}_1}\bigg|_{\dot{I}_2=0}, \quad Z_{21} = \frac{\dot{U}_2}{\dot{I}_1}\bigg|_{\dot{I}_2=0}$$

所以 Z_{11} 称为端口 2-2' 开路时，端口 1-1' 的开路输入阻抗；Z_{21} 称为端口 2-2' 开路时，端口 2-2' 与端口 1-1' 之间的开路转移阻抗。

同理，若令式（7-2）中的 $\dot{I}_1 = 0$，对应的电路如图7-5（b）所示，即 1-1' 端口开路，在端口 2-2' 施加电流源 $\dot{I}_2$，求得

$$Z_{12} = \frac{\dot{U}_1}{\dot{I}_2}\bigg|_{\dot{I}_1=0}, \quad Z_{22} = \frac{\dot{U}_2}{\dot{I}_2}\bigg|_{\dot{I}_1=0}$$

所以 Z_{12} 称为端口 1-1' 开路时，端口 1-1' 与端口 2-2' 之间的开路转移阻抗；Z_{22} 称为端口 1-1' 开路时，端口 2-2' 的开路输入阻抗。

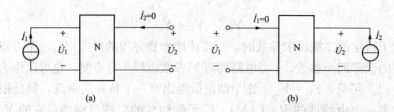

图 7-5　二端口 Z 参数的测定

由于二端口 Z 参数的计算或测定是由一个端口开路实现的，所以称为开路阻抗参数。

根据互易定理不难证明，对于线性的 R、$L(M)$、C 元件构成的二端口网络（互易二端口），它的 Z 参数中总有 $Z_{12}=Z_{21}$ 成立，此时，Z 参数只有三个是独立的；对于对称二端口，除了 $Z_{12}=Z_{21}$ 外，还有 $Z_{11}=Z_{22}$ 成立，即对称二端口的 Z 参数只有两个是独立的。

【**例 7-2**】　求图 7-6 所示二端口的 Z 参数矩阵。

解　直接列写电路的网孔电流方程（$\dot{I}_1$、$\dot{I}_2$ 是两个网孔的网孔电流）得

$$\left.\begin{aligned}\dot{U}_1 &= (Z_1+Z_2)\dot{I}_1+Z_2\dot{I}_2\\\dot{U}_2 &= Z_2\dot{I}_1+(Z_2+Z_3)\dot{I}_2\end{aligned}\right\}$$

这就是二端口的 Z 参数方程。所以其 Z 参数矩阵为

$$\boldsymbol{Z}=\begin{bmatrix}Z_1+Z_2 & Z_2\\Z_2 & Z_2+Z_3\end{bmatrix}$$

可见，$Z_{12}=Z_{21}=Z_2$，这是一个互易二端口。

【**例 7-3**】　求图 7-7 所示二端口的 Z 参数。

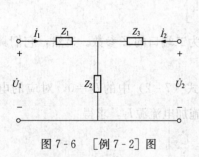

图 7-6　[例 7-2] 图

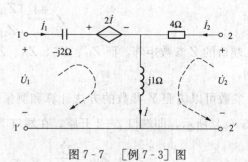

图 7-7　[例 7-3] 图

解　以电流 $\dot{I}_1$、$\dot{I}_2$ 为自变量，直接列写网孔电流方程得

$$\begin{cases}\dot{U}_1=(-\mathrm{j}2+\mathrm{j}1)\dot{I}_1+2\dot{I}+\mathrm{j}1\dot{I}_2=(2-\mathrm{j})\dot{I}_1+(2+\mathrm{j})\dot{I}_2 & (\dot{I}=\dot{I}_1+\dot{I}_2)\\\dot{U}_2=4\dot{I}_2+\mathrm{j}1\dot{I}=\mathrm{j}1\dot{I}_1+(4+\mathrm{j})\dot{I}_2\end{cases}$$

该方程组的系数就是该二端口的 Z 参数，即该二端口的 Z 参数矩阵为

$$\boldsymbol{Z}=\begin{bmatrix}2-\mathrm{j} & 2+\mathrm{j}\\\mathrm{j}1 & 4+\mathrm{j}1\end{bmatrix}\Omega$$

显然，例 7-3 中 $Z_{12}\neq Z_{21}$，说明对于含受控源的线性二端口，一般情况下不再具有互易性。

比较式（7-1）和式（7-2）不难看出，开路阻抗矩阵 $\boldsymbol{Z}$ 和短路导纳矩阵 $\boldsymbol{Y}$ 互为逆矩阵，

即

$$\boldsymbol{Z} = \boldsymbol{Y}^{-1} \quad \text{或} \quad \boldsymbol{Y} = \boldsymbol{Z}^{-1}$$

所以，Z 参数和 Y 参数的关系为

$$\begin{bmatrix} Z_{11} & Z_{12} \\ Z_{21} & Z_{22} \end{bmatrix} = \frac{1}{\Delta_Y} \begin{bmatrix} Y_{22} & -Y_{12} \\ -Y_{21} & Y_{11} \end{bmatrix} \quad \text{或} \quad \begin{bmatrix} Y_{11} & Y_{12} \\ Y_{21} & Y_{22} \end{bmatrix} = \frac{1}{\Delta_Z} \begin{bmatrix} Z_{22} & -Z_{12} \\ -Z_{21} & Z_{11} \end{bmatrix} \quad (7-3)$$

式中，$\Delta_Y = Y_{11}Y_{22} - Y_{12}Y_{21}$；$\Delta_Z = Z_{11}Z_{22} - Z_{12}Z_{21}$。注意：只有非奇异矩阵（$\Delta_Y \neq 0$ 或 $\Delta_Z \neq 0$）才是可逆的，所以一个二端口的 Z 参数矩阵和 Y 参数矩阵不一定同时存在，有的只有 Z 参数，没有 Y 参数 [图 7-8（a）]；也有的二端口网络却相反，没有 Z 参数，只有 Y 参数 [图 7-8（b）]；还有的二端口网络既没有 Z 参数，也没有 Y 参数 [图 7-8（c）]。

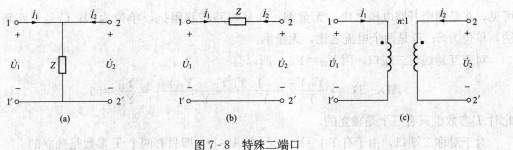

图 7-8　特殊二端口

7.2.3　T 参数及其方程

在许多工程实际中，往往希望找到一个端口的电压、电流和另一个端口的电压、电流之间的直接关系。例如，放大器、滤波器的输入输出之间的关系；再如刚刚提到的图 7-8（c）所示的理想变压器，既无 Z 参数，也无 Y 参数，只能选用其他参数来描述其端口特性。

由式（7-1）第二式得

$$\dot{U}_1 = -\frac{Y_{22}}{Y_{21}} \dot{U}_2 + \frac{1}{Y_{21}} \dot{I}_2$$

再代入式（7-1）第一式，经整理后，得到

$$\dot{I}_1 = \left(Y_{12} - \frac{Y_{11}Y_{22}}{Y_{21}} \right) \dot{U}_2 + \frac{Y_{11}}{Y_{21}} \dot{I}_2$$

将以上二式写成方程形式为

$$\left. \begin{array}{l} \dot{U}_1 = A\dot{U}_2 + B(-\dot{I}_2) \\ \dot{I}_1 = C\dot{U}_2 + D(-\dot{I}_2) \end{array} \right\} \quad (7-4)$$

写成矩阵形式为

$$\begin{bmatrix} \dot{U}_1 \\ \dot{I}_1 \end{bmatrix} = \begin{bmatrix} A & B \\ C & D \end{bmatrix} \begin{bmatrix} \dot{U}_2 \\ -\dot{I}_2 \end{bmatrix} = T \begin{bmatrix} \dot{U}_2 \\ -\dot{I}_2 \end{bmatrix}$$

其中（注意右方第二项前面的负号）

$$T \stackrel{\text{def}}{=} \begin{bmatrix} A & B \\ C & D \end{bmatrix}$$

称为传输参数矩阵（T 参数矩阵）。可见，T 参数与 Y 参数的关系为

$$A = -\frac{Y_{22}}{Y_{21}}, \qquad B = -\frac{1}{Y_{21}}$$
$$C = Y_{12} - \frac{Y_{11}Y_{22}}{Y_{21}}, \quad D = -\frac{Y_{11}}{Y_{21}} \right\} \qquad (7-5)$$

传输矩阵的参数可以按照以下各式求解。

$$A = \frac{\dot{U}_1}{\dot{U}_2}\bigg|_{\dot{I}_2=0}, \quad C = \frac{\dot{I}_1}{\dot{U}_2}\bigg|_{\dot{I}_2=0} \qquad \text{（开路参数）}$$

$$B = \frac{\dot{U}_1}{(-\dot{I}_2)}\bigg|_{\dot{U}_2=0}, \quad D = \frac{\dot{I}_1}{(-\dot{I}_2)}\bigg|_{\dot{U}_2=0} \qquad \text{（短路参数）}$$

可见，A 是两个开路电压之比，无量纲；B 是短路转移阻抗，单位为 Ω；C 是开路转移导纳，单位为 S；D 是两个电流之比，无量纲。

对于互易线性二端口，因 $Y_{12} = Y_{21}$，所以有

$$AD - BC = \frac{Y_{11}Y_{22}}{Y_{21}^2} + \frac{1}{Y_{21}} \cdot \frac{Y_{12}Y_{21} - Y_{11}Y_{22}}{Y_{21}} = \frac{Y_{12}}{Y_{21}} = 1$$

此时 T 参数也只有三个是独立的。

对于对称二端口，由于有 $Y_{11} = Y_{22}$，故有 $A = D$，即只有两个 T 参数是独立的。

【例 7 - 4】　对一个直流激励作用下的二端口网络进行开路、短路实验，测得实验数据为

$$U_{1O} = 100\text{V}, \quad I_{1O} = 200\text{mA}, \quad U_{2O} = 20\text{V}（输出端开路）$$
$$U_{1S} = 24\text{V}, \quad I_{1S} = 50\text{mA}, \quad I_{2S} = 10\text{mA}（输出端短路）$$

试求该二端口的 T 参数。

解　由二端口 T 参数的物理意义可知

$$A = \frac{U_1}{U_2}\bigg|_{I_2=0} = \frac{U_{1O}}{U_{2O}} = \frac{100}{20} = 5$$

$$B = \frac{U_1}{-I_2}\bigg|_{U_2=0} = \frac{U_{1S}}{-I_{2S}} = \frac{24}{-10 \times 10^{-3}} = -2.4(\text{k}\Omega)$$

$$C = \frac{I_1}{U_2}\bigg|_{I_2=0} = \frac{I_{1O}}{U_{2O}} = \frac{200 \times 10^{-3}}{20} = 0.01(\text{S})$$

$$D = \frac{I_1}{-I_2}\bigg|_{U_2=0} = \frac{I_{1S}}{-I_{2S}} = \frac{50 \times 10^{-3}}{-10 \times 10^{-3}} = -5$$

【例 7 - 5】　已知某二端口的 Z 参数方程为

$$\dot{U}_1 = Z_{11}\dot{I}_1 + Z_{12}\dot{I}_2 \right\} \qquad (1)$$
$$\dot{U}_2 = Z_{21}\dot{I}_1 + Z_{22}\dot{I}_2 \qquad (2)$$

求其 T 参数矩阵。

解　由（2）式得

$$\dot{I}_1 = \frac{1}{Z_{21}}\dot{U}_2 + \frac{Z_{22}}{Z_{21}}(-\dot{I}_2) \qquad (3)$$

将（3）式代入（1）式得

$$\dot{U}_1 = \frac{Z_{11}}{Z_{21}}\dot{U}_2 + \frac{Z_{22}Z_{11}}{Z_{21}}(-\dot{I}_2) - Z_{12}(-\dot{I}_2) = \frac{Z_{11}}{Z_{21}}\dot{U}_2 + \frac{Z_{22}Z_{11} - Z_{12}Z_{21}}{Z_{21}}(-\dot{I}_2)$$

所以该二端口的 T 参数矩阵为

$$T = \begin{bmatrix} \dfrac{Z_{11}}{Z_{21}} & \dfrac{Z_{11}Z_{22} - Z_{12}Z_{21}}{Z_{21}} \\ \dfrac{1}{Z_{21}} & \dfrac{Z_{22}}{Z_{21}} \end{bmatrix}$$

7.2.4 H 参数及其方程

还有一套常用的描述二端口特性的参数，称为混合参数或 H 参数，其参数方程为

$$\left.\begin{array}{l} \dot{U}_1 = H_{11}\dot{I}_1 + H_{12}\dot{U}_2 \\ \dot{I}_2 = H_{21}\dot{I}_1 + H_{22}\dot{U}_2 \end{array}\right\} \tag{7-6}$$

写成矩阵形式为

$$\begin{bmatrix} \dot{U}_1 \\ \dot{I}_2 \end{bmatrix} = \begin{bmatrix} H_{11} & H_{12} \\ H_{21} & H_{22} \end{bmatrix}\begin{bmatrix} \dot{I}_1 \\ \dot{U}_2 \end{bmatrix} = H\begin{bmatrix} \dot{I}_1 \\ \dot{U}_2 \end{bmatrix}$$

其中

$$H \stackrel{\text{def}}{=\!=} \begin{bmatrix} H_{11} & H_{12} \\ H_{21} & H_{22} \end{bmatrix}$$

称为 H 参数矩阵。

在式（7-6）所示的端口方程中分别令 $\dot{I}_1=0$ 和 $\dot{U}_2=0$，即可得 H 参数的计算式为

$$H_{11} = \frac{\dot{U}_1}{\dot{I}_1}\bigg|_{\dot{U}_2=0}, \quad H_{21} = \frac{\dot{I}_2}{\dot{I}_1}\bigg|_{\dot{U}_2=0}$$

$$H_{12} = \frac{\dot{U}_1}{\dot{U}_2}\bigg|_{\dot{I}_1=0}, \quad H_{22} = \frac{\dot{I}_2}{\dot{U}_2}\bigg|_{\dot{I}_1=0}$$

由上式容易确定各 H 参数的具体含义：

H_{11} 是端口 2-$2'$ 短路时端口 1-$1'$ 的策动点阻抗；H_{21} 是端口 2-$2'$ 短路时端口 2-$2'$ 对端口 1-$1'$ 的转移电流比；H_{12} 是端口 1-$1'$ 开路时端口 1-$1'$ 对端口 2-$2'$ 的转移电压比；H_{22} 是端口 1-$1'$ 开路时端口 2-$2'$ 的策动点导纳。由于四个 H 参数的量纲不一样，故 H 参数又称为混合参数。

对于线性无源二端口（即互易二端口），独立的 H 参数的个数与独立的 Y 参数、Z 参数的个数一样也是三个。这种一致性实质上是因为二端口的各种参数之间存在着必然关系的缘故。

只需将端口 Z 参数方程或 Y 参数方程改写为 H 参数方程的形式，就可得到其与 H 参数之间的关系。

将式（7-1）中的第一个方程

$$\dot{I}_1 = Y_{11}\dot{U}_1 + Y_{12}\dot{U}_2$$

改写为

$$\dot{U}_1 = \frac{1}{Y_{11}}\dot{I}_1 + \left(-\frac{Y_{12}}{Y_{11}}\right)\dot{U}_2 \tag{7-7}$$

代入式（7-1）中的第二个方程

$$\dot{I}_2 = Y_{21}\dot{U}_1 + Y_{22}\dot{U}_2$$

可得

$$\dot{I}_2 = \frac{Y_{21}}{Y_{11}}\dot{I}_1 + \frac{Y_{11}Y_{22}-Y_{12}Y_{21}}{Y_{11}}\dot{U}_2 \tag{7-8}$$

将式（7-7）、式（7-8）与式（7-6）（H 参数方程）比较，可得

$$H_{11}=\frac{1}{Y_{11}}, \quad H_{12}=-\frac{Y_{12}}{Y_{11}}, \quad H_{21}=\frac{Y_{21}}{Y_{11}}, \quad H_{22}=\frac{Y_{11}Y_{22}-Y_{12}Y_{21}}{Y_{11}}$$

对于互易二端口，Y 参数之间满足 $Y_{12}=Y_{21}$，所以有 $H_{12}=-H_{21}$。

对于对称的二端口，Y 参数之间满足 $Y_{11}=Y_{22}$，于是有 $H_{11}H_{22}-H_{12}H_{21}=1$。即对称二端口的 H 参数也只有两个是独立的。

【例7-6】 求图7-9所示晶体管微变等效电路的 H 参数矩阵。

解 以 i_1、u_2 为自变量列 KVL 和 KCL 方程为

$$\begin{cases} u_1 = r_{be}i_1 \\ i_2 = \beta i_1 + \frac{1}{r_{ce}}u_2 \end{cases}$$

将其与 H 参数方程（7-6）相比，可得

$$H_{11}=r_{be}, \quad H_{12}=0, \quad H_{21}=\beta, \quad H_{22}=\frac{1}{r_{ce}}$$

所以晶体管微变等效电路的 H 参数矩阵为

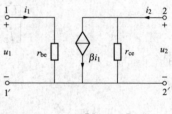

图7-9 ［例7-6］图

$$\boldsymbol{H}=\begin{bmatrix} r_{be} & 0 \\ \beta & \dfrac{1}{r_{ce}} \end{bmatrix}$$

在例7-6所求得的 H 参数矩阵中，$H_{12}\neq H_{21}$，这是因为二端口内含受控源且为单方受控使其不再是线性互易二端口的缘故。

以上讨论了二端口常用的四种参数，另外还有两种参数，分别为逆 T 参数和逆 H 参数，它们的定义和意义分别与 T 参数和 H 参数相似，这里不再介绍。二端口的 Y、Z、T、H 参数可以根据各自的参数方程相互推导出来。表7-1给出了四种参数之间的关系。

表7-1   二端口的四种参数之间的关系

	Y 参数		Z 参数		T 参数		H 参数	
Y 参数	Y_{11}	Y_{12}	$\dfrac{Z_{22}}{\Delta_Z}$	$-\dfrac{Z_{12}}{\Delta_Z}$	$\dfrac{D}{B}$	$-\dfrac{\Delta_T}{B}$	$\dfrac{1}{H_{11}}$	$-\dfrac{H_{12}}{H_{11}}$
	Y_{21}	Y_{22}	$-\dfrac{Z_{21}}{\Delta_Z}$	$\dfrac{Z_{11}}{\Delta_Z}$	$-\dfrac{1}{B}$	$\dfrac{A}{B}$	$\dfrac{H_{21}}{H_{11}}$	$\dfrac{\Delta_H}{H_{11}}$
Z 参数	$\dfrac{Y_{22}}{\Delta_Y}$	$-\dfrac{Y_{12}}{\Delta_Y}$	Z_{11}	Z_{12}	$\dfrac{A}{C}$	$\dfrac{\Delta_T}{C}$	$\dfrac{\Delta_H}{H_{22}}$	$\dfrac{H_{12}}{H_{22}}$
	$-\dfrac{Y_{21}}{\Delta_Y}$	$\dfrac{Y_{11}}{\Delta_Y}$	Z_{21}	Z_{22}	$\dfrac{1}{C}$	$\dfrac{D}{C}$	$-\dfrac{H_{21}}{H_{22}}$	$\dfrac{1}{H_{22}}$
T 参数	$-\dfrac{Y_{22}}{Y_{21}}$	$-\dfrac{1}{Y_{21}}$	$\dfrac{Z_{11}}{Z_{21}}$	$\dfrac{\Delta_Z}{Z_{21}}$	A B		$-\dfrac{\Delta_H}{H_{21}}$	$-\dfrac{H_{11}}{H_{21}}$
	$-\dfrac{\Delta_Y}{Y_{21}}$	$-\dfrac{Y_{11}}{Y_{21}}$	$\dfrac{1}{Z_{21}}$	$\dfrac{Z_{22}}{Z_{21}}$	C D		$-\dfrac{H_{22}}{H_{21}}$	$-\dfrac{1}{H_{21}}$

续表

	Y 参数	Z 参数	T 参数	H 参数
H 参数	$\dfrac{1}{Y_{11}} \quad -\dfrac{Y_{12}}{Y_{11}}$ $\dfrac{Y_{21}}{Y_{11}} \quad \dfrac{\Delta_Y}{Y_{11}}$	$\dfrac{\Delta_Z}{Z_{22}} \quad \dfrac{Z_{12}}{Z_{22}}$ $-\dfrac{Z_{21}}{Z_{22}} \quad \dfrac{1}{Z_{22}}$	$\dfrac{D}{B} \quad \dfrac{\Delta_T}{D}$ $-\dfrac{1}{D} \quad \dfrac{C}{D}$	$H_{11} \quad H_{12}$ $H_{21} \quad H_{22}$

其中

$$\Delta_Y = \begin{vmatrix} Y_{11} & Y_{12} \\ Y_{21} & Y_{22} \end{vmatrix} = Y_{11}Y_{22} - Y_{12}Y_{21}, \quad \Delta_Z = \begin{vmatrix} Z_{11} & Z_{12} \\ Z_{21} & Z_{22} \end{vmatrix} = Z_{11}Z_{22} - Z_{12}Z_{21}$$

$$\Delta_T = \begin{vmatrix} A & B \\ C & D \end{vmatrix} = AD - BC, \quad \Delta_H = \begin{vmatrix} H_{11} & H_{12} \\ H_{21} & H_{22} \end{vmatrix} = H_{11}H_{22} - H_{12}H_{21}$$

7.3 二端口的等效电路

【基本概念】

等效：对于两个单口网络 A 和 B，如果它们对外表现出相同的伏安特性，即 $u_A = f(i_A)$ 与 $u_B = f(i_B)$ 相同，则对外部而言，单口网络 A 与单口网络 B 互为等效。

互易二端口：满足互易定理的二端口，就是互易二端口。一般不含受控源的线性无源二端口都是互易二端口。

【引入】

线性无源一端口网络可以用一个阻抗（或导纳）来等效，它们的共同特点是只有一个端口电压和一个端子电流，并且电压、电流满足的关系方程是相同的。那么对于线性无源二端口，能不能找到一些简单的二端口来等效替代它，给我们的分析计算带来方便呢？这些简单二端口的结构是什么样的，参数又是如何确定的呢？

前面介绍过，对于任何复杂的由线性 R、$L(M)$、C 元件（不含受控源）构成的无源二端口网络（即互易二端口），其外部特性可以用三个独立的参数确定，那么只要找到一个由三个阻抗（或导纳）组成的简单二端口，如果这个简单二端口与给定二端口的参数分别相等，则这两个二端口的外部特性也就完全相同，即它们是等效的。

由三个阻抗（或导纳）组成的二端口只有两种形式：T 型二端口和 π 型二端口，分别如图 7-10（a）、（b）所示。

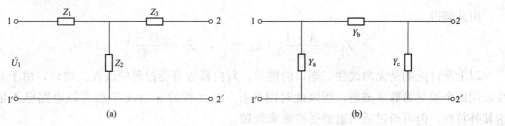

图 7-10 T 型二端口和 π 型二端口

当一个二端口的端口参数已知时，可采用两种方法来确定与该二端口等效的电路阻抗或导纳参数。

首先，由例 7-1 可知，对 π 型二端口〔图 7-10 (b)〕，其端口 Y 参数与导纳元件参数之间的关系已知为

$$Y_{11} = Y_a + Y_b, \quad Y_{12} = Y_{21} = -Y_b, \quad Y_{22} = Y_b + Y_c$$

于是可解得

$$Y_a = Y_{11} + Y_{12}, \quad Y_b = -Y_{12}, \quad Y_c = Y_{22} + Y_{12}$$

即 π 型二端口的导纳元件参数可由二端口的 Y 参数简单确定。当已知的是二端口的其他参数时，只需先由它们求得相应的 Y 参数，即可由上述关系获得等效 π 型电路。

同样，等效 T 型电路也可采用类似方法求取，只不过此时最容易确定的是 T 型电路的阻抗元件参数与 Z 参数之间的关系。实际上由例 7-2，有

$$Z_{11} = Z_1 + Z_2, \quad Z_{12} = Z_{21} = Z_2, \quad Z_{22} = Z_2 + Z_3$$

可解得

$$Z_1 = Z_{11} - Z_{12}, \quad Z_2 = Z_{12}, \quad Z_3 = Z_{22} - Z_{12}$$

当已知参数是其他形式的端口参数时，先由它们求得相应的 Z 参数，就可由上述关系求取相应的 T 型等效电路的阻抗元件参数。

除了可以借助 Y 参数和 Z 参数来分别确定相应的 π 型或 T 型等效电路外，也可采用端口方程直接建立给定端口参数与所求等效电路的元件参数之间的关系来求取等效电路。

【例 7-7】 假定已知二端口的 T 参数，求相应的 T 型等效电路。

解 先建立 T 型电路的以 T 参数表示的端口方程。例如，对图 7-11 所示电路，直接列写 Z 参数方程为

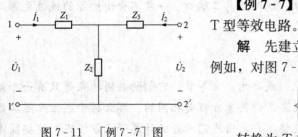

图 7-11　〔例 7-7〕图

$$\begin{cases} \dot{U}_1 = (Z_1 + Z_2)\dot{I}_1 + Z_2\dot{I}_2 \\ \dot{U}_2 = Z_2\dot{I}_1 + (Z_2 + Z_3)\dot{I}_2 \end{cases}$$

转换为 T 参数方程为

$$\begin{cases} \dot{U}_1 = \left(1 + \dfrac{Z_1}{Z_2}\right)\dot{U}_2 + \left(\dfrac{Z_1 Z_3}{Z_2} + Z_1 + Z_3\right)(-\dot{I}_2) \\ \dot{I}_1 = \dfrac{1}{Z_2}\dot{U}_2 + \left(1 + \dfrac{Z_3}{Z_2}\right)(-\dot{I}_2) \end{cases}$$

于是有

$$A = 1 + \frac{Z_1}{Z_2}, \quad B = \frac{Z_1 Z_3}{Z_2} + Z_1 + Z_3, \quad C = \frac{1}{Z_2}, \quad D = 1 + \frac{Z_3}{Z_2}$$

由此解得

$$Z_1 = \frac{A-1}{C}, \quad Z_2 = \frac{1}{C}, \quad Z_3 = \frac{D-1}{C}$$

以上所讨论的是无源线性二端口的情形。对内部含有受控源的线性二端口，由于其外特性需用四个独立参数来描述，所以此时用具有三个元件的 π 型或 T 型等效电路已不足以表达其外特性，但可通过适当追加受控源来处理。

设某内含受控源二端口的 Z 参数为已知，且有 $Z_{12} \neq Z_{21}$。为求取与该二端口等效的 T

型电路，可将以 Z 参数表示的端口方程改写为如下形式

$$\begin{cases} \dot{U}_1 = Z_{11}\dot{I}_1 + Z_{12}\dot{I}_2 \\ \dot{U}_2 = Z_{12}\dot{I}_1 + Z_{22}\dot{I}_2 + (Z_{21}-Z_{12})\dot{I}_1 \end{cases}$$

取 $Z_1 = Z_{11}-Z_{12}$，$Z_2 = Z_{12}$，$Z_3 = Z_{22}-Z_{12}$，并在输出端口用 CCVS 表示 $(Z_{21}-Z_{12})\dot{I}_1$，即可得该二端口如图 7-12（a）所示的 T 型等效电路。

同理，也可以保持第二个方程不变，对第一个方程进行改写得

$$\left. \begin{array}{l} \dot{U}_1 = Z_{11}\dot{I}_1 + Z_{21}\dot{I}_2 + (Z_{12}-Z_{21})\dot{I}_2 \\ \dot{U}_2 = Z_{21}\dot{I}_1 + Z_{22}\dot{I}_2 \end{array} \right\}$$

取 $Z_1 = Z_{11}-Z_{21}$，$Z_2 = Z_{21}$，$Z_3 = Z_{22}-Z_{21}$，并在输入端口用 CCVS 表示 $(Z_{12}-Z_{21})\dot{I}_2$，即可得该二端口如图 7-12（b）所示的 T 型等效电路。

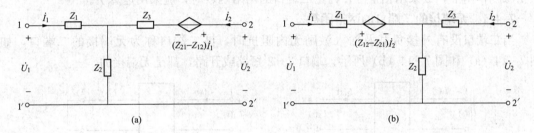

图 7-12 非互易性二端口的 T 型等效电路

如果给定的是二端口的 Y 参数，用同样的方法将 Y 参数方程改写为

$$\left. \begin{array}{l} \dot{I}_1 = Y_{11}\dot{U}_1 + Y_{12}\dot{U}_2 \\ \dot{I}_2 = Y_{12}\dot{U}_1 + Y_{22}\dot{U}_2 + (Y_{21}-Y_{12})\dot{U}_1 \end{array} \right\} \quad 或 \quad \left. \begin{array}{l} \dot{I}_1 = Y_{11}\dot{U}_1 + Y_{21}\dot{U}_2 + (Y_{12}-Y_{21})\dot{U}_2 \\ \dot{I}_2 = Y_{21}\dot{U}_1 + Y_{22}\dot{U}_2 \end{array} \right\}$$

于是可以得到图 7-13（a）或（b）所示的 π 型等效电路。

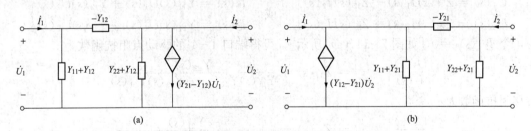

图 7-13 非互易性二端口的 π 型等效电路

7.4   二端口的网络函数和特性阻抗

【基本概念】

网络函数：线性时不变电路在单一电源的激励下，其零状态响应的象函数与激励象函数之比定义为该电路的网络函数。

驱动点函数：若激励和响应属于同一对端子，则称该零状态响应的象函数与激励象函数

之比为驱动点函数（驱动点阻抗函数或驱动点导纳函数）。

转移函数：若激励和响应不属于同一对端子，则称该零状态响应的象函数与激励象函数之比为转移函数（包括转移阻抗函数、转移导纳函数、电压转移函数和电流转移函数）。

【引入】

二端口的驱动点函数包括驱动点阻抗函数和驱动点导纳函数，转移函数包括转移阻抗函数、转移导纳函数、电压转移函数和电流转移函数四种，讨论这些网络函数时还应考虑二端口外部是否接有阻抗。下面我们就按无端接、单端接和双端接三种情况来分析二端口的网络函数和二端口的参数及端接阻抗的关系。

二端口为完成某种功能常起着耦合两部分电路的作用，这种功能往往是通过网络函数描述或指定的。因此，二端口的网络函数是一个很重要的概念。前面几节讨论的二端口都是在正弦激励作用下，故采用相量法；讨论二端口的网络函数时，应采用运算法。

7.4.1　无端接的二端口的网络函数

当二端口没有外接负载及输入激励无内阻抗时，该二端口称为无端接的二端口，如图 7 - 14（a）和图 7 - 14（b）所示，端口 $2 - 2'$ 短路或开路，都是无端接的。

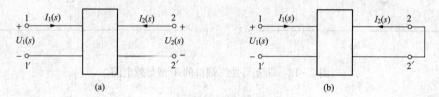

图 7 - 14　无端接的二端口

无端接的二端口的网络函数可以由参数方程得到。

如果给定的是二端口的 Z 或 Y 参数，则在参数方程

$$U_1(s) = Z_{11}(s)I_1(s) + Z_{12}(s)I_2(s) \atop U_2(s) = Z_{21}(s)I_1(s) + Z_{22}(s)I_2(s) \Bigg\} \quad 或 \quad I_1(s) = Y_{11}(s)U_1(s) + Y_{12}(s)U_2(s) \atop I_2(s) = Y_{21}(s)U_1(s) + Y_{22}(s)U_2(s) \Bigg\}$$

中，令 $I_2(s)=0$ [如图 7 - 14（a）所示]，可得端口 $1-1'$ 的驱动点阻抗函数为

$$\frac{U_1(s)}{I_1(s)}\bigg|_{I_2(s)=0} = Z_{11}(s) = \frac{Y_{22}(s)}{Y_{11}(s)Y_{22}(s) - Y_{12}(s)Y_{21}(s)}$$

转移阻抗函数为

$$\frac{U_2(s)}{I_1(s)}\bigg|_{I_2(s)=0} = Z_{21}(s) = \frac{-Y_{21}(s)}{Y_{11}(s)Y_{22}(s) - Y_{12}(s)Y_{21}(s)}$$

电压转移函数为

$$\frac{U_2(s)}{U_1(s)}\bigg|_{I_2(s)=0} = \frac{Z_{21}(s)}{Z_{11}(s)} = -\frac{Y_{21}(s)}{Y_{22}(s)}$$

若令 $U_2(s)=0$，如图 7 - 14（b）所示，则可得电流转移函数为

$$\frac{I_2(s)}{I_1(s)}\bigg|_{U_2(s)=0} = -\frac{Z_{21}(s)}{Z_{22}(s)} = \frac{Y_{21}(s)}{Y_{11}(s)}$$

转移导纳函数为

$$\frac{I_2(s)}{U_1(s)}\bigg|_{U_2(s)=0} = \frac{Z_{21}(s)}{Z_{12}(s)Z_{21}(s) - Z_{11}(s)Z_{22}(s)} = Y_{21}(s)$$

可见，无端接二端口的网络函数只与二端口本身的参数有关，即只与二端口内部的结构和元件参数有关。

7.4.2 单端接的二端口的网络函数

当二端口的输出端口接有负载阻抗 Z_L 或者输入端口接有电压源和阻抗 Z_S 的串联组合或电流源和阻抗 Z_S 的并联组合时，该二端口称为具有单端接的二端口。图 7-15 所示的电路，就是具有单端接的二端口。

如果已知图 7-15 所示二端口的 Y 参数，可以由其 Y 参数方程以及端口 $2-2'$ 右边所接阻抗的 VCR 联立得

$$
\left. \begin{array}{l}
I_1(s) = Y_{11}(s)U_1(s) + Y_{12}(s)U_2(s) \\
I_2(s) = Y_{21}(s)U_1(s) + Y_{22}(s)U_2(s) \\
U_2(s) = -Z_L I_2(s)
\end{array} \right\}
$$

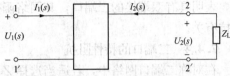

图 7-15 单端接的二端口

可以解得驱动点阻抗函数为

$$
\frac{U_1(s)}{I_1(s)} = \frac{1 + Y_{22}(s)Z_L}{Y_{11}(s) + [Y_{11}(s)Y_{22}(s) - Y_{12}(s)Y_{21}(s)]Z_L}
$$

转移导纳函数为

$$
\frac{I_2(s)}{U_1(s)} = \frac{Y_{21}(s)}{1 + Y_{22}(s)Z_L}
$$

电压转移函数为

$$
\frac{U_2(s)}{U_1(s)} = -\frac{Y_{21}(s)Z_L}{1 + Y_{22}(s)Z_L}
$$

电流转移函数为

$$
\frac{I_2(s)}{I_1(s)} = \frac{Y_{21}(s)}{Y_{11}(s) + [Y_{11}(s)Y_{22}(s) - Y_{12}(s)Y_{21}(s)]Z_L}
$$

可见，具有单端接二端口的电路，其网络函数不仅与二端口网络的参数有关，还和二端口的端接阻抗有关。

7.4.3 双端接的二端口的转移函数

当二端口的输出端口接有负载阻抗 Z_L 并且输入端口接有电压源和阻抗 Z_S 的串联组合或电流源和阻抗 Z_S 的并联组合时，该二端口称为具有双端接的二端口，如图 7-16 所示。

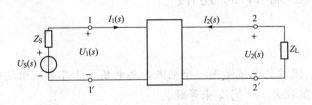

图 7-16 双端接的二端口

如果给定二端口的 T 参数，可以由其 T 参数方程、端口 $1-1'$ 左边支路以及端口 $2-2'$ 右边所接阻抗的 VCR 联立得

$$
\left. \begin{array}{l}
U_1(s) = A(s)U_2(s) + B(s)[-I_2(s)] \\
I_1(s) = C(s)U_2(s) + D(s)[-I_2(s)] \\
U_1(s) = U_S(s) - Z_S I_1(s) \\
U_2(s) = -Z_L I_2(s)
\end{array} \right\}
$$

解得源电压转移函数为

$$\frac{U_2(s)}{U_S(s)} = \frac{Z_L}{A(s)Z_L + B(s) + Z_S[C(s)Z_L + D(s)]}$$

输入阻抗为

$$Z_i(s) = \frac{U_1(s)}{I_1(s)} = \frac{A(s)Z_L + B(s)}{C(s)Z_L + D(s)}$$

输出阻抗为

$$Z_o(s) = \frac{U_2(s)}{I_2(s)} = \frac{D(s)Z_S + B(s)}{C(s)Z_S + A(s)}$$

表明具有双端接的二端口,其网络函数不仅与二端口网络的参数有关,而且与两个端接阻抗有关。

7.4.4　二端口的特性阻抗

在对称二端口网络中,若适当选择 Z_S 及 Z_L 的值,使它们满足

$$Z_i = Z_L = Z_C$$

Z_C 称为对称二端口网络的特性阻抗。对称二端口网络的特性阻抗也称为重复阻抗,如图 7 - 17 所示。

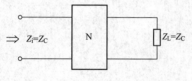

图 7 - 17　二端口的特性阻抗

对称时,特性阻抗 Z_C 满足

$$Z_C = \frac{AZ_C + B}{CZ_C + D}$$

即

$$CZ_C^2 + DZ_C = AZ_C + B$$

对称二端口的 T 参数满足

$$A = D$$

所以对称二端口的特性阻抗为

$$Z_C = \sqrt{\frac{B}{C}} \qquad (7 - 9)$$

可见,特性阻抗仅由二端口网络的本身参数确定,与负载阻抗 Z_L 和电源内阻抗 Z_S 无关。

7.5　二端口的连接

【基本概念】

　　阻抗的串联:几个阻抗首尾相接,流过的电流是同一个电流,总电压等于各串联阻抗电压之和。几个阻抗 Z_i 串联可以用一个阻抗 $Z_{eq} = \sum Z_i$ 来等效。

　　导纳的并联:几个导纳并列连接在两个节点之间,其端电压是同一个电压,总电流等于各并联导纳电流之和。几个导纳 Y_i 并联可以用一个导纳 $Y_{eq} = \sum Y_i$ 来等效。

【引入】

　　如果把一个复杂的二端口网络看成是由若干个简单的二端口按某种方式连接而成的,这将使得电路分析得到简化。另外,在设计和实现一个复杂的二端口网络时,也可用简单的二端口网络作为"积木块",把它们按一定的方式连接成具有所需特性的二端口网络。一般说来,设计简单的部分电路并加以连接要比直接设计一个复杂的整体电路容易些。因此讨论二

端口的连接问题非常重要。

二端口之间的连接方式有五种：级联、串联、并联、串并联和并串联。这里主要介绍级联、串联和并联三种基本的连接方式。

7.5.1 二端口的级联

二端口 N_1、N_2 的级联如图 7-18 所示。设两个子二端口的传输参数矩阵分别为 T_1 和 T_2，即

$$\begin{bmatrix} \dot{U}'_1 \\ \dot{I}'_1 \end{bmatrix} = T_1 \begin{bmatrix} \dot{U}'_2 \\ -\dot{I}'_2 \end{bmatrix} = \begin{bmatrix} A_1 & B_1 \\ C_1 & D_1 \end{bmatrix} \begin{bmatrix} \dot{U}'_2 \\ -\dot{I}'_2 \end{bmatrix}, \quad \begin{bmatrix} \dot{U}''_1 \\ \dot{I}''_1 \end{bmatrix} = T_2 \begin{bmatrix} \dot{U}''_2 \\ -\dot{I}''_2 \end{bmatrix} = \begin{bmatrix} A_2 & B_2 \\ C_2 & D_2 \end{bmatrix} \begin{bmatrix} \dot{U}''_2 \\ -\dot{I}''_2 \end{bmatrix}$$

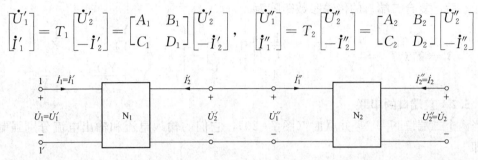

图 7-18 二端口的级联

级联时，有

$$\dot{U}_1 = \dot{U}'_1, \ \dot{U}'_2 = \dot{U}''_1, \ \dot{U}''_2 = \dot{U}_2, \ \dot{I}_1 = \dot{I}'_1, \ -\dot{I}'_2 = \dot{I}''_1, \ \dot{I}''_2 = \dot{I}_2$$

所以

$$\begin{bmatrix} \dot{U}_1 \\ \dot{I}_1 \end{bmatrix} = \begin{bmatrix} \dot{U}'_1 \\ \dot{I}'_1 \end{bmatrix} = T_1 \begin{bmatrix} \dot{U}'_2 \\ -\dot{I}'_2 \end{bmatrix} = T_1 \begin{bmatrix} \dot{U}''_1 \\ \dot{I}''_1 \end{bmatrix} = T_1 T_2 \begin{bmatrix} \dot{U}''_2 \\ -\dot{I}''_2 \end{bmatrix} = T \begin{bmatrix} \dot{U}_2 \\ -\dot{I}_2 \end{bmatrix}$$

其中，矩阵 T 为复合二端口的传输参数矩阵，它与 T_1、T_2 的关系为

$$T = T_1 T_2 = \begin{bmatrix} A_1 & B_1 \\ C_1 & D_1 \end{bmatrix} \begin{bmatrix} A_2 & B_2 \\ C_2 & D_2 \end{bmatrix} = \begin{bmatrix} A_1 A_2 + B_1 C_2 & A_1 B_2 + B_1 D_2 \\ C_1 A_2 + D_1 C_2 & C_1 B_2 + D_1 D_2 \end{bmatrix} \quad (7-10)$$

式（7-10）表明当两个二端口通过级联形成复合二端口时，复合二端口的传输参数矩阵等于各个二端口传输参数矩阵的乘积。注意：是传输参数矩阵的乘积，而不是对应参数的乘积，如

$$A = A_1 A_2 + B_1 C_2 \neq A_1 A_2$$

这一结论可以推广到 n 个二端口级联，即 n 个二端口通过级联形成复合二端口时，复合二端口的传输参数矩阵与各子二端口的传输参数矩阵的关系为

$$T = T_1 T_2 \cdots T_n = \prod_{i=1}^{n} T_i$$

【例 7-8】 求图 7-19（a）所示复合二端口的传输参数矩阵。

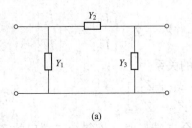

(a)

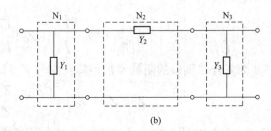

(b)

图 7-19 ［例 7-8］图

解　图 7-19（a）所示的复合二端口可以看成由三个子二端口级联而成，如图 7-19（b）所示。其中，三个子二端口的传输参数矩阵分别为

$$T_1 = \begin{bmatrix} 1 & 0 \\ Y_1 & 1 \end{bmatrix}, \quad T_2 = \begin{bmatrix} 1 & \dfrac{1}{Y_2} \\ 0 & 1 \end{bmatrix}, \quad T_3 = \begin{bmatrix} 1 & 0 \\ Y_3 & 1 \end{bmatrix}$$

级联后，复合二端口的传输参数矩阵为

$$T = T_1 T_2 T_3 = \begin{bmatrix} 1 & 0 \\ Y_1 & 1 \end{bmatrix}\begin{bmatrix} 1 & \dfrac{1}{Y_2} \\ 0 & 1 \end{bmatrix}\begin{bmatrix} 1 & 0 \\ Y_3 & 1 \end{bmatrix} = \begin{bmatrix} 1+\dfrac{Y_3}{Y_2} & \dfrac{1}{Y_2} \\ Y_1+Y_3+\dfrac{Y_1 Y_3}{Y_2} & 1+\dfrac{Y_1}{Y_2} \end{bmatrix}$$

7.5.2　二端口的串联

当两个二端口 N_1、N_2 并联时（图 7-20），它们的输入电流和输出电流分别强制为相同，即

$$\dot{I}_1 = \dot{I}_1' = \dot{I}_1'', \quad \dot{I}_2 = \dot{I}_2' = \dot{I}_2''$$

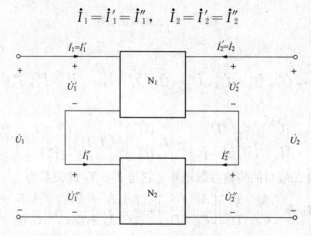

图 7-20　二端口的串联

若两个子二端口串联后仍能满足各自的端口条件，则串联后复合二端口的端口电压为

$$\dot{U}_1 = \dot{U}_1' + \dot{U}_1'', \quad \dot{U}_2 = \dot{U}_2' + \dot{U}_2''$$

设子二端口 N_1、N_2 的 Z 参数矩阵方程分别为

$$\begin{bmatrix} \dot{U}_1' \\ \dot{U}_2' \end{bmatrix} = Z_1 \begin{bmatrix} \dot{I}_1' \\ \dot{I}_2' \end{bmatrix} = \begin{bmatrix} Z_{11}' & Z_{12}' \\ Z_{21}' & Z_{22}' \end{bmatrix}\begin{bmatrix} \dot{I}_1' \\ \dot{I}_2' \end{bmatrix}, \quad \begin{bmatrix} \dot{U}_1'' \\ \dot{U}_2'' \end{bmatrix} = Z_2 \begin{bmatrix} \dot{I}_1'' \\ \dot{I}_2'' \end{bmatrix} = \begin{bmatrix} Z_{11}'' & Z_{12}'' \\ Z_{21}'' & Z_{22}'' \end{bmatrix}\begin{bmatrix} \dot{I}_1'' \\ \dot{I}_2'' \end{bmatrix}$$

则串联后应有

$$\begin{bmatrix} \dot{U}_1 \\ \dot{U}_2 \end{bmatrix} = \begin{bmatrix} \dot{U}_1' \\ \dot{U}_2' \end{bmatrix} + \begin{bmatrix} \dot{U}_1'' \\ \dot{U}_2'' \end{bmatrix} = Z_1 \begin{bmatrix} \dot{I}_1' \\ \dot{I}_2' \end{bmatrix} + Z_2 \begin{bmatrix} \dot{I}_1'' \\ \dot{I}_2'' \end{bmatrix} = (Z_1 + Z_2) \begin{bmatrix} \dot{I}_1 \\ \dot{I}_2 \end{bmatrix} = Z \begin{bmatrix} \dot{I}_1 \\ \dot{I}_2 \end{bmatrix}$$

其中，Z 为复合二端口的阻抗参数矩阵，它与 Z_1、Z_2 的关系为

$$Z = Z_1 + Z_2 = \begin{bmatrix} Z_{11}' + Z_{11}'' & Z_{12}' + Z_{12}'' \\ Z_{21}' + Z_{21}'' & Z_{22}' + Z_{22}'' \end{bmatrix} \tag{7-11}$$

式（7-11）表明，两个子二端口通过串联形成复合二端口时，该复合二端口的 Z 参数

矩阵等于各子二端口阻抗参数矩阵之和。这一结论可以推广到 n 个二端口串联，即 n 个二端口通过串联形成复合二端口时，复合二端口的阻抗参数矩阵与各子二端口的阻抗参数矩阵的关系为

$$\mathbf{Z} = \mathbf{Z}_1 + \mathbf{Z}_2 + \cdots + \mathbf{Z}_n = \sum_{i=1}^{n} \mathbf{Z}_i \tag{7-12}$$

需要强调的是，应用式（7-12）求复合二端口参数矩阵的前提是复合后两简单二端口的端口条件不被破坏，此时连接称为有效串联，否则该式不能成立，连接称为非有效串联。下面通过实例说明该前提的重要性。

【例 7-9】 求如图 7-21（a）所示两 T 型二端口 N_1、N_2 串联组成的复合二端口的 Z 参数矩阵。

解 由例 7-2 可知，二端口 N_1、N_2 的 Z 参数矩阵分别为

$$\mathbf{Z}_1 = \begin{bmatrix} Z_1' + Z_2' & Z_2' \\ Z_2' & Z_2' + Z_3' \end{bmatrix}, \quad \mathbf{Z}_2 = \begin{bmatrix} Z_1'' + Z_2'' & Z_2'' \\ Z_2'' & Z_2'' + Z_3'' \end{bmatrix}$$

$$\mathbf{Z}_1 + \mathbf{Z}_2 = \begin{bmatrix} Z_1' + Z_2' + Z_1'' + Z_2'' & Z_2' + Z_2'' \\ Z_2' + Z_2'' & Z_2' + Z_3' + Z_2'' + Z_3'' \end{bmatrix}$$

由图 7-21（b）所示等效电路可写出端口方程为

$$\dot{U}_1 = (Z_1' + Z_1'')\dot{I}_1 + (Z_2' + Z_2'')(\dot{I}_1 + \dot{I}_2) = (Z_1' + Z_2' + Z_1'' + Z_2'')\dot{I}_1 + (Z_2' + Z_2'')\dot{I}_2$$

$$\dot{U}_2 = (Z_3' + Z_3'')\dot{I}_2 + (Z_2' + Z_2'')(\dot{I}_1 + \dot{I}_2) = (Z_2' + Z_2'')\dot{I}_1 + (Z_2' + Z_3' + Z_2'' + Z_3'')\dot{I}_2$$

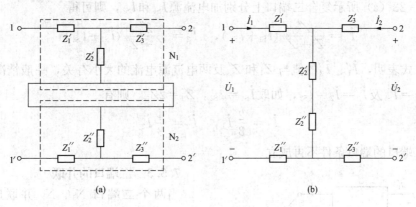

(a)　　　　　　　(b)

图 7-21 ［例 7-9］图

于是复合二端口的 Z 参数矩阵为

$$\mathbf{Z} = \begin{bmatrix} Z_1' + Z_2' + Z_1'' + Z_2'' & Z_2' + Z_2'' \\ Z_2' + Z_2'' & Z_2' + Z_3' + Z_2'' + Z_3'' \end{bmatrix} = \mathbf{Z}_1 + \mathbf{Z}_2$$

所求结果表明图示连接为有效串联。

【例 7-10】 求如图 7-22（a）所示复合二端口的 Z 参数矩阵。

解 由图 7-22（b）等效电路和例 7-2 可得复合二端口的 Z 参数矩阵为

$$\mathbf{Z} = \begin{bmatrix} Z_1' + Z_2' + Z_2'' + \dfrac{Z_1'' Z_3''}{Z_1'' + Z_3''} & Z_2' + Z_2'' + \dfrac{Z_1'' Z_3''}{Z_1'' + Z_3''} \\[2mm] Z_2' + Z_2'' + \dfrac{Z_1'' Z_3''}{Z_1'' + Z_3''} & Z_2' + Z_3' + Z_2'' + \dfrac{Z_1'' Z_3''}{Z_1'' + Z_3''} \end{bmatrix}$$

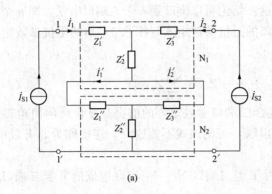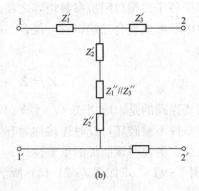

图 7 - 22   ［例 7 - 10］图

由［例 7 - 9］可知

$$\boldsymbol{Z}_1 + \boldsymbol{Z}_2 = \begin{bmatrix} Z_1' + Z_2' + Z_1'' + Z_2'' & Z_2' + Z_2'' \\ Z_2' + Z_2'' & Z_2' + Z_3' + Z_2'' + Z_3'' \end{bmatrix}$$

显然

$$\boldsymbol{Z} \neq \boldsymbol{Z}_1 + \boldsymbol{Z}_2$$

表明，图 7 - 22 （a）所示连接为非有效串联。事实上按图 7 - 22 （a）连接后，两简单二端口的端口条件已被破坏。

在图 7 - 22 （a）所示复合二端口上分别加电流源 $\dot{I}_{S1}$ 和 $\dot{I}_{S2}$，则可得

$$\dot{I}_1' = \frac{Z_3'}{Z_1' + Z_3'}(\dot{I}_{S1} + \dot{I}_{S2}), \quad \dot{I}_2' = \frac{Z_1'}{Z_1' + Z_3'}(\dot{I}_{S1} + \dot{I}_{S2})$$

以上二式表明，$\dot{I}_1'$、$\dot{I}_2'$ 的值与 Z_1' 和 Z_3' 及两电流源电流的大小有关，一般情况下，不能保证 $\dot{I}_1' = \dot{I}_1 = \dot{I}_{S1}$ 及 $\dot{I}_2' = \dot{I}_2 = \dot{I}_{S2}$，如取 $\dot{I}_{S1} = \dot{I}_{S2}$，$Z_1' = 2Z_3'$，则有

$$\dot{I}_1' = \frac{2}{3}\dot{I}_1, \quad \dot{I}_2' = \frac{4}{3}\dot{I}_2$$

此时两子二端口的端口条件不再成立。

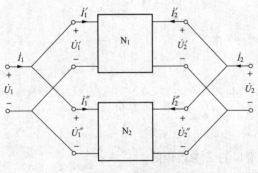

图 7 - 23 二端口的并联

7.5.3 二端口的并联

当两个二端口 N_1、N_2 并联时（图 7 - 23），它们的输入电压和输出电压分别强制为相同，即

$$\dot{U}_1 = \dot{U}_1' = \dot{U}_1'', \quad \dot{U}_2 = \dot{U}_2' = \dot{U}_2''$$

如果两个子二端口的端口条件不因并联连接而被破坏，则复合二端口的端子电流应满足

$$\dot{I}_1 = \dot{I}_1' + \dot{I}_1'', \quad \dot{I}_2 = \dot{I}_2' + \dot{I}_2''$$

设子二端口 N_1、N_2 的 $\boldsymbol{Y}$ 参数方程分别为

$$\begin{bmatrix} \dot{I}_1' \\ \dot{I}_2' \end{bmatrix} = \boldsymbol{Y}_1 \begin{bmatrix} \dot{U}_1' \\ \dot{U}_2' \end{bmatrix} = \begin{bmatrix} Y_{11}' & Y_{12}' \\ Y_{21}' & Y_{22}' \end{bmatrix} \begin{bmatrix} \dot{U}_1' \\ \dot{U}_2' \end{bmatrix}, \quad \begin{bmatrix} \dot{I}_1'' \\ \dot{I}_2'' \end{bmatrix} = \boldsymbol{Y}_2 \begin{bmatrix} \dot{U}_1'' \\ \dot{U}_2'' \end{bmatrix} = \begin{bmatrix} Y_{11}'' & Y_{12}'' \\ Y_{21}'' & Y_{22}'' \end{bmatrix} \begin{bmatrix} \dot{U}_1'' \\ \dot{U}_2'' \end{bmatrix}$$

因此

$$\begin{bmatrix} \dot{I}_1 \\ \dot{I}_2 \end{bmatrix} = \begin{bmatrix} \dot{I}'_1 \\ \dot{I}'_2 \end{bmatrix} + \begin{bmatrix} \dot{I}''_1 \\ \dot{I}''_2 \end{bmatrix} = Y_1 \begin{bmatrix} \dot{U}'_1 \\ \dot{U}'_2 \end{bmatrix} + Y_2 \begin{bmatrix} \dot{U}''_1 \\ \dot{U}''_2 \end{bmatrix} = (Y_1 + Y_2) \begin{bmatrix} \dot{U}''_1 \\ \dot{U}''_2 \end{bmatrix} = Y \begin{bmatrix} \dot{U}''_1 \\ \dot{U}''_2 \end{bmatrix}$$

其中，Y 为复合二端口的 Y 参数矩阵，它与两个子二端口 N_1、N_2 的 Y 参数方程矩阵之间的关系为

$$Y = Y_1 + Y_2 = \begin{bmatrix} Y'_{11} + Y''_{11} & Y'_{12} + Y''_{12} \\ Y'_{21} + Y''_{21} & Y'_{22} + Y''_{22} \end{bmatrix} \tag{7-13}$$

式（7-13）表明，两个二端口通过并联形成复合二端口时，复合二端口的 Y 参数矩阵等于两个子二端口的 Y 参数矩阵之和。这个结论可以推广到 n 个二端口的并联，即

$$Y = Y_1 + Y_2 + \cdots + Y_n = \sum_{i=1}^{n} Y_i$$

注意，两个二端口并联，端口条件可能会被破坏。上述结论只有在有效连接（端口条件未被破坏）时才成立。

7.6 含有二端口电路的计算

👋 【基本概念】

戴维南定理：任何线性含源一端口电路 N_S，对外电路来说，可等效为一个电压源和一个线性阻抗的串联组合。其中，电压源的电压等于一端口电路 N_S 的开路电压 $\dot{U}_{OC}$，串联的阻抗等于一端口 N 内的全部独立源置零后所得无源电路 N_0 的入端等效阻抗 Z_{eq}。

最大功率传输定理：当负载阻抗等于含源网络 N_S 的戴维南等效阻抗的共轭复数（称为"最佳匹配""共轭匹配"）时，负载阻抗将获得最大功率，此最大功率为 $P_{Lmax} = \dfrac{U_{OC}^2}{4R_{eq}}$。

一阶电路的全响应：外加激励作用于非零状态的一阶电路时，产生的响应。

👋 【引入】

对于负载来说，二端口网络及其另一个端口连接的电源，可以看作一个含源单口网络。根据戴维南定理，该含源单口网络可以用一个电压源与阻抗的串联组合（或电流源与导纳的并联组合）来等效。这样，电路的分析会得到大大的简化。现在，我们来讨论一下如何由二端口的参数矩阵来确定戴维南等效电路。当然，二端口网络也可以用简单的 T 型二端口或 π 型二端口来等效，同样也可以简化计算。

当一个二端口网络的参数给定时，它的两个端口电压、电流关系就完全确定下来了。当只讨论二端口外部电路（通常指负载）的工作情况时，二端口网络可以用简单的 T 型二端口或 π 型二端口来等效，负载以外的电路也可以看成含源一端口电路，可以用戴维南电路等效。由于二端口的 VCR 是以参数（方程）的形式给出的，所以，含有二端口电路的计算方法称为电路的参数分析法。下面通过例题来说明含有二端口电路的计算。

【例 7-11】 如图 7-24 （a）所示电路中，二端口的参数为 $Y_{11} = 0.01S$，$Y_{12} = -0.02S$，$Y_{21} = 0.03S$，$Y_{22} = 0.02S$；$\dot{U}_S = 400\angle -30°V$，$Z_S = 100\Omega$，负载阻抗为 $Z_L =$

$20\angle 30°\Omega$，试用等效电路法求$\dot U_2$。

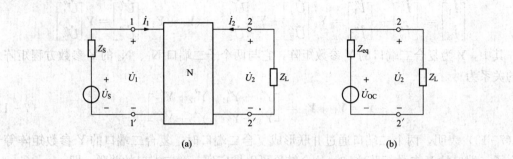

图 7 - 24　［例 7 - 11］图

解　由题目给定的 Y 参数，可以写出二端口的 Y 参数方程

$$\begin{cases} \dot I_1 = 0.01\dot U_1 - 0.02\dot U_2 & (1) \\ \dot I_2 = 0.03\dot U_1 + 0.02\dot U_2 & (2) \end{cases}$$

$$\dot U_1 = \dot U_S - Z_S\dot I_1 = \dot U_S - 100\dot I_1 \qquad (3)$$

图 7 - 24（a）的戴维南等效电路如图 7 - 24（b）所示，其中$\dot U_{OC}$是 2 - 2′开路（即$\dot I_2 = 0$）时的端口电压，由式（2）可知

$$\dot U_{OC} = \dot U_2\mid_{\dot I_2 = 0} = -1.5\dot U_1 \qquad (4)$$

将式（4）代入式（1），得

$$\dot I_1\mid_{\dot I_2 = 0} = 0.04\dot U_1 \qquad (5)$$

将式（5）代入式（3），得

$$\dot U_1\mid_{\dot I_2 = 0} = 0.2\dot U_S = 80\angle -30°(\text{V})$$

所以，开路电压

$$\dot U_{OC} = -1.5\dot U_1\mid_{\dot I_2 = 0} = -120\angle -30°(\text{V})$$

图 7 - 24（b）中的等效阻抗Z_{eq}是将独立源置零（即$\dot U_S = 0$）时，从 2 - 2′端口看进来的等效阻抗，由式（3）可知

$$\dot U_1\mid_{\dot U_S = 0} = -100\dot I_1$$

代入式（1），得

$$\dot U_2\mid_{\dot U_S = 0} = -100\dot I_1$$

可见，当$\dot U_S = 0$时

$$\dot U_1 = \dot U_2$$

将上式代入式（2），可得

$$Z_{eq} = \left.\frac{\dot U_2}{\dot I_2}\right|_{\dot U_S = 0} = 20(\Omega)$$

由此，可以求出

$$\dot U_2 = \frac{Z_L}{Z_{eq} + Z_L}\dot U_{OC} = \frac{20\angle 30°}{20 + 20\angle 30°} \times (-120\angle -30°) = -62.1\angle -15°(\text{V})$$

【例 7 - 12】 如图 7 - 25 所示为具有端
接电阻的复合二端口网络，其中

$$T_1 = \begin{bmatrix} 1 & 10\Omega \\ 0S & 1 \end{bmatrix}, \quad T_2 = \begin{bmatrix} 1 & 0\Omega \\ 0.05S & 1 \end{bmatrix}$$

试求负载电压 U_2。

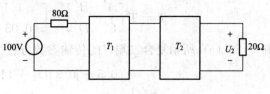

图 7 - 25　[例 7 - 12] 图

解 两个子二端口级联，构成复合二
端口的传输参数矩阵为

$$T = T_1 \cdot T_2 = \begin{bmatrix} 1 & 10 \\ 0 & 1 \end{bmatrix}\begin{bmatrix} 1 & 0 \\ 0.05 & 1 \end{bmatrix} = \begin{bmatrix} 1.5 & 10\Omega \\ 0.05S & 1 \end{bmatrix}$$

其传输参数方程为

$$\left. \begin{aligned} U_1 &= 1.5U_2 + 10(-I_2) \\ I_1 &= 0.05U_2 - I_2 \end{aligned} \right\}$$

结合两端口外部电路的 VCR 方程

$$U_1 = 100 - 80I_1$$
$$U_2 = -20I_2$$

可解得

$$U_2 = 10(\text{V})$$

【例 7 - 13】 已知图 7 - 26 （a）所示电路中，二端口网络 N 的 T 参数矩阵。

$$T' = \begin{bmatrix} A' & B' \\ C' & D' \end{bmatrix} = \begin{bmatrix} 0.5 & j25\Omega \\ j0.02S & 1 \end{bmatrix}$$

问当 Z_L 为多少时，可获最大平均功率，并求此最大功率。

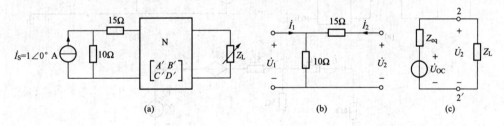

图 7 - 26　[例 7 - 13] 图

解 将图 7 - 26 （a）所示电路看成图 7 - 26 （b）所示二端口与二端口 N 的级联。
对于图 7 - 26 （b）所示二端口，结合元件的 VCR 方程及 KCL、KVL，有

$$\begin{cases} \dot{U}_1 = \dot{U}_2 + 15(-\dot{I}_2) \\ \dot{I}_1 = \dfrac{\dot{U}_1}{10} - \dot{I}_2 = 0.1\dot{U}_2 + 2.5(-\dot{I}_2) \end{cases}$$

可见，其传输参数矩阵为

$$T'' = \begin{bmatrix} 1 & 15\Omega \\ 0.1S & 2.5 \end{bmatrix}$$

由此可得，复合二端口的传输参数矩阵为

$$T = T''\begin{bmatrix} A' & B' \\ C' & D' \end{bmatrix} = \begin{bmatrix} 0.5+j0.3 & (15+j25)\Omega \\ (0.05+j0.05)S & 2.5+j2.5 \end{bmatrix}$$

图 7-26（a）所示复合二端口的传输参数方程为

$$\dot{U}_1 = (0.5+j0.3)\dot{U}_2 + (15+j25)(-\dot{I}_2) \Big\}$$
$$\dot{I}_1 = (0.05+j0.05)\dot{U}_2 + (2.5+j2.5)(-\dot{I}_2) = \dot{I}_s \Big\}$$

图 7-26（c）中的开路电压为

$$\dot{U}_{OC} = \dot{U}_2 \Big|_{\dot{I}_2=0} = \frac{1}{0.05+j0.05}\dot{I}_s = 10\sqrt{2}\angle -45°(\text{V})$$

等效阻抗为

$$Z_{eq} = \frac{\dot{U}_2}{\dot{I}_2}\Big|_{\dot{I}_s=0} = \frac{2.5+j2.5}{0.05+j0.05} = 50(\Omega)$$

由最大功率传输定理，当 $Z_L = Z_{eq}^* = 50\Omega$ 时，可获得最大平均功率为

$$P_{max} = \frac{U_{OC}^2}{4\text{Re}[Z_{eq}]} = \frac{(10\sqrt{2})^2}{4\times 50} = 1(\text{W})$$

【例 7-14】　图 7-27（a）所示电路中，N 为不含独立电源的二端口网络，其 Z 参数矩阵 $Z = \begin{bmatrix} 12 & 5 \\ 8 & 10 \end{bmatrix}$。求该单口网络的戴维南等效电路及其对外可能供出的最大功率 P_{max}。

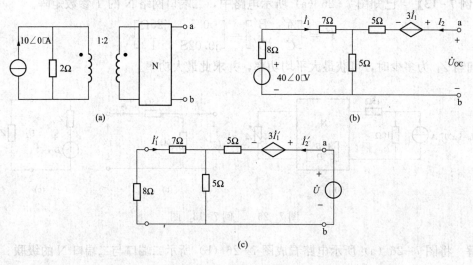

图 7-27　[例 7-14] 图

解　将二端口网络等效成 T 型电路，Z 参数不对称，等效电路包含有受控电压源，控制系数为

$$r = Z_{21} - Z_{12} = 8-5 = 3(\Omega), \quad Z_1 = Z_{11} - Z_{12} = 12-5 = 7(\Omega)$$
$$Z_2 = Z_{12} = 5(\Omega), \quad Z_3 = Z_{22} - Z_{12} = 10-5 = 5(\Omega)$$

再将电流源与电阻的并联等效成电压源与电阻的串联，然后等效到变压器右边，电路如图 7-27（b）所示，其中

$$\dot{I}_1 = \frac{40\angle 0°}{7+5+8} = 2\angle 0°(\text{A})$$

$$\dot{U}_{OC} = 3\dot{I}_1 + 5\dot{I}_1 = 8\dot{I}_1 = 16\angle 0°(V)$$

用加压求流法计算等效电阻，如图 7 - 27（c）所示：

$$\dot{U} = 3\dot{I}'_1 + 5\dot{I}'_2 + \frac{15}{4}\dot{I}'_2 = 8\dot{I}'_1 + \frac{35}{4}\dot{I}'_2$$

$$\dot{I}'_1 = -\frac{5}{7+5+8}\dot{I}'_2 = -\frac{1}{4}\dot{I}'_2$$

$$\dot{U} = -\frac{3}{4}\dot{I}'_2 + \frac{35}{4}\dot{I}'_2 = 8\dot{I}'_2$$

$$Z_{eq} = \frac{\dot{U}}{\dot{I}'_2} = 8(\Omega)$$

由此可知，该单口网络可向外提供的最大功率为

$$P_{max} = \frac{U_{OC}^2}{4R_{eq}} = \frac{16^2}{4\times 8} = 8(W)$$

【例 7 - 15】 电路如图 7 - 28 所示，N
不含独立电源，$Z = \begin{bmatrix} 25 & 20 \\ 20 & 20 \end{bmatrix}\Omega$，原电路已
处于稳态，若 $t=0$ 时闭合 S，求 $t>0$ 时的
$u_C(t)$。

图 7 - 28　［例 7 - 15］图

解　设 N 的端口电压、电流的参考方向
如图 7 - 28 所示，则 Z 参数方程为

$$u_1 = 25i_1 + 20i_2, \quad u_2 = 20i_1 + 20i_2$$

$t<0$ 时，开关 S 断开，电路处于稳态，电容开路，$i_2=0$，则

$$u_1 = 25i_1, \quad u_2 = 20i_1$$

又有

$$u_1 = 12 - 5i_1$$

联立求解得

$$u_2 = 8(V)$$

即

$$u_C(0_-)=8(V)$$

$t>0$ 时开关 S 闭合，有

$$u_C(0_+) = u_C(0_-) = 8V, \quad u_C(\infty) = 0$$

从 2 - 2′ 向左看，得输入电阻

$$R_0 = \frac{u_2}{i_2}\bigg|_{u_1=0} = 4(\Omega)$$

又因

$$\tau = R_0 C = 4\times 0.5 = 2 \ (s)$$

则

$$u_C(t) = 8e^{-0.5t} \ (V) \qquad (t\geq 0)$$

【例 7 - 16】 已知图 7 - 29（a）所示电路中，二端口网络 N 的传输参数矩阵为 $T =$
$\begin{bmatrix} 1.5 & 2.5\Omega \\ 0.5S & 1.5 \end{bmatrix}$，$t=0$ 时闭合开关 S。求零状态响应 $i_C(t)$。

解　将二端口网络用 T 型等效电路代替，如图 7 - 29（b）所示，其传输参数为

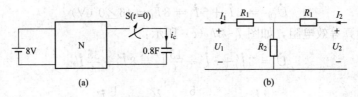

图 7 - 29　［例 7 - 16］图

$$A = \frac{U_1}{U_2}\bigg|_{I_2=0} = \frac{R_1+R_2}{R_2} = 1.5, \quad C = \frac{I_1}{U_2}\bigg|_{I_2=0} = \frac{1}{R_2} = 0.5$$

$$B = \frac{U_1}{-I_2}\bigg|_{U_2=0} = \frac{R_1(R_2+R_1)+R_2R_1}{R_2} = 2.5, \quad D = \frac{I_1}{-I_2}\bigg|_{U_2=0} = \frac{R_2+R_1}{R_2} = 1.5$$

系数比较，得 $R_1 = 1$（Ω），$R_2 = 2$（Ω）。

由三要素法得

$$u_C(0_+) = u_C(0_-) = 0$$

$$u_C(\infty) = \frac{2}{1+2} \times 8 = \frac{16}{3}(\text{V})$$

$$\tau = R_{eq}C = \left(\frac{1 \times 2}{1+2} + 1\right) \times 0.8 = \frac{4}{3}(\text{s})$$

$$u_C(t) = u_C(\infty) + [u_C(0_+) - u_C(\infty)]e^{-\frac{t}{\tau}} = \frac{16}{3}(1 - e^{-\frac{3}{4}t})\text{V} \quad (t \geqslant 0)$$

$$i_C(t) = C\frac{\mathrm{d}u_C(t)}{\mathrm{d}t} = \frac{16}{5}e^{-\frac{3}{4}t}(\text{A}) \quad (t > 0)$$

7.7　实际应用举例——回转器和负阻抗变换器

作为二端口元件，除了前面学习的理想变压器之外，常用的还有回转器和负阻抗变换器。

7.7.1　回转器

回转器是一种线性非互易性二端口元件。理想回转器的电路符号如图 7 - 30 所示。它的端口电压、电流关系方程为

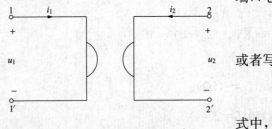

$$\left.\begin{array}{l} u_1 = -ri_2 \\ u_2 = ri_1 \end{array}\right\} \quad (7 - 14)$$

或者写为

$$\left.\begin{array}{l} i_1 = gu_2 \\ i_2 = -gu_1 \end{array}\right\} \quad (7 - 15)$$

式中，r 和 g 分别具有电阻和电导的量纲。它们分别称为回转电阻和回转电导，简称回转常数。

图 7 - 30　回转器

把回转器的端口电压、电流方程用矩阵形式表示，即

$$\begin{bmatrix} u_1 \\ u_2 \end{bmatrix} = \begin{bmatrix} 0 & -r \\ r & 0 \end{bmatrix}\begin{bmatrix} i_1 \\ i_2 \end{bmatrix}$$

或

$$\begin{bmatrix} i_1 \\ i_2 \end{bmatrix} = \begin{bmatrix} 0 & g \\ -g & 0 \end{bmatrix} \begin{bmatrix} u_1 \\ u_2 \end{bmatrix}$$

由此可得,回转器的 Z 参数矩阵和 Y 参数矩阵分别为

$$\boldsymbol{Z} = \begin{bmatrix} 0 & -r \\ r & 0 \end{bmatrix}, \quad \boldsymbol{Y} = \begin{bmatrix} 0 & g \\ -g & 0 \end{bmatrix}$$

根据理想回转器的端口方程,即式 (7-14),可知其瞬时功率为 $u_1 i_1 + u_2 i_2 = -r i_1 i_2 + r i_1 i_2 = 0$。可见,理想回转器既不消耗能量又不发出能量,它是一个无源线性元件。而在其 Z 参数矩阵和 Y 参数矩阵中,$Z_{12} \neq Z_{21}$,$Y_{12} \neq Y_{21}$,所以理想回转器是一种非互易性元件。

回转器的一个重要用途是把电容"回转"成电感或把电感"回转"成电容。在微电子器件中,为用易于集成的电容实现难于集成的电感提供了可能性。

若在端口 $2-2'$ 接电容 C (图 7-31),根据回转器的端口方程,有

$$u_1 = -r i_2 \qquad (7-16)$$

将电容元件的伏安关系

$$i_2 = -C \frac{\mathrm{d} u_2}{\mathrm{d} t}$$

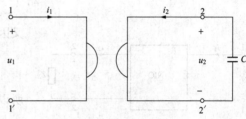

图 7-31 电感的实现

代入式 (7-16) 得

$$u_1 = -r \left(-C \frac{\mathrm{d} u_2}{\mathrm{d} t} \right) = rC \frac{\mathrm{d} u_2}{\mathrm{d} t} = rC \frac{\mathrm{d}}{\mathrm{d} t}(r i_1) = r^2 C \frac{\mathrm{d} i_1}{\mathrm{d} t}$$

即

$$u_1 = r^2 C \frac{\mathrm{d} i_1}{\mathrm{d} t}$$

与电感元件的伏安关系式为

$$u_L = L \frac{\mathrm{d} i_L}{\mathrm{d} t}$$

作比较可知,从端口 $1-1'$ 看进去为一个电感,其值为 $r^2 C$。

如果设 $C = 1\mu F$,$r = 50k\Omega$,则 $L = 2500H$。换言之,回转器可以把 $1\mu F$ 的电容回转成 $2500H$ 的电感。

7.7.2 负阻抗变换器

负阻抗变换器 (Negative Impedance Converter,NIC) 也是一种二端口网络元件。其电路符号如图 7-32 所示。

它的端口电压、电流关系方程为

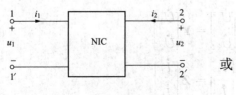

图 7-32 负阻抗变换器

$$\left. \begin{aligned} u_1 &= u_2 \\ i_1 &= k i_2 \end{aligned} \right\} \qquad (7-17)$$

或

$$\left. \begin{aligned} u_1 &= -k u_2 \\ i_1 &= -i_2 \end{aligned} \right\} \qquad (7-18)$$

式中,k 为正实常数。

由式 (7-17) 可以看出,输出电压 u_1 经传输后变为 u_2,但 $u_1 = u_2$,电压的大小没有改

变，由电路图可知其方向也没有改变；电流 i_1 经传输后，大小变为 $\dfrac{i_1}{k}$，同时改变了方向。所以按照此端口电压电流方程定义的 NIC 称为电流反向型的 NIC。

由式（7-18）可以看出，输出电压 u_1 经传输后，大小变为 $\dfrac{u_1}{k}$，同时改变了方向；但电流却不改变方向。所以按照此端口电压电流方程定义的 NIC 称为电压反向型的 NIC。

下面说明 NIC 的负阻抗变换特性。

设图 7-33 所示电路中的 NIC 为电流反向型。在端口 2-2′ 接上阻抗 Z_2，从端口 1-1′ 看进去的输入阻抗为

$$Z_1 = \frac{\dot{U}_1}{\dot{I}_1} = \frac{\dot{U}_2}{k\dot{I}_2}$$

又因为在图 7-33 所示参考方向下有

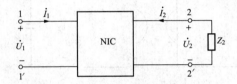

$$Z_2 = -\frac{\dot{U}_2}{\dot{I}_2}$$

所以

$$Z_1 = -\frac{Z_2}{k}$$

图 7-33　负阻抗的实现

可见此二端口可以一个正阻抗变为负阻抗。

即当端口 2-2′ 接上电阻 R、电感 L 或电容 C 时，在端口 1-1′ 将变为 $-\dfrac{1}{k}R$、$-\dfrac{1}{k}L$ 或 $-kC$。

负阻抗变换器为电路设计中实现负电阻 R、电感 L 或电容 C 提供了可能性。

小　结

本章主要介绍了描述二端口网络端口特性的参数矩阵、二端口的等效电路、二端口的连接、含有二端口电路的计算，最后介绍了两种常见的二端口元件——回转器和负阻抗变换器，具体内容总结如下。

1. 二端口概念及其参数矩阵

满足一定端口条件（图 7-1 中，满足 $i'_1 = i_1$，$i'_2 = i_2$）的四端网络称为二端口（网络）。

二端口网络有两个端口电压变量和两个端口电流变量，无源线性二端口网络四个变量中任意两个变量可用另两个变量线性表示，共有六种表示方法。本章仅介绍 Z 参数、Y 参数、T 参数和 H 参数四种，其对应的参数方程如下：

$$\begin{bmatrix} \dot{I}_1 \\ \dot{I}_2 \end{bmatrix} = \begin{bmatrix} Y_{11} & Y_{12} \\ Y_{21} & Y_{22} \end{bmatrix} \begin{bmatrix} \dot{U}_1 \\ \dot{U}_2 \end{bmatrix} = \boldsymbol{Y} \begin{bmatrix} \dot{U}_1 \\ \dot{U}_2 \end{bmatrix}$$

$$\begin{bmatrix} \dot{U}_1 \\ \dot{U}_2 \end{bmatrix} = \begin{bmatrix} Z_{11} & Z_{12} \\ Z_{21} & Z_{22} \end{bmatrix} \begin{bmatrix} \dot{I}_1 \\ \dot{I}_2 \end{bmatrix} = \boldsymbol{Z} \begin{bmatrix} \dot{I}_1 \\ \dot{I}_2 \end{bmatrix}$$

$$\begin{bmatrix} \dot{U}_1 \\ \dot{I}_1 \end{bmatrix} = \begin{bmatrix} A & B \\ C & D \end{bmatrix} \begin{bmatrix} \dot{U}_2 \\ -\dot{I}_2 \end{bmatrix} = \boldsymbol{T} \begin{bmatrix} \dot{U}_2 \\ -\dot{I}_2 \end{bmatrix}$$

$$\begin{bmatrix} \dot{U}_1 \\ \dot{I}_2 \end{bmatrix} = \begin{bmatrix} H_{11} & H_{12} \\ H_{21} & H_{22} \end{bmatrix} \begin{bmatrix} \dot{I}_1 \\ \dot{U}_2 \end{bmatrix} = \boldsymbol{H} \begin{bmatrix} \dot{I}_1 \\ \dot{U}_2 \end{bmatrix}$$

各种参数之间一般情况下可以相互转换，特殊情况下，少数二端口网络可能不存在一种或几种参数。

二端口网络参数的计算有两种方法：按定义来计算，需要单独计算四次；或直接列网络方程来计算。

2. 二端口的等效电路

最简单的等效电路有两种：T 型等效电路和 π 型等效电路。为了应用方便，二端口网络根据不同参数有相应的等效电路。

互易二端口可以用一个由三个阻抗（或导纳）组成的 T 型或 π 型二端口来等效，由已知的参数矩阵来确定这三个阻抗（或导纳）的具体数值。对于非互易性的二端口，可以通过在简单的 T 型或 π 型二端口的基础上适当追加受控源来处理。

3. 二端口的连接

二端口的连接方式有很多，本章主要介绍了三种基本的连接方式。

级联：两个二端口以级联的方式连接时，T 参数满足 $\boldsymbol{T}=\boldsymbol{T}_1\boldsymbol{T}_2$；

并联：两个二端口以并联的方式连接时，Y 参数满足 $\boldsymbol{Y}=\boldsymbol{Y}_1+\boldsymbol{Y}_2$；

串联：两个二端口以串联的方式连接时，Z 参数满足 $\boldsymbol{Z}=\boldsymbol{Z}_1+\boldsymbol{Z}_2$。

注意：在并联和串联时，二端口的端口条件容易被破坏，此时上述参数关系不再成立。

4. 含有二端口电路的计算

含有二端口电路的计算一般采用参数分析法，即首先通过给定的二端口参数列出参数方程或者求出二端口的最简等效电路，然后按照稳态电路或者暂态电路的分析方法列解方程，分析电路。

5. 回转器和负阻抗变换器

回转器是一种线性非互易性的二端口元件，它可以把电容元件回转为电感元件。回转器不消耗能量。负阻抗变换器具有把一个正阻抗变换为负阻抗的能力，这为实现负电阻提供了可能。

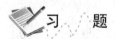 习　　题

7-1　电路如图 7-34 所示，试求二端口的 Y 参数、Z 参数和 T 参数。

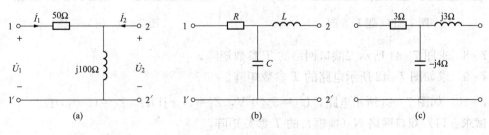

图 7-34　题 7-1 图

7-2　电路如图7-35所示，试求二端口的Y参数、Z参数和T参数。

7-3　求图7-36所示二端口网络的Z参数矩阵。

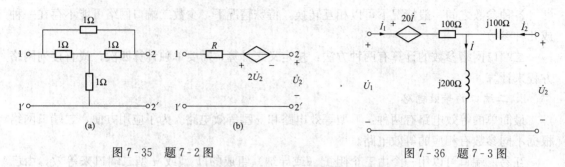

图7-35　题7-2图　　　　　　　　　　　图7-36　题7-3图

7-4　求图7-37所示二端口网络的Z参数矩阵和Y参数矩阵。

7-5　求图7-38所示二端口网络的Z参数矩阵和Y参数矩阵。

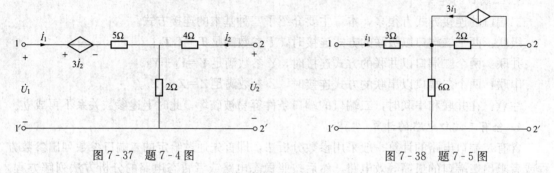

图7-37　题7-4图　　　　　　　　　　　图7-38　题7-5图

7-6　求图7-39所示二端口网络的Z参数矩阵。

7-7　如图7-40所示电路，是由理想变压器（变比为n）及电阻R_1和R_2组成二端口网络。试求此二端口网络的Y参数矩阵。

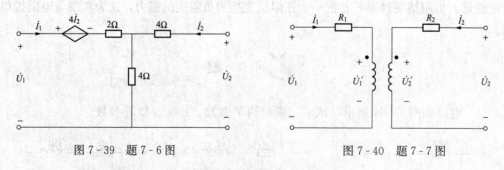

图7-39　题7-6图　　　　　　　　　　　图7-40　题7-7图

7-8　求图7-41所示二端口网络的T参数矩阵。

7-9　求如图7-42所示电路的T参数矩阵。

7-10　如图7-43所示电路，$\dot{U}_S = 5\angle 0° \text{V}$，$Z_1 = (1+\text{j}1)\Omega$，$Z_2 = (5+\text{j}5)\Omega$。

试求：(1)双口网络N（虚框）的T参数矩阵。

(2)求$2-2'$端的戴维南等效电路。

(3)Z_L获得最大功率的条件。

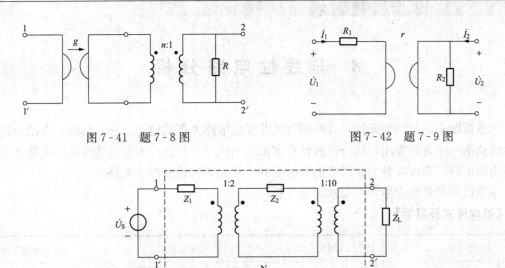

图 7 - 41　题 7 - 8 图　　　　　　　　　　图 7 - 42　题 7 - 9 图

图 7 - 43　题 7 - 10 图

7 - 11　如图 7 - 44 所示电路中，直流电源 $U_S = 10\text{V}$，网络 N 的传输参数矩阵为 $\boldsymbol{T} = \begin{bmatrix} 2 & 10\Omega \\ 0.1\text{S} & 1 \end{bmatrix}$，$t < 0$ 时电路处于稳态，$t = 0$ 时开关 S 由 a 倒向 b。求 $t > 0$ 时的响应 $u(t)$。

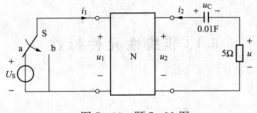

图 7 - 44　题 7 - 11 图

8 非线性电路分析

本章简要介绍非线性元件，并举例说明非线性电路方程的建立方法。同时，介绍分析非线性电路的一些常用方法，如分段线性化方法和小信号分析法。不论是线性电阻电路还是非线性电阻电路，都可以分为非时变的和时变的。在此只讨论非时变电路。

本章以掌握概念为主，不要求定量分析。

【教学要求及目标】

知识要点	目标与要求	相关知识	掌握程度评价
非线性电阻	理解概念	电阻的特性	
非线性电容和电感	理解概念	电容和电感的特性	
分段线性化	理解概念	线性电路分析方法	
小信号分析	理解概念	偏置电压和输入电压的关系	
混沌	理解概念	非周期运动、随机运动	

8.1 非线性元件特性

【基本概念】

线性电阻的特性：伏安关系满足欧姆定律，即 $R = \dfrac{U}{I}$，单位是欧姆（Ω）。

线性电容元件：伏安关系为 $i_C(t) = C\dfrac{\mathrm{d}u_C(t)}{\mathrm{d}t}$。

线性电感元件：伏安关系为 $u_L(t) = L\dfrac{\mathrm{d}i_L(t)}{\mathrm{d}t}$。

线性元件：电流的大小会随电压的变大而变大，用坐标图表示 $U\text{-}I$ 是一条过原点的直线。

非时变：阻值不会随时间的变化而产生变化。

【引入】

在工程实际中，常见的电子电路除了有线性元件组成的线性电路外，还有很多非线性元件所组成的非线性电路。例如，避雷器的非线性特性表现在高电压下电阻值变小，此性质被用来保护雷电下的电工设备；铁心线圈的非线性由磁场的磁饱和引起，此性质被用来制造直流电流互感器。非线性电路的研究和其他学科的非线性问题的研究相互促进。20 世纪 20 年代，荷兰人 B. 范德坡尔描述电子管振荡电路的方程成为研究混沌的先声。非线性元件电路是指由非线性元件构成的电路，如线圈、电容等构成的 LR、CR、LC、LCR 电路等，这些可构成微分电路或积分电路，这就是非线性电路。

8.1.1 非线性电阻元件

不满足线性定义的电阻元件，便称为非线性电阻元件。非线性电阻元件也有非时变和时变之分，本章只简单介绍非时变的非线性电阻元件。也就是说，如果电阻元件的阻值与加在其上的电压或流过其中的电流有关，就称该元件为非线性电阻元件。含有非线性元件的电路称为非线性电路。

一切实际电路严格来说都是非线性的，但在工程计算中往往可以不考虑元件的非线性，从而认为它们是线性的。特别是对于那些非线性程度比较弱的电路元件，这样处理不会带来本质上的差异，从而简化了电路分析。但是，仍有许多非线性元件的非线性特征不容忽视，否则就将无法解释电路中发生的现象，所以非线性电路的研究有着重要的意义。下面以常见的非线性元件为例说明非线性元件的性质。

线性电阻元件的伏安特性可用欧姆定律来表示，即 $u=Ri$，在 $u\text{-}i$ 平面上它是通过坐标原点的一条直线。非线性电阻元件的电压电流关系不满足欧姆定律，而是遵循某种特定的非线性函数关系。非线性电阻在电路中的符号如图 8-1（a）所示（为了使问题简化，这里仅考虑 $u>0$ 和 $i>0$ 的情况）。

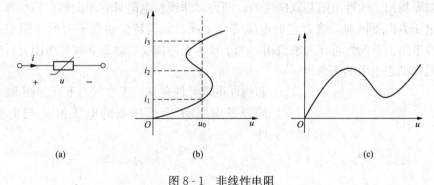

图 8-1　非线性电阻

若非线性电阻元件两端的电压是其电流的单值函数，这种电阻就称为电流控制型电阻，它的伏安特性函数关系为

$$u = f(i) \tag{8-1}$$

其典型的伏安特性曲线如图 8-1（b）所示。由特性曲线可以看出：对于每一个电流值 i，有且只有一个电压 u 与之相对应；而对于某一电压值，与之对应的电流可能是多值的。例如，$u=u_0$ 时，就有 i_1、i_2 和 i_3 3 个不同的值与之对应。某些充气二极管就具有这样的特性。

若通过非线性电阻元件中的电流是其两端电压的单值函数，则这种电阻就称为电压控制型电阻，它的伏安特性函数关系为

$$i = g(u) \tag{8-2}$$

其典型的伏安特性曲线如图 8-1（c）所示。由特性曲线可以看出：对于某一电流值，与之对应的电压可能是多值的。但是对于每一个电压值 u，有且只有一个电流值 i 与之对应。隧道二极管就具有这样的伏安特性。

从图 8-1（b）和图 8-1（c）中还可以看出，上述两种伏安特性曲线都具有一段下倾的

线段。也就是说在这一段范围内电流随着电压的增长反而下降。

另一种非线性电阻属于"单调型"，其伏安特性是单调增长或单调下降的，它是电流控制同时又是电压控制的。这一类非线性电阻以 PN 结二极管最为典型，其伏安特性可用下列函数式表示：

$$i = I_S(e^{\frac{qu}{kT}} - 1) \tag{8-3}$$

式中，I_S 为一常数，称为反向饱和电流；q 是电子的电荷（1.6×10^{-19} C）；k 是玻耳兹曼常数（1.38×10^{-23} J/K）；T 为热力学温度。在 $T=300$ K（室温下）时

$$\frac{q}{kT} = 40(\text{J/C})^{-1} = 40(\text{V}^{-1})$$

因此

$$i = I_S(e^{40u} - 1)$$

从式（8-3）可求得

$$u = \frac{kT}{q} \ln\left(\frac{1}{I_S}i + 1\right)$$

上式表明，非线性电阻电压可用电流的单值函数来表示。图 8-2 定性表示出了 PN 结二极管的伏安特性曲线。

特别需要指出，线性电阻是双向性的，而许多非线性电阻具有单向性。当加在非线性电阻两端的电压方向不同时，流过它的电流完全不同，故其特性曲线不对称于原点。在工程上，非线性电阻的单向性可作为整流用。为了计算上的需要，对于非线性电阻元件有时引用非线性电阻和动态电阻的概念。

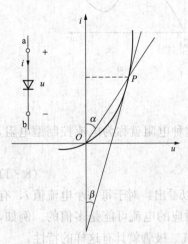

非线性电阻元件在某一工作状态下（如图 8-2 中的 P 点）的静态电阻 R 等于该点的电压值 u 与电流值 i 之比，即

$$R = \frac{u}{i}$$

显然 P 点的静态电阻正比于 $\tan\alpha$。

非线性电阻元件在某一工作状态下（如图 8-2 中的 P 点）的动态电阻 R_d 等于该点的电压值 u 与电流值 i 的导数值，即

$$R_d = \frac{du}{di}$$

显然 P 点的动态电阻正比于 $\tan\beta$。

图 8-2 PN 结二极管的伏安特性

这里特别要说明的是，对于图 8-1（b）、（c）中所示伏安特性曲线的下倾段，其动态电阻为负值，因此具有负电阻的性质。

【例 8-1】   设有一个非线性电阻，其伏安特性表达式为：$u=f(i)=100i+i^3$。试分别求出 $i_1=2$ A，$i_2=2\sin314t$ A，$i_3=10$ A 时对应电压 u_1、u_2、u_3 的值。若设 $u_{12}=f(i_1+i_2)$，试问 u_{12} 是否等于 u_1+u_2？如果忽略式中 i^3，即把此电阻作为 100Ω 的线性电阻，当 $i_3=10$ mA 时，由此产生的误差有多大？

解 当 $i_1=2$ A 时 $u_1=f(i_1)=100 \times 2 + 2^3 = 208$（V）

当 $i_2 = 2\sin314t\,\text{A}$ 时　　$u_2 = f(i_2) = (100 \times 2\sin314t + 2^3\sin^3314t)\text{V}$

利用三角恒等式 $\sin3\theta = 3\sin\theta - 4\sin^3\theta$，得

$$u_2 = 200\sin314t + 6\sin314t - 2\sin942t$$
$$= (206\sin314t - 2\sin942t)\text{V}$$

当 $i_3 = 10\text{A}$ 时

$$u_3 = 100 \times 10 + 10^3 = 2000(\text{V})$$
$$u_{12} = 100(i_1 + i_2) + (i_1 + i_2)^3$$
$$= 100(i_1 + i_2) + (i_1^3 + i_2^3) + (i_1 + i_2) \times 3i_1i_2$$
$$= u_1 + u_2 + (i_1 + i_2) \times 3i_1i_2$$

则

$$u_{12} \neq u_1 + u_2$$

当 $i_3 = 10\text{mA}$ 时，得

$$u = 100 \times 10 \times 10^{-3} + (10 \times 10^{-3})^3 = (1 + 10^{-6})\text{V}$$

可见，如果将这个电阻作为 100Ω 的线性电阻，则误差为 0.0001%。

从以上的分析可以看出非线性电阻的一些特点，例如：①叠加定理不适用于非线性电阻，利用非线性电阻可以产生频率不同于输入频率的输出（这种作用称为倍频）；②输入信号很小时，把非线性电阻作为线性电阻来处理，产生的误差并不是很大。

8.1.2　非线性电容元件和非线性电感元件

线性电容是一个二端储能元件，其两端电压与电荷的关系是用函数或库伏特性表示的。如果一个电容元件的库伏特性不是一条通过坐标原点的直线，这种电容就是非线性电容。非线性电容的电路符号和 $q\text{-}u$ 特性曲线如图 8-3 所示。

如果一个非线性电容元件的电荷、电压关系可表示

$$q = f(u)$$

即电荷可以用电压的单值函数来表示，则此电容称为电压控制的电容。

如果电荷、电压关系式可表示为

$$u = h(q)$$

即电压可以用电荷的单值函数来表示，则此电容称为电荷控制的电容。

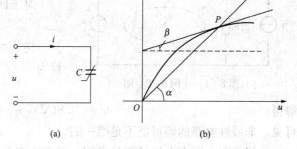

图 8-3　非线性电容及 $q\text{-}u$ 特性曲线

非线性电容也可以是单调型的，即其库伏特性在 $q\text{-}u$ 平面上是单调增长或单调下降的。

为了计算的需要，引用静态电容 C 和动态电容 C_d 的概念，它们的定义分别为

$$C = \frac{q}{u}$$

$$C_d = \frac{\mathrm{d}q}{\mathrm{d}u}$$

显然，在图 8-3（b）中 P 点的静态电容 C 正比于 $\tan\alpha$，P 点的动态电容 C_d 正比于 $\tan\beta$。

8.2　非线性电路的方程

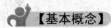【基本概念】

基尔霍夫电流定律（KCL）指出："在集总参数电路中，任意时刻，对于任意节点，所有流出节点的支路电流的代数和恒等于零"。方程描述为 $\sum i = 0$。

基尔霍夫电压定律（KVL）指出："在集总参数电路中，任意时刻，沿任一回路，所有支路电压代数和恒等于零。"方程描述为 $\sum u = 0$。

基尔霍夫定律不仅适用于线性电路，而且适用于非线性电路。

【引入】

原来分析线性电路时，通常是根据具体的电路图列写方程来分析计算，即数学建模过程。现在，对于非线性电路，分析时依然可以根据电路图来列写方程，只是方程相应的变化为非线性方程组而已。

在电路的分析与计算中，由于基尔霍夫定律对于线性电路和非线性电路均适用，所以线性电路方程与非线性电路方程的差别仅由于元件特性的不同而引起。对于非线性电阻电路列出的方程是一组非线性代数方程，而对于含有非线性储能元件的动态电路列出的方程是一组非线性微分方程。下面通过两个实例说明上述概念。

【例 8-2】　电路如图 8-4 所示，已知 $R_1 = 3\Omega$，$R_2 = 2\Omega$，$u_S = 10V$，$i_S = 1A$，非线性电阻的特性是电压控制型的，$i = u^2 + u$，试求 u。

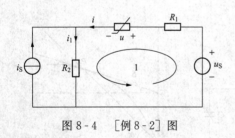

图 8-4　[例 8-2] 图

解　应用 KCL 有

$$i_1 = i_S + i$$

对于回路 1 应用 KVL，有

$$R_1 i + R_2 i_1 + u = u_S$$

将 $i_1 = i_S + i$，$i = u^2 + u$ 代入上式，得电路方程为

$$5u^2 + 6u - 8 = 0$$

解得

$$u' = 0.8(V)，u'' = -2(V)$$

可见，非线性电路的解可能不是唯一的。

如果电路中既有电压控制的电阻，又有电流控制的电阻，建立方程的过程就比较复杂。

对于含有非线性动态元件的电路，通常选择非线性电感的磁通链和非线性电容的电荷作为电路的状态变量，根据 KCL、KVL 列写的方程是一组非线性微分方程。

【例 8-3】　含非线性电容的电路如图 8-5 所示，其中非线性电容的库伏特性为 $u = 0.5kq^2$，试以 q 为电路变量写出微分方程。

解　以电容电荷 q 为电路变量，有

$$i_C = \frac{dq}{dt}$$

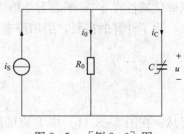

图 8-5　[例 8-3] 图

$$i_0 = \frac{u}{R_0} = \frac{0.5kq^2}{R_0}$$

应用 KCL，有

$$i_C + i_0 = i_S$$

因此，得一阶非线性微分方程为

$$\frac{\mathrm{d}q}{\mathrm{d}t} = -\frac{0.5kq^2}{R_0} + i_S$$

列写具有多个非线性储能元件电路的状态方程比线性电路更为复杂和困难。

非线性代数方程和非线性微分方程，一般都是难以求解的，但是可以利用计算机应用数值法来求得数值解。

8.3　非线性电路的分析方法

【基本概念】

小信号：输入的交流小信号远远小于作为偏置电压的直流电源的信号。

【引入】

在我们的现实生活中，会遇到形形色色的问题，通常的处理方式是由难转易，由繁化简，由未知变已知等。在分析非线性电路时，也可以将非线性变为线性，再利用数值分析法、图解分析法、小信号分析法、分段线性化分析法等。这一节里简单介绍后两种方法。

8.3.1　小信号分析法

在非线性电阻电路中，通常在某一直流工作点的基础上要传递有用的交流信号。这里研究电路中有交流小信号时的分析方法。

小信号分析法是电子工程中分析线性电路的一个重要方法。通常在电子电路中遇到的非线性电路，不仅有作为偏置电压的直流电压源 U_0 的作用，同时还有随时间变动的输入电压 $u_S(t)$ 的作用。假设在任何时刻有 $|u_S(t)| \ll U_0$，则将 $u_S(t)$ 称为小信号电压。分析此类电路，可采用小信号分析法。

在图 8-6（a）所示电路中，直流电压源 U_0 为偏置电压，电阻 R_0 为非线性电阻，非线性电阻是电压控制型的，其伏安特性为 $i=g(u)$。图 8-6（b）为其伏安特性曲线。由图可见小信号时变电压为 $u_S(t)$ 时，$|u_S(t)| \ll U_0$ 总成立。现在待求的是非线性电阻电压 $u(t)$ 和电流 $i(t)$。

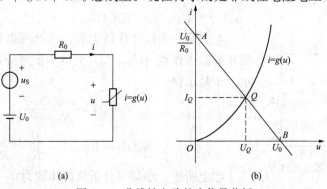

(a)　　　　　　　　　　　　　(b)

图 8-6　非线性电路的小信号分析

首先应用 KVL 列写电路方程

$$U_0 + u_S(t) = R_0 i(t) + u(t) \tag{8-4}$$

当 $u_S(t) = 0$，即电路中只有直流电压源作用时，负载线 $\overline{AB}$ 如图 8-6（b）所示，它与非线性电阻伏安特性曲线的交点 $Q(U_Q, I_Q)$ 即为电路的静态工作点。在 $|u_S(t)| \ll U_0$ 的条件下，电路的解 $u(t)$、$i(t)$ 必在工作点 (U_Q, I_Q) 附近，所以可以近似地将 $u(t)$、$i(t)$ 写为

$$\left.\begin{array}{l} u(t) = U_Q + u_1(t) \\ i(t) = I_Q + i_1(t) \end{array}\right\} \tag{8-5}$$

式中，$u_1(t)$ 和 $i_1(t)$ 是由于信号 $u_S(t)$ 在工作点 (U_Q, I_Q) 附近引起的偏差。在任何时刻 t，$u_1(t)$ 和 $i_1(t)$ 相对于 U_Q、I_Q 都是很小的量。

考虑到给定非线性电阻的特性 $i = g(u)$，由式（8-5）得

$$I_Q + i_1(t) = g[U_Q + u_1(t)] \tag{8-6}$$

由于 $u_1(t)$ 很小，可以将式（8-6）等号右侧的式子在 Q 点附近用泰勒级数展开，取级数前面两项而略去一次项以上的高次项，则式（8-6）可写为

$$I_Q + i_1(t) \approx g(U_Q) + \frac{\mathrm{d}g}{\mathrm{d}u}\Big|_{U_Q} u_1(t) \tag{8-7}$$

由于 $I_Q = g(U_Q)$，故由式（8-7）得

$$i_1(t) \approx \frac{\mathrm{d}g}{\mathrm{d}u}\Big|_{U_Q} u_1(t)$$

又因为

$$\frac{\mathrm{d}g}{\mathrm{d}u}\Big|_{U_Q} = G_d = \frac{1}{R_d}$$

为非线性电阻在工作点 (U_Q, I_Q) 处的动态电导，所以

$$i_1(t) = G_d u_1(t)$$
$$u_1(t) = R_d i_1(t)$$

由于 $G_d = \dfrac{1}{R_d}$ 在工作点 (U_Q, I_Q) 处是一个常量，所以由上式可以看出，由小信号电压 $u_S(t)$ 产生的电压 $u_1(t)$ 和电流 $i_1(t)$ 之间的关系是线性的。这样，式（8-4）可改写为

$$U_0 + u_S(t) = R_0[I_Q + i_1(t)] + U_Q + u_1(t)$$

因为 $U_0 = R_0 I_Q + U_Q$，故得

$$u_S(t) = R_0 i_1(t) + u_1(t)$$

又因为在工作点 (U_Q, I_Q) 处，有 $u_1(t) = R_d i_1(t)$，代入上式，最后得

$$u_S(t) = R_0 i_1(t) + R_d i_1(t)$$

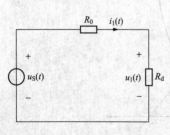

上式是一个线性代数方程，由此可以作出给定非线性电阻在静态工作点 (U_Q, I_Q) 处的小信号等效电路如图 8-7 所示。于是求得

$$i_1(t) = \frac{u_S(t)}{R_0 + R_d}$$

$$u_1(t) = R_d i(t) = \frac{R_d u_S(t)}{R_0 + R_d}$$

图 8-7　小信号等效电路

综上所述，小信号分析法的步骤为：

（1）求解非线性电路的静态工作点。

（2）求解非线性电路的动态电导或动态电阻。

（3）作出给定的非线性电阻在静态工作点处的小信号等效电路。

（4）根据小信号等效电路求解。

【例 8-4】　非线性电路如图 8-8（a）所示，非线性电阻为电压控制型，用函数表示为

$$i = g(u) = \begin{cases} u^2 & (u > 0) \\ 0 & (u < 0) \end{cases}$$

而直流电压源 $U_S = 6V$，$R = 1\Omega$，信号源 $i_S(t) = 0.5\cos(\omega t)A$，试求在静态工作点处由小信号所产生的电压 $u(t)$ 和电流 $i(t)$。

解　对于图 8-8（a），应用 KCL 和 KVL 有

$$i = i_0 + i_S$$

$$u = U_S - Ri_0$$

整理后即得

$$\frac{u}{R} + g(u) = 6 + 0.5\cos(\omega t)$$

（1）先求电路的静态工作点，令 $i_S(t) = 0$，则

$$u^2 + u - 6 = 0$$

解得 $u = 2$ 和 $u = -3$，而 $u = -3$ 不符合题意，故可得静态工作点 $U_Q = 2V$，$I_Q = U_Q^2 = 4A$。

（2）求解非线性电路的动态电导，静态工作点处的动态电导为

$$G_d = \frac{\mathrm{d}g(u)}{\mathrm{d}u}\bigg|_{U_Q} = 2u|_{U_Q} = 4(S)$$

（3）作出给定的非线性电阻在静态工作点处的小信号等效电路如图 8-8（b）所示，则有

$$u_1(t) = \frac{i_S}{G + G_d} = \frac{0.5\cos(\omega t)}{1 + 4}V = 0.1\cos(\omega t)V$$

$$i_1(t) = u_1(t) \times G_d = 4 \times 0.1\cos(\omega t)A = 0.4\cos(\omega t)A$$

故得图 8-8（a）中

$$u(t) = U_Q + u_1(t) = [2 + 0.1\cos(\omega t)]V$$

$$i(t) = I_Q + i_1(t) = [4 + 0.4\cos(\omega t)]A$$

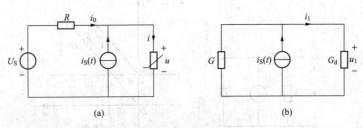

图 8-8　[例 8-4] 图

8.3.2　分段线性化方法

分段线性化方法（折线法）是研究非线性电路的一种有效方法，它的特点在于能将非线性电路的求解过程分成几个线性区段，就每个区段来说，又可以应用线性电路的计算方法。

应用分段线性化方法时，为了画出一端口网络的驱动点特性曲线，常引用理想二极管模型。它的特点是，在电压为正向时，二极管完全导通，它相当于短路；在电压反向时二极管截止，电流为零，它相当于开路，其伏安特性如图 8-9（a）所示。一个实际二极管的模型可由理想二极管和线性电阻串联组成，其伏安特性可用图 8-9（b）中的折线 *BOA* 近似地逼近，当这个二极管加上正向电压时，它相当于一个线性电阻，其伏安特性用直线 *OA* 表示；当电压反向时，二极管截止，电流为零，它相当于开路，其伏安特性用直线 *BO* 表示。

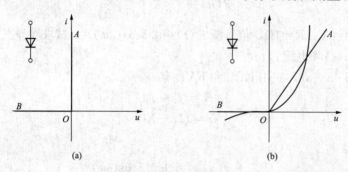

图 8-9　二极管伏安特性

（a）理想二极管伏安特性；（b）PN结二极管伏安特性

【例 8-5】　（1）如图 8-10（a）所示电路，由线性电阻 R、理想二极管和直流电压源串联组成。电阻 R 的伏安特性如图 8-10（b）所示，画出此串联电路的伏安特性；（2）把图 8-10（a）中的电阻 R 和二极管与直流电流源并联，如图 8-10（d）所示电路，画出此并联电路的伏安特性。

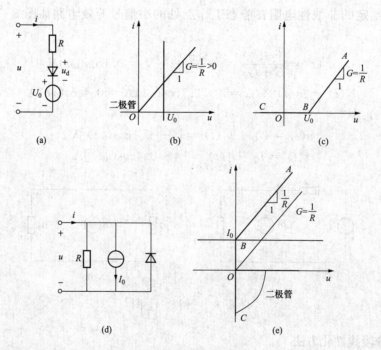

图 8-10　[例 8-5] 图

（a）串联电路；（b）各元件的伏安特性；（c）串联等效伏安特性；（d）并联电路；（e）并联等效伏安特性

解 (1) 各元件的伏安特性如图 8-10 (b) 所示，电路方程为

$$u = Ri + u_d + U_0 \quad (i > 0)$$

串联电路的伏安特性可用图解法求得，即图 8-10 (c) 中的折线 ABC（当 $u < U_0$ 时，$i = 0$）。

(2) 电路方程为

$$i = \frac{u}{R} + I_0 \quad (u > 0)$$

当 $u < 0$ 时，二极管完全导通，电路被短路。当 $u > 0$ 时，用图解法求得伏安特性曲线如图 8-10 (e) 中的折线 ABO 所示。

*8.4 电路中的混沌现象

非线性系统的性能是复杂多变的。长期以来，人们对非线性电路中的平衡状态和周期振荡状态研究得比较充分，取得了许多有用的结论。但到 1963 年，美国麻省理工学院著名的气象学家洛伦兹在研究一个气象模型时，发现了异常的情况。洛伦兹经过长时间反复地在计算机上试验，其结果竟然与经典认识不同。它的特点是，响应一直出现类似随机的振荡，状态轨迹在一个区域内永不重复地运动着。这一现象后来被称之为混沌或浑沌（chaos）。在这里仅介绍混沌的直观有趣的结果。

经过深入研究，发现混沌现象在非线性电路中也普遍存在。1985 年，美籍科学家蔡少棠在对一个三阶非线性电路研究时，也发现了典型的混沌结果。

结果显示，电路中电压和电感电流出现类似噪声的无规则振荡，它是一种有界的稳态过程，其状态平面上的轨迹按某种内在规律性永不重复地穿来穿去，形成类似江河的漩涡、龙卷风、银河系那样的旋动形状。这说明电路中的混沌振荡与自然界中出现的类似现象是有共性的。

以上结果表明，在非线性电路中出现的这种特殊的混沌振荡具有重要的理论价值。它改变了许多人们的传统认识。经典理论主要是以线性、对称、可逆、有序、稳定为基础，产生了非常规律性的结果。例如，昼夜周而复始、月亮缺而复圆、草木枯而春发等周期运动就是典型的例子。而现代理论却以非线性、非对称、不可逆、无序、不稳定为特征，演化出了非常奇特的运动体制，混沌就是这类典型代表。这正应了老子的一句话："道生一，一生二，二生三，三生万物。"

混沌现象不仅存在于电路中，在地震、气象、机械、化学、控制、生理等领域中都会出现。混沌的特征是混沌无序，微观有序，是确定性系统中的内在随机过程，而且对初始状态非常敏感。目前，混沌现象的研究和广泛应用已经形成了一门新科学，其发展前景是相当乐观的。

【拓展与思考】

关于混沌的故事，早在 2300 多年前我国古代哲学家庄子就有形象的记载。文中说："南海之帝为倏，北海之帝为忽，中央之帝为混沌。倏与忽时相遇于混沌之地，混沌待之甚善。倏与忽谋报混沌之德，曰：人皆有七窍，以视、听、食、息，此独无有，尝试凿之，日凿一窍，七日而混沌死"。

读了这个很有哲理的故事，你有何感想？由混沌现象，你如何认识事物的有序和无序、确定和随机的关系？

非线性理论不但可以广泛应用于电子系统，还可以用于其他众多学科领域。例如，用于艺术设计、建筑设计、服装设计等。

8.5　实际应用举例——非线性电路在自动生产线中的应用

在自动生产线中，对所生产的物品进行自动分选是经常遇到的。这里以啤酒的分选为例，研究对瓶装啤酒液面高度合格程度的鉴别方法。

图 8-11（a）为一简单分选电路，其中有两只光电管的特性如图 8-11（b）所示。啤酒液面高低标准如图 8-11（c）所示。

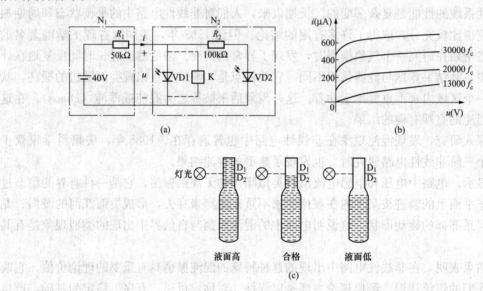

图 8-11　自动分选电路示例

调整系统时先规定：

（1）液面高时，光照度为 $13000f_c$（烛光）；

（2）液面合格时，光照度对 VD1 为 $20000f_c$，VD2 为 $13000f_c$；

（3）液面低时，VD1 和 VD2 的光照度均为 $20000f_c$。

由于 VD1 和 VD2 的共同作用，三种状态下 VD1 两端的电压（工作点）不同。以 VD1 上的合适电压来启动继电器，可以把合格啤酒瓶分选出来。

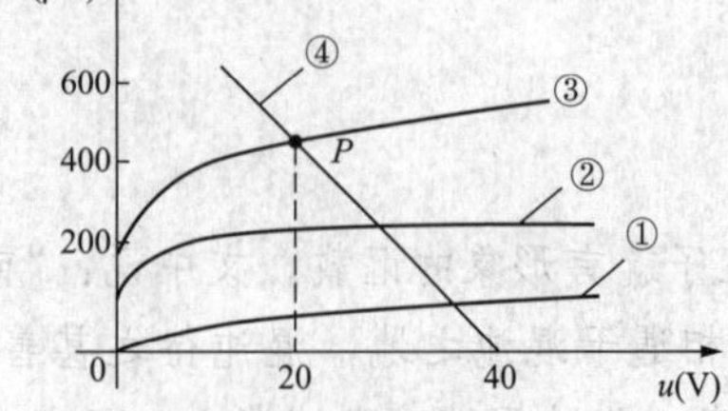

现在求合格啤酒瓶通过时 VD1 的工作点电压。步骤如下：

（1）先在图 8-12 中画出光敏二极管 VD2 和 $100\text{k}\Omega$ 电阻串联的特性①；

（2）再画出 VD1 在 $20000f_c$ 时的特性②；

（3）作出 N_2 的总特性③；

图 8-12　求工作点

（4）作负载线，即 N_1 的特性④，N_1 与 N_2 特性的交点即工作点（约 $20V$，$400\mu A$），如图 8-12 所示。

用同样的方法，也可以求出不合格的两种状态的工作点。这样就可以得到不同的工作电压以启动继电器做进一步分选控制。

小　　结

（1）非线性电阻、电容和电感的特性分别以 u-i 平面、i-ϕ 平面和 u-q 平面的曲线来表示，即有下列代数关系：

$$电阻：f_R(u,i)=0$$
$$电容：f_C(u,q)=0$$
$$电感：f_L(i,\phi)=0$$

（2）非线性电路的方程：非线性电阻电路列出的方程是一组非线性代数方程，而对于含有非线性储能元件的动态电路列出的方程是一组非线性微分方程。

（3）非线性电路的常用分析方法：分段线性化法、小信号分析法、数值分析法、图解分析法等。

习　　题

8-1　分析简单非线性电阻电路常用＿＿＿＿法。根据非线性电阻的特性和负载线，可以确定电路的＿＿＿＿。

8-2　含有储能元件的非线性动态电路，其微分方程（状态方程）是＿＿＿＿。这类电路的响应一般比较复杂，应用也比较广泛。

8-3　非线性动态电路在一定条件下可能出现＿＿＿＿现象，它是一种新的运动机制。

8-4　设某混频器所用的非线性电阻特性为 $i=a_0+a_1u+a_2u^2$，当其两端电压 $u=A_1\cos(\omega_1 t)+A_2\cos(\omega_2 t)$ 时，求 $i(t)$。

8-5　设某非线性电阻的特性为 $i=4u^3-3u$，它是压控的还是流控的？若 $u=\cos(\omega t)$，求该电阻上的电流 i。

8-6　图 8-13 所示为自动控制系统常用的开关电路，K1 和 K2 为继电器，导通工作电流为 $0.5mA$。VD1 和 VD2 为理想二极管。试问在图示状态下，继电器是否导通工作？

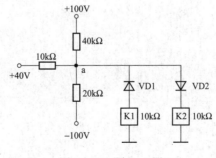

图 8-13　题 8-6 图

8-7　图 8-14 所示的非线性网络中，求工作点 u 和 i。

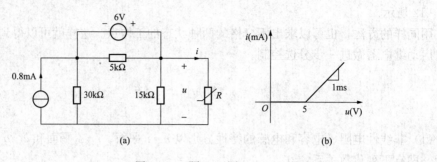

(a)　　　　　　　　　　　(b)

图 8-14　题 8-7 图

参 考 文 献

[1] 邱关源，罗先觉. 电路［M］. 5 版. 北京：高等教育出版社，2006.

[2] 李翰荪. 电路分析基础［M］. 3 版. 北京：高等教育出版社，1993.

[3] 俞大光. 电工基础［M］. 北京：高等教育出版社，1987.

[4] 周守昌. 电路原理（上、下册）［M］. 2 版. 北京：高等教育出版社，2004.

[5] 吴锡龙. 电路分析［M］. 北京：高等教育出版社，2004.

[6] Alexander C K，Sadku M N O. *Fundamentals of Electric Circuits*［M］. New York：McGraw-Hill，1987.

[7] 梁贵书，董华英. 电路理论基础［M］. 3 版. 北京：中国电力出版社，2009.

[8] 周长源. 电路理论基础［M］. 2 版. 北京：高等教育出版社，1996.

[9] 田学东. 电路基础［M］. 北京：电子工业出版社，2005.

[10] 沈元隆，刘陈. 电路分析［M］. 北京：人民邮电出版社，2002.

[11] 吴大正. 电路基础［M］. 西安：西安电子科技大学出版社，2004.

[12] 王艳红，蒋学华，戴纯春，等. 电路分析［M］. 北京：北京大学出版社，2008.

[13] 陈生潭. 电路基础学习指导［M］. 西安：西安电子科技大学出版社，2001.

[14] 张宇飞，史学军，于舒娟. 电路分析辅导与习题详解［M］. 北京：北京邮电大学出版社，2006.

[15] 吴建华，李华. 电路原理［M］. 北京：机械工业出版社，2009.

[16] 徐福媛，等. 电路原理学习指导与习题集［M］. 北京：清华大学出版社，2010.

[17] 陈晓平，殷春芳. 电路原理试题库与题解［M］. 北京：机械工业出版社，2010.

[18] 陈洪亮，田社平，吴雪，等. 电路分析基础［M］. 北京：清华大学出版社，2009.

[19] 燕庆明. 电路分析教程. 2 版［M］. 北京：高等教育出版社，2007.

[20] 吴建华，李华. 电路原理［M］. 北京：机械工业出版社，2009.

[21] 卢元元，王晖. 电路理论基础［M］. 西安：西安电子科技大学出版社，2004.

[22] 贺洪江，王振涛. 电路基础［M］. 北京：高等教育出版社，2004.

[23] 张俐，刘明丹. 电路与电子技术［M］. 北京：中国电力出版社，2010.